História da química

UNICAMP

EDITORA
UNICAMP

Bernadette Bensaude-Vincent
Isabelle Stengers

História da química

Tradução
Fernando José Luna

FICHA CATALOGRÁFICA ELABORADA PELO
SISTEMA DE BIBLIOTECAS DA UNICAMP
DIVISÃO DE TRATAMENTO DA INFORMAÇÃO
Bibliotecária: Maria Lúcia Nery Dutra de Castro – CRB-8ª / 1724

B442h Bensaude-Vincent, Bernadette
História da química / Bernadette Bensaude-Vincent e Isabelle Stengers; tradutor: Fernando José Luna. – Campinas, SP : Editora da Unicamp, 2023.

Título original: *Histoire de la chimie.*

1. Química – História. 2. Divulgação científica. 3. Ciência. I. Stengers, Isabelle. II. Luna, Fernando José. III. Título.

CDD – 540.9
– 001.4
– 500

ISBN 978-85-268-1601-5

Editora da Unicamp
Rua Sérgio Buarque de Holanda, 421 – 3º andar
Campus Unicamp
CEP 13083-859 – Campinas – SP – Brasil
Tel./Fax: (19) 3521-7718 / 7728
www.editoraunicamp.com.br – vendas@editora.unicamp.br

Sumário

II: A CONQUISTA DE UM TERRITÓRIO **69**

Prefácio à edição brasileira

Fernando José Luna

Mesmo passados exatos 30 anos desde a publicação da *Histoire de la chimie*, de Bernadette Bensaude-Vincent e Isabelle Stengers pela editora francesa La Découverte, a obra continua sendo, em diversos aspectos, a mais importante entre suas congêneres. (Houve uma reimpressão no formato de bolso em 2001, mas infelizmente sem que fossem sanadas algumas falhas, como a falta da Figura 4, incluída na presente tradução.) Ao longo de três décadas, esta *História da química* tornou-se, internacionalmente, um dos mais difundidos livros sobre o assunto, já tendo ganhado versões para, no mínimo, quatro idiomas: inglês, espanhol e grego, assim como uma edição em português de 1996, lançada em Lisboa e difícil de ser encontrada hoje em dia.

O currículo e o renome das autoras justificam a ampla utilização desta *História* nos cursos universitários de ciências da natureza e da matéria, mas também de história e de filosofia da ciência. Com cerca de uma dezena de livros e mais de cem artigos publicados, a filósofa e historiadora Bernadette Bensaude-Vincent é professora emérita da Universidade de Paris I Panthéon-Sorbonne e professora de história e filosofia da ciência na Universidade de Paris X-Nanterre, bem como na Escola de Estudos Avançados em Ciências Sociais da França. Isabelle Stengers tem formação em química, mas é reconhecida por sua atuação em filosofia e história das ciências, sobretudo pelos trabalhos em colaboração com Ilya Prigogine – seu mentor, que recebeu o prêmio Nobel de química em 1977 –, com Leon Chertok e mais recentemente com Bruno Latour. Leciona filosofia da ciência na Universidade Livre de Bruxelas e é autora de 13 obras individuais e 22 em colaboração.

O estilo narrativo empregado pelas autoras não decepcionará o leitor de livros de história das ciências em geral, embora guarde todas as características de um trabalho erudito. Isso é atestado em especial pelas centenas de notas que remetem às fontes históricas primárias e à literatura científica especializada da química, da história e da filosofia das ciências.

Evitando mostrar a história de "uma sucessão de gênios individuais", a narrativa desenvolvida neste livro enfatiza a discussão sobre conceitos e doutrinas, instrumentos de laboratório, materiais, processos, instituições e cursos, ao longo de dois milênios, desde a época dos alquimistas de Alexandria até o final do século XX. Notável é, por exemplo, a descrição dos impactos socioeconômicos das ciências químicas nos últimos 200 anos. Seguindo notadamente os passos de outra eminente historiadora francesa, Hélène Metzger (1889-1944), em busca do objetivo de narrar uma história da química que fosse realmente inovadora em relação aos livros congêneres, as autoras desta obra recorrem ao método usado pelos filósofos para desvendar os mecanismos pelos quais a identidade da química foi construída em cada período histórico e como se deu a luta por um espaço para essa disciplina ao longo dos séculos. O fio da narrativa guia-se, portanto, pela discussão da criação e da recriação sucessivas, a cada época, do campo ou "território", como denominam, ocupado hoje pela química no conjunto de conhecimentos e saberes cultivados no mundo ocidental. A abordagem fundamentalmente original deste livro foi alcançada porque as autoras se valem com frequência da filosofia para narrar a história da química, deixando de lado, por exemplo, o pressuposto de que sempre haveria existido, "desde os tempos mais remotos", uma disciplina chamada "química" e, portanto, de que seria possível narrar a sua história sem essa indispensável problematização. Trata-se, por outro lado, de uma abordagem eurocêntrica, na maneira tradicional da historiografia das ciências, com raras referências à história americana ou africana – o Brasil, por exemplo, aqui se resume à Amazônia, com a sua borracha, e ao carnaval dos lança-perfumes.

Esta versão para o português foi escrita com o cotejamento, quando possível, das fontes primárias e secundárias, assim como das traduções já disponíveis noutras línguas, objetivando uma maior fidelidade às intenções originais das autoras. Foram consultadas quase todas as fontes citadas na obra original, graças aos diversos repositórios de livros eletrônicos atualmente disponíveis na rede mundial de computadores. Como resultado, contornaram-se os recorrentes problemas encontrados na tradução para o português já existente, e foi possível mesmo reparar as poucas falhas da obra original, como alguns nomes ou datas citados equivocadamente. Esta amplamente enriquecida edição brasileira inclui também as transcrições, no idioma original, de todos os excertos e citações encontrados na obra francesa.

Sem dúvida, o notável *tour de force* histórico de Stengers e Bensaude-Vincent despertará o interesse continuado de estudantes e professores de química, física e farmácia, principalmente, mas também daqueles das áreas de engenharia, economia, história e mesmo filosofia.

Prólogo

Geralmente se admite como óbvio que existe uma história da química, uma história da física, uma história para cada ciência. A divisão do conhecimento em disciplinas impõe-se como se fosse uma necessidade. Isso nos parece bastante natural, porque, no mundo compartimentalizado das "matérias" escolares, criado à imagem da rígida classificação de Auguste Comte, apresentaram-nos as ciências pré-divididas, fechadas em esplêndido isolamento.

Mas, se nos apegarmos apenas ao óbvio, corremos o risco de passar ao largo dos problemas essenciais, que também costumam ser os mais interessantes. Cingindo-se em demasia aos quadros atuais, o historiador das ciências tende a aceitar sem discussão o que foi arduamente conquistado. Na verdade, disciplinas como física e química não existiram desde toda a eternidade, mas, pelo contrário, foram formadas pouco a pouco, e isso só se dá com muita história. Não havia lugar para a ciência química nos programas escolares antigos. Por outro lado, em meados do século XVIII, a química conseguiu um lugar confortável nas academias, nas universidades e com o público esclarecido. No século XIX, aparece como uma ciência de ponta: a própria imagem do progresso. Como é que a química conquistou seu direito de cidadania? Como é que se tornou uma ciência?

Os historiadores da química

Para essa questão, a maioria das histórias da química tem dado essencialmente a mesma resposta. A química se tornou uma ciência libertando-se dos conhecimentos arcaicos inúteis e dos saberes ocultos. O rompimento com o passado obscuro das tradições artesanais e da alquimia marca a origem de sua história. As opiniões estão divididas a respeito da data do evento que causou essa ruptura. Conforme cada autor, e de acordo com sua cultura ou seu país de origem, situa-se no século XVIII, apontando-se Georg Ernst Stahl (1659-1734) ou Antoine-Laurent Lavoisier (1743-1794) como o "pai da química moderna"; outros preferem buscar sua origem no século XVII e marcam o ponto de viragem com Robert Boyle (1627-1691). Mas, em qualquer caso, a narrativa do passado é organizada em torno de um ou dois pontos fixos que mudam o curso da história. Como se fosse necessário, a todo custo, exibir "um Galileu" ou "um Newton", postula-se a existência de um momento fundador, a partir do qual a química, finalmente revelada a si mesma, tem apenas que seguir em frente para desenvolver seu potencial científico e técnico.

Além disso, as histórias clássicas da química são também divididas em dois períodos bem definidos: uma era pré-científica e, em seguida, a era científica. Na verdade, essa visão traz grandes vantagens para o narrador. Dá livre curso a narrativas exuberantes, como a de Ferdinand Hœfer, que conduzia seus leitores num passeio através de universos fortemente contrastantes.[1] Trilhando pioneiramente os caminhos fáceis de práticas mais ou menos mágicas, de símbolos herméticos, de culturas exóticas, logo alcançava a via triunfal do progresso, a história "séria", centrada nas leis e descobertas experimentais, cuja acumulação gerava naturalmente uma série de aplicações industriais ou agrícolas, cada qual mais benéfica que a outra para o progresso da humanidade.

Esse tipo de saga parece hoje em dia um pouco envelhecida, datada, solidária com o perfil arrogante e sereno que arvorava a química no século passado. É possível nela vislumbrar os vestígios de uma época em que os próprios químicos escreviam a sua história. No século XIX não era incomum que um químico, depois de fazer avançar a história com seus trabalhos e suas pesquisas, se tornasse historiador – às vezes erudito –, para afirmar a identidade de sua disciplina e projetar a sua imagem aos olhos do público. Na grande tradição das obras sobre história da química – de Thomas Thomson (1830-1831), Hermann Kopp (1843-1847), Adolphe Wurtz (1869), Albert Ladenburg (1879), Marcelin Berthelot (1890), Edward Thorpe (1902), Pierre Duhem (1902), Ida Freund (1904) até Wilhelm Ostwald (1906) –, a narração do passado era o manifesto de uma ciência segura tanto de si mesma e de sua identidade quanto do seu sucesso.

Narrativas desse tipo ainda existem hoje – basta lembrar de François Jacob, de Richard Feynman, de Ilya Prigogine. Mas, na química, a inovação atual não desperta mais um renascimento do interesse pela sua história, como se o passado da química já não pudesse mais ser reativado pelo seu presente. A história da química é atualmente escrita por historiadores profissionais, e surge completamente transformada. A separação magistral em dois períodos – pré-científico e científico – não resistiu às minuciosas análises de textos e documentos – palestras, cursos, correspondências, manuscritos, cadernos e instrumentos de laboratório.

Ao passar a obra tanto de cientistas ilustres como de químicos obscuros e anônimos pelo crivo da crítica histórica, os historiadores da ciência esclareceram alguns lugares-comuns divulgados nas histórias tradicionais e nos livros didáticos de química. Acabaram as certezas tranquilas sobre as origens da química, sobre a época em que nasceu, sobre sua natureza e sua filosofia. As fronteiras tornaram-se mais embaçadas, móveis e permeáveis. As paisagens contrastantes ficaram singularmente enevoadas. A historiografia decerto esclareceu e enriqueceu nossa percepção no nível local, mas sacrificou a evolução global da química. Os grandes afrescos históricos parecem, se não condenados, pelo menos reduzidos à caricatura.

Nessas circunstâncias, seria razoável tentar reconstruir uma visão geral da disciplina desde "os tempos mais remotos" até o presente? Retomar esse gênero tradicional, acompanhar o surgimento de uma disciplina, não seria manter a ilusão de que existe, em algum lugar na natureza, um campo bem definido, inicialmente investido de especulações obscuras enquanto se espera que cientistas iluminados surjam para decifrar suas leis e seu funcionamento? Como contar uma história cujas origens parecem mergulhar nas brumas do tempo, nos mitos mais arcaicos, e que leva até a atual selva de moléculas estranhas, com propriedades extraordinárias, num universo de novos materiais, a última moda da tecnologia?

A tarefa parece destinada ao fracasso, sufocada na própria origem por uma onda de dúvidas e questões de método. Por onde começar? A química nasce com a elaboração e a transmissão de saberes práticos? Nesse caso, é necessário voltar à pré-história, aos primeiros homens que fizeram o fogo, aos primeiros processos de tingimento, de fermentação, às primeiras farmacopeias. Ou começa com os primeiros elementos do saber racional? Nesse caso, deve-se partir dos pré-socráticos e das filosofias da matéria, que tentaram pensar a substância e suas transformações. Com a articulação entre experiências e teoria? Então é toda a alquimia que surge. Ou deveríamos nos ater à química identificada como ciência? Nesse caso, é o século XVII que se impõe como origem.

A dificuldade relativa ao ponto de início deixa prever muitas outras que se seguirão. Devem ser incluídas na química as histórias da mineração, da metalurgia, dos corantes, dos vidros, dos cosméticos e da medicina? Se aceitarmos desde o começo a definição atual da química como a ciência das transformações da matéria, englobam-se então numa zona "pré-histórica" todas essas multidões de alquimistas, perfumistas, metalúrgicos, filósofos e tintureiros que dedicaram suas vidas ao que hoje designamos como transformações materiais. Mas, se recusarmos julgar o passado da química a partir do campo que ela ocupa hoje em dia, então surge a questão de saber quem serão os personagens dessa história. A cada passo, o historiador recai sobre a mesma dificuldade: definir o assunto que deve tratar.

Na verdade, radicalizar essa dúvida torna possível escapar ao ceticismo e abrir o caminho para uma possível solução. Porque em todas as dificuldades ecoa a mesma questão, lancinante: o que é a química? Isso não indicaria precisamente que a questão da identidade da química pode conduzir a narrativa? E se, em vez de libertar do passado oculto uma ciência bem definida, cuja identidade não constitui um problema, essa ciência fosse considerada como o produto de uma história? Ou, em vez de dizer que a química *tem* uma história, que se pode ou não cultivar, admitíssemos que a química *é* uma história em andamento? Essa história se pareceria menos com a marcha triunfal de uma ciência segura de si mesma do que com uma longa série de peripécias de uma ciência obcecada pela questão da sua natureza. A química é uma ciência ou uma arte? Conhecimento discursivo ou de fato um conjunto mais ou menos coerente de *savoir-faire* (saberes e habilidades)? Forma um sistema autônomo ou na verdade um corpo de doutrinas cujos cérebro e razão encontram-se alhures? Essas são questões, em primeiro lugar, de químicos e não de historiadores. Alternadamente serva, mestra ou rival da física e da biologia, suas ciências vizinhas, a química ainda não acabou de redefinir sua identidade e seu lugar na enciclopédia.

A questão da identidade

É, portanto, a busca pela identidade da química que propomos aqui como fio condutor da nossa narrativa. Porque, entre todas as ciências, a química apresenta, parece-nos, uma singularidade que diz respeito à definição de seu campo ou território. Eis um saber de muitas faces, com inúmeras ramificações, tanto nas profundezas da terra como no espaço, que interessa tanto à agricultura, à indústria fina e à pesada quanto à farmacologia... Eis uma ciência que atravessa fronteiras, entre o inerte e o vivo, entre o microscópico e o macroscópico. Como atribuir uma identidade a uma ciência que parece estar ao mesmo tempo em todos os lugares e em nenhum lugar? Essa questão nos parece contemporânea, mas tem sido repetidamente colocada, embora com outras palavras. A química sempre foi herdeira de um campo cuja multiplicidade ultrapassa qualquer definição *a priori* e, portanto, impõe o desafio de construir uma identidade. Porque os seus conceitos e os seus métodos formam nós e interseções entre espaços heterogêneos; porque ocupam lugares estratégicos, ainda que disputados, os químicos nunca pararam de defender a autonomia e a racionalidade específica de sua ciência.

Ora, nessa busca perpétua pela identidade, a história está longe de ser neutra. Eis uma ciência tremendamente velha e, contudo, jovem. Herdeira das mais arcaicas técnicas que definem a humanidade, a química produz também materiais ultramodernos. Como gerir um tal passado enquanto garante sua modernidade? Durante séculos, os químicos nunca deixaram de negociar seu passado, oscilando entre a tentação do apelo à tradição, para repelir as tentativas de anexação, e a eliminação de seu passado como um pesado passivo, do qual a química tem de se libertar para se tornar uma ciência. Até o seu atual silêncio! Com o abandono das preocupações historiográficas pelos químicos do século XX, vemos, por vezes, florescerem narrativas que apresentam a química como o local anônimo, por definição, onde se formula a resposta a eternas necessidades: busca de novos materiais, produção de medicamentos..., os interesses da química se confundem com os do *Homo sapiens*. A história que vamos contar está, portanto, já imbuída das interrogações dos químicos sobre sua identidade.

De igual modo, vale também a pena reativar o gênero tradicional de uma história da química, além das histórias locais – monográficas ou limitadas a um período. Uma vez postulado que não há uma essência atemporal da química, nem um objeto transcendente que se desdobraria ao longo dos séculos, somente uma história global, em longa duração, permite compreender todas essas aventuras, intelectuais ou industriais, que por um momento atribuíram à química um formato, uma identidade. Bem-sucedidas ou fracassadas, essas experiências, consideradas em conjunto, assumem um novo significado e constituem a química como um sujeito histórico. Assim como o historiador do Mediterrâneo inventa, graças à *longue durée* (longa duração), um espaço ao mesmo tempo físico e humano, inacessível aos diferentes atores ou viajantes, também o historiador da química pode esperar definir um espaço próprio da química.[2]

Esse projeto norteia a organização geral deste livro. Cada uma das cinco partes sucessivas apresenta um perfil diferente da química, limita a sua identidade numa determinada época. A primeira parte, que procura esclarecer o problema das origens, apresentará a variedade polimórfica das práticas artesanais e das tradições culturais a partir das quais surgiu, no século XVII, o campo chamado química na organização do saber. A segunda parte, abrangendo todo o século XVIII, revela uma química conquistadora, que, de várias maneiras, reivindica a dignidade e a legitimidade de uma ciência. A terceira parte apresenta a face acadêmica e profissional da química do século XIX. Percorrendo algumas paisagens industriais dos séculos XIX e XX, a quarta parte apresenta um outro perfil da química no mundo da produção e no do trabalho. Finalmente, a quinta parte apresenta uma química num território gradualmente desmembrado em múltiplas subdisciplinas, mais ou menos híbridas ou autônomas.

A cada uma das faces da disciplina corresponde um perfil de químico. As personagens em cena na primeira parte são alquimistas e, ao mesmo tempo, médicos, metalúrgicos, místicos..., mas também céticos e racionalistas: sua primeira característica é a variedade, porque a ciência que os situa "na sua origem" não tem o poder de lhes conferir uma identidade coletiva. Os químicos mencionados na segunda parte, geralmente físicos ou médicos de formação, são, em sua maioria, acadêmicos ou demonstradores que disseminam o conhecimento por meio de experimentos públicos. A terceira parte é invadida por professores de química; e a quarta, por químicos-empreendedores, inventores bem-sucedidos ou infelizes, ou engenheiros. A quinta parte leva a um novo tipo de profissão, o químico de serviços, que trabalha para fora e mobiliza sua experiência de químico nos vários setores da pesquisa ou da produção. E, quanto mais se acentua a diáspora dos químicos, mais forte é a tentação de identificar sua prática e sua ciência como a resposta às necessidades imemoriais do *Homo sapiens*.

Por meio dessa sucessão de perfis da química e dos químicos, o objetivo é definir a posição da química no conjunto do saber e da cultura. O seu lugar na hierarquia das ciências é sempre uma questão de debates, e, a cada época, suas relações com as disciplinas vizinhas – ciências físicas e ciências da vida – são reavaliadas. Procuraremos mostrar que, desde o início, a posição da química na geografia do conhecimento é exercida pela combinação de três registros que devem ser constantemente articulados: profissões, instituições e práticas instrumentais.

O objetivo da química está relacionado primeiramente a um conjunto de operações e técnicas instrumentais. Sem esses procedimentos e sua evolução, é impossível entender as doutrinas da química. As práticas instrumentais podem não apenas provocar a derrubada de uma doutrina, mas também modificar as próprias normas ou exigências explanatórias. Vários exemplos mostrarão a maneira como os procedimentos experimentais – coletar, pesar ou purificar – podem fazer evoluir regras de demonstração e critérios de validação. Se a química do século XIX ilustra tão bem os padrões de uma ciência positiva, experimental, isso não significa, como se costuma dizer, que ela tenha encontrado seu caminho, a sua "verdadeira natureza", mas sim que os discursos epistemológicos forjados pelos químicos de então legitimaram efetivamente as suas práticas experimentais. Pelo menos, por algum tempo.

O *status* da química também é definido pelo tipo de relação entre aqueles que se dizem "químicos", produtores de uma ciência autônoma, e aqueles – artesãos e depois industriais – que transformam modos de produção e de vida. Século após século, através de várias formulações, recoloca-se a questão das relações entre a ciência química e a química industrial. Para os químicos do século XVIII, a questão do *status* de sua ciência é indissociável da definição de suas relações com as práticas e o *savoir-faire* dos artesãos, herdados da tradição. Se a química pôde figurar, no século XIX, como modelo de ciência útil, se ela revela hoje em dia a inquietação relativa às consequências nefastas dos progressos técnicos, é porque esse é precisamente o nicho no qual se desenvolveram as categorias de "puro" e "aplicado".

A "cientificidade" da química é decidida, afinal, no nível das instituições. A invenção da imprensa, as regulamentações acadêmicas relativas às publicações, a criação de revistas científicas, as convenções sobre nomenclaturas, a escrita e as unidades de medida pontuam a história e ampliam gradualmente a lacuna entre o conhecimento considerado vulgar ou oculto retrospectivamente e uma ciência enfim estabelecida como acadêmica, reconhecida e prestigiada. Isso significa que os meios de publicação, de formação, de transmissão e de divulgação não devem ser desprezados, já que eles contribuem diretamente para a história das doutrinas da química.

A escolha dos temas

Através da química, de que se constrói exatamente a história? Quem serão os atores dessa narrativa? Os químicos? Certamente! Veremos desfilar um certo número deles, alguns obscuros, outros ilustres, mas sempre escolhidos porque projetaram – ou até consubstanciaram – uma identidade à química. Por meio de sua prática, suas descobertas ou seus ensinamentos, transformaram, em algum momento, as perspectivas, criaram ou eliminaram proibições, autorizaram ou condenaram esperanças, confirmaram ou anularam promessas. Não se trata de produzir uma galeria de retratos, mostrando como uma sucessão de gênios individuais pôde contribuir para construir, tijolo por tijolo, o edifício da química moderna. Fazendo referência às figuras de Guillaume-François Rouelle (1703-1770), Claude-Louis Berthollet (1748-1822), Antoine-Laurent Lavoisier (1743-1794), August Kekulé von Stradonitz (1829-1896) e Frederick Soddy (1877-1956), procuraremos resgatar tanto as suas contribuições positivas como aquilo que excluíram ou deixaram de lado, o que não puderam compreender ou pensar. Porque, antes de tudo, trata-se de pôr em evidência os problemas e os programas sem os quais seus trabalhos, suas ambições e suas lutas perderiam qualquer significado.

Vamos então fazer uma história das doutrinas, das teorias e dos conceitos? Sim, porque a química não é apenas um conjunto de receitas empíricas. Como enfatizaram seus defensores mais fervorosos, a química se destaca pela produção de sistemas teóricos coerentes. Mas aqui não nos permitiremos apresentar um catálogo de doutrinas químicas descontextualizadas, abstraídas de seu ambiente.

Nem os químicos nem as doutrinas, no entanto, assumirão o papel principal. Por meio da figura desse ou daquele químico, o que se busca caracterizar é um coletivo, definido não apenas por suas ligações institucionais, mas também pela sua participação num corpo teórico e por um conjunto de práticas comuns de laboratório e de linguagem que traduzem em si mesmas o corpo a corpo dos químicos com a multiplicidade dos processos materiais, a invenção dos poderes de afirmar e de prever, a necessidade de renovar constantemente a aprendizagem e a negociação. O que tentamos destacar como o verdadeiro tema dessa história são as práticas investigativas – estratégias de pesquisa, ferramentas mentais e experimentais – que mobilizam tanto os químicos, os conceitos e as doutrinas como os instrumentos de laboratório, as matérias, os processos, as instituições, os cursos e os créditos. Transmutar, atingir os princípios da matéria, explicar por figuras e movimentos, classificar, nomear, analisar, substituir, sintetizar... Encontraremos assim, nas cinco partes sucessivas, uma gama, se não completa, pelo menos variada, das práticas de pesquisa que organizaram o campo da química em torno de projetos ou programas.

Ao apresentar dessa maneira programas ou tradições de pesquisa, não se deixará crer que existem em cada época um consenso de opiniões e uma homogeneidade de práticas. A situação acaba sendo mais complexa do que sugerimos quando falamos, por exemplo, da vitória de um paradigma sobre outro pela reabsorção dos bolsões de resistência. Pois a resistência a inovações conceituais, teóricas ou técnicas não é um simples fenômeno de inércia sobre o qual o tempo teria finalmente razão. Nenhuma teoria química se impôs por si, como uma luz que afasta as trevas. Por trás de cada verdade, descobrem-se mecanismos de interesses e de mobilização, redes de alianças e processos de seleção. Assim, a história pode voltar a dar vida aos enunciados condensados em leis ou fórmulas, descobrindo o caráter fundamentalmente histórico das verdades que constituem os pilares da disciplina. O seu funcionamento atual, os seus sucessos e as suas crises aparecem, então, como o resultado de escolhas, de uma série de decisões datadas que forneceram as normas durante um certo tempo para a pesquisa e a prática de um grupo ou de vários.

Ao optar por construir as identidades sucessivas da química a partir das práticas de investigação, tivemos que privilegiar a finalidade cognitiva da química em detrimento de seus fins produtivos. A história técnica e industrial pertence, contudo, à aventura da química. Ela constitui, aliás, um inteiro domínio à parte, rico em histórias técnicas de processos ou histórias econômicas de empresas. Algumas situam a necessidade como o grande motor da inovação, outras apontam as relações de produção, as leis de mercado, o gênio dos inventores e até mesmo a genialidade dos povos... Aqui também, a historiografia contemporânea, rica em controvérsias, favorece os enredos circunstanciais locais, nos quais prevaleceram explicações gerais tranquilizadoras. Esse destaque cada vez mais pormenorizado das singularidades da história técnica e industrial obviamente impede qualquer continuidade narrativa, do tipo "química pura – química aplicada", mas também nos coloca diante de um mundo fecundo, em que o problema da identidade que escolhemos como fio condutor não nos auxilia em nada. Assim, vamos nos contentar com uma incursão nesse domínio com o único propósito de buscar o que é próprio à química.

Desse modo, em linhas gerais, sem entrar em verdadeiras análises, a quarta parte evocará a evolução da produção química desde as atividades artesanais de extração de produtos naturais até a fabricação industrial dos produtos sintéticos que formam hoje em dia o nosso universo cotidiano. Não se trata de apresentar essa evolução e as proezas técnicas que ela implica em matéria de inovação e de controle dos processos como um simples resultado dos avanços no campo do conhecimento. Trata-se, para nós, de mostrar as relações que existem entre o triunfo dos químicos nos mundos agrícola e industrial e o *status* científico, cultural e social da química nos séculos XIX e XX.

"E, diante de um tratado, cada estudante de química devia estar consciente de que numa daquelas páginas, talvez numa só linha, fórmula ou palavra, está inscrito seu futuro em caracteres indecifráveis."[3] Essa observação de um químico-romancista parece-nos orientar os nossos passos na química industrial. Do mesmo modo que cada químico conecta sua carreira a uma fórmula ou a uma molécula, cada indústria também surgiu vinculada a uma substância. Enquanto trabalho sobre a matéria, no qual a natureza e as propriedades das substâncias parecerão por muito tempo como determinantes de proezas e de significados, a indústria química difere dos outros tipos de indústria pela importância dessa lógica material. No início do século XIX, foi organizada, a partir dos sais, a indústria pesada que produz soda, ácido sulfúrico, cloro, ou seja, as *commodities*. Para a química agrícola, o nitrogênio é o elemento estratégico. Na segunda metade do século XIX, o império da química fina foi construído sobre a estrutura do carbono.

Essa lógica material ilumina os principais episódios da expansão das indústrias químicas no século XIX, mas não esgota sua explicação. Entregue a outras lógicas, do lucro ou da guerra, a química do século XX vai ficando cada vez mais confusa. As duas guerras mundiais mobilizam todas as tropas químicas: cloro, nitrogênio, carbono..., e, posteriormente, a noção de material estratégico se tornará cada vez menos pertinente. Assim como a ciência química vê seu território gradualmente desmembrado e sua identidade ameaçada, também a indústria química do século XX tende a se dispersar em todos os setores, rendendo-se às suas lógicas de produção.

A química desenvolvida por Primo Levi possivelmente pertence a um passado já há muito tempo ultrapassado. Mas, se é permitido aos historiadores fixar por um instante um perfil que lhes pareça característico, proporemos nos concentrar nessa imagem. Ligando os destinos de um indivíduo e de uma molécula, a química define relações muito específicas entre o homem e a matéria: nem dominação nem submissão, mas uma negociação perpétua – mediante alianças ou no corpo a corpo – entre as singularidades.

Notas

1. Hœfer, 1842-1843.
2. Braudel, 2016 [1977].
3. Levi, 1994 [1975], p. 225.

I
Das origens

1

O legado de Alexandria

Como localizar as origens dessa ciência que chamamos de química? Devemos pensar nas práticas que são definidas como práticas químicas? Nesse caso, é para a pré-história que devemos voltar. Estamos nos referindo à Idade do Bronze, à Idade do Ferro. Essa classificação tradicional em primeiro lugar reflete, é claro, o fato de que os instrumentos de metal resistiram melhor que outros artefatos. No entanto, temos todos os motivos para acreditar que as técnicas metalúrgicas foram de grande importância para aqueles que as praticaram.[1] Devemos também mencionar as artes da fermentação, a fabricação de corantes, colas, sabões, perfumes, medicamentos, bálsamos, cosméticos. A origem daquilo que reconhecemos como processos químicos se perde, como se diz, na noite do tempo.

Doutrinas

É preciso nos referir às doutrinas que poderíamos associar a uma química "pré-científica"? Mas como identificá-las? Se a questão for identificar aquelas que lidam com as transformações do que chamamos de matéria, o assunto se multiplica explosivamente. Desde o famoso enunciado de Tales, "a água é o princípio de todas as coisas", até a doutrina dos elementos de Aristóteles, as noções que assombravam e ainda assombram a química – princípios, elementos, átomos, o problema da diferenciação, a relação entre o uno e o múltiplo, futuro interpretado como transgressão efêmera de uma ordem estática ou como resultado de uma ordem conflituosa permanente – formulam-se e confrontam-se.

Que toda matéria seja composta de quatro elementos unidos pelo amor ou dissociados pelo ódio, como pensava Empédocles; que, em todas as coisas, existam sementes em quantidade infinita e sem semelhança entre si, como queria Anaxágoras; que os próprios elementos devam ser compreendidos a partir da combinação de qualidades fundamentais (a água, fria e úmida; a terra, fria e seca; o ar, quente e úmido; o fogo, quente e seco), como Aristóteles argumentou; seria isso química? A resposta é positiva, se for assinalado que, entre todas as ciências, foi a química que herdou essa maneira de explicar baseada numa criação, numa produção do diverso, uma explicação "física", no sentido grego (*physis* significa a natureza com o poder de gerar). Nesse caso, então, é necessário concordar que os nomes das ciências modernas foram mal escolhidos, isto é, que a nossa química atual é muito mais a herdeira dos problemas dos "físicos" antigos do que a nossa física. No século XVIII, aliás, muitos dos que agora chamamos de "físicos" teriam sido chamados de matemáticos ou "mecânicos". Os "físicos" da época eram os praticantes das artes experimentais (eletricidade, calor, mas também química, geologia e até medicina). Por outro lado, a resposta torna-se negativa se exigirmos que o discurso "químico" esteja ligado a uma ambição prática, visando dar sentido às novas transformações, artificiais, da matéria.

Da mesma forma, podemos ver nos antigos átomos, de Demócrito, Epicuro ou Lucrécio, os "precursores" de nossos átomos? Sim, se pensarmos que as doutrinas atomísticas opõem, à concepção qualitativa do tornar-se, uma concepção do tipo combinatória, e que essa oposição reaparecerá no cerne da química do século XVII. Não, outra vez, se for questionado aos antigos átomos como é que guiavam, constrangiam e inspiravam as práticas daqueles que trabalhavam a matéria. Elementos, princípios e átomos nos acompanharão ao longo da história da química, mas não sinalizam "uma unidade", uma continuidade conceitual à qual a história da química estaria sujeita. Por outro lado, a retomada desses termos não será arbitrária, mas indica uma tensão entre as diferentes estratégias de explicação das qualidades e de suas transformações, que constituirá problema persistente, cujo sentido a história da química não cessará de reinventar, até o século XX.

Devemos, então, retornar às práticas e doutrinas que são chamadas "químicas" e que se situam elas próprias em uma história específica? Nesse caso, a questão das origens se confunde com o próprio nome da ciência moderna: "química" derivaria da palavra egípcia "negro", que designa por sua vez a terra escura do Egito;[2] outros[3] afirmam que essa palavra deriva do verbo grego *chéo*, que significa derramar um líquido ou fundir um metal. Etimologia grega ou egípcia? A questão não pode ser resolvida, porque é em direção a Alexandria que ela nos conduz, para a grande cidade helenística, onde se inventou a noção de patrimônio herdado e onde a questão das origens que colocamos já é objeto não só de lendas, mas também de especulações e discussões.

O corpus *alexandrino*

Alexandria, ponto de encontro e de recriação das tradições gregas – pitagórica, platônica, estoica –, egípcias e orientais – gnosticismo –, herdeira de um passado do qual se enxerga como memória, está na origem da especificidade dessa "química" a que chamamos alquimia. Sua riqueza formidável e o poder de suas metáforas e analogias assombram ainda hoje senão as nossas ideias, pelo menos a nossa linguagem.

É em Alexandria, encruzilhada cultural e comercial, que a química nasce como conhecimento e prática, dedicados a encontrar um legado a decifrar, a reconstituir e a transmitir uma ciência perdida. Alguns textos, como os papiros de Leiden e de Estocolmo,[4] encontrados perto de Tebas numa sepultura,[5] certamente testemunham uma transmissão de receitas artesanais, sem pretensões filosóficas ou místicas: neles se encontra a descrição de um processo explicitamente reconhecido como fraudulento para conferir aos metais não preciosos a aparência do ouro ou da prata.[6] Por outro lado, Pseudo-Demócrito,[7] o mais antigo dos autores citados nos fragmentos preservados do conjunto de textos alexandrinos (reunidos durante o período bizantino), teria sido o autor de *Coisas físicas e místicas*,[8] obra que combinava receitas para tinturas e para a fabricação de ouro e prata com explicações inspiradas na teoria grega dos elementos e na astrologia, tudo embelezado com aforismos, que se tornariam objeto de múltiplas especulações durante os séculos seguintes.

Os alquimistas helenísticos definem, à maneira gnóstica, o conhecimento como aquilo que conduz à salvação. Apresentam-se como herdeiros dos segredos do antigo Egito, do conhecimento divino de Hermes Trismegisto.[9] Teriam sido herdeiros de tradições chinesas e indianas? Em todo caso, embora muitos dos temas sejam comuns – incluindo a associação do interesse por metais com temas místicos, referindo-se ao taoísmo dos chineses e ao tantrismo, no caso dos indianos –, as diferenças são importantes. Assim, para os chineses, a partir do século VIII a.C., é o segredo da imortalidade que define a busca, e o interesse pelo ouro, inalterável e, portanto, imortal, está subordinado a esse segredo. Os alquimistas chineses criam o que chamamos de elixires, baseados em mercúrio, enxofre, arsênico, e entregam-se, sem muito sucesso, a mitigar seus perigos. Joseph Needham compôs a lista dos imperadores que se acredita terem morrido envenenados pelo elixir.[10] A alquimia chinesa desapareceu com o surgimento do budismo. Quanto aos alquimistas indianos, mesmo se produziam "ouro", não lhe atribuíam muita importância. Seu objetivo não era "curar" os metais, mas sim "matá-los" (corroê-los) para produzir remédios.

Todo o conjunto dos textos alexandrinos preservados, cujo autor mais bem representado é Zózimo (do século IV de nossa era, isto é, no fim do período helenístico), constituirá o verdadeiro código da história que se segue e contém as principais referências da alquimia tradicional. Nesses textos figuram os "autores" míticos da alquimia (Maria Judia, Agathodaimon, Cleópatra), a associação entre processos que identificamos como alquimia, simbolismo místico, doutrina cosmogônica, mas também a descrição de processos (destilação, sublimação, filtração, dissolução, calcinação, copelação) que criaram uma continuidade prática entre a alquimia e a química.

Zózimo distingue os "corpos" dos "espíritos", que podem ser extraídos dos corpos ou que podem se ligar a corpos. Descreve a sequência das cores que deve traduzir o sucesso de uma operação, geralmente, preto, branco, amarelo e roxo. Afirma possuir o que se tornará o elixir,[11] ou a pedra filosofal, a "tintura" capaz de realizar instantaneamente aquilo para que labutam os alquimistas: a produção de ouro, isto é, o enobrecimento ou a retificação (cura) dos metais "vis" ou "doentes", e observa, de passagem, que sua tintura poderia também "retificar" as doenças humanas. Aquilo que, pela tradução latina, chamamos de "transmutar" Zózimo chamava *baptizein*, isto é, mergulhar, como se mergulha um tecido de lã ou algodão dentro da bacia de tinturar. Isso pode significar que o ouro foi definido inicialmente por seu amarelo brilhante, qualidade que podia provavelmente interessar ao joalheiro desonesto. Na Idade Média, a resposta para a questão "o que é o ouro?" implicará provas muito mais exigentes, incluindo a ausência de corrosão pela exposição ao ar e a resistência à copelação (em um cadinho de osso se derrete ouro, sobre cuja superfície se sopra ar, que oxidaria o chumbo, se estivesse presente) e à cementação (aquece-se ouro sobre uma pasta corrosiva que contém vitríolo e um sal de amoníaco, não devendo ocorrer corrosão alguma). Contudo, o termo "tintura" ainda continuará a ser usado.

Notas

[1] Que, entre os grandes deuses gregos, se encontre um deus ferreiro – Hefesto – é ainda mais notável, porque os antigos gregos não valorizavam as práticas artesanais. Lembremos também que o cobre e o estanho (cuja amálgama forma o bronze) foram objeto, no curso do II e do I milênio a.C., de um sistema de comércio organizado, que envolvia a maior parte da Europa, incluindo especialmente Grécia, regiões da Transilvânia, Espanha, Inglaterra, Dinamarca etc.

[2] Moore, 1939; Wojtkowiak, 1988.

[3] Carusi, 1990, pp. 33-71.

[4] Linden, 2003, pp. 46-49.

[5] Berthelot, 1889, pp. 28-70.

[6] Mesmo sem ser escrita em linguagem alegórica, a descrição desse processo é impenetrável: segredo industrial ou referências técnicas muito diferentes das nossas?

[7] Identificado como Bolos de Mendes, que, para alguns, viveu por volta de 200 a.C. e, para outros, entre os séculos I e II.

[8] Berthelot, 1887, pp. 43-57.

[9] Dos recipientes hermeticamente fechados às doutrinas secretas e às línguas difíceis, a referência a Hermes Trismegisto está presente em nossa língua. Hermes Trismegisto provavelmente deriva de Thot, o deus egípcio inventor da escrita, cujo equivalente grego foi chamado Hermes. Ele marca bem a supressão gnóstica da distinção entre religião e ciência: é a fonte original de um conhecimento secreto sobre a criação, cuja conquista ou decifração pode ser identificada como um caminho para a salvação.

[10] Needham, 1970.

[11] Elixir vem do árabe, *al-'iksīr*, assim como muitos outros termos: alquimia, álcool, alambique, álcali, cânfora, talco, matraz etc. De acordo com Crosland (1962, p. 57), quando havia dúvidas sobre seu significado exato, algumas palavras em árabe eram mantidas no original pelos tradutores para o latim.

2

Da alquimia árabe à alquimia cristã

De acordo com o estudioso Ibn al-Nadim (século X), os primeiros textos traduzidos do grego para o árabe foram manuscritos alquímicos. Essas traduções provavelmente começam ao longo do século VIII, em Damasco, e depois em Bagdá; graças a elas temos conhecimento do *corpus* alexandrino. Nessa mesma época começam os trabalhos dos alquimistas árabes. Jabir ibn-Hayyan, o primeiro deles, pode ser um nome fictício, pois nada se sabe a seu respeito, além do enorme corpo de textos reunidos sob seu nome. Essa coleção também aumentará, porque muitos autores medievais colocarão seus próprios escritos sob o nome de "Geber", a versão europeia de Jabir. O primeiro alquimista cuja obra e cuja vida foram descritas por outros autores confiáveis é Al-Razi, que viveu de 864 a 925.

Químicos e alquimistas árabes

Como entender a retomada da questão "alquímica" no mundo árabe? Desde que a química se opôs à alquimia, tornou-se tradição identificar a alquimia como uma doutrina errônea, que deveria ser abandonada para que a química moderna e verdadeiramente científica pudesse surgir. Entretanto, será que podemos usar o caráter, para nós, "errôneo" da doutrina alquímica para identificar os desenvolvimentos, as inovações e os problemas que se teriam tornado impossíveis por essa doutrina? A questão desponta ainda mais, porque conhecemos melhor o mundo árabe do que a civilização de Alexandria. Assim, será que podemos mensurar melhor a vitalidade das "técnicas laicas" que ali se desenvolveram na mesma época: causa ou efeito? O "sonho" alquímico teve repercussões técnicas da mesma maneira que, por exemplo, o envio do homem à Lua deu origem a inovações na "vida secular", isto é, na vida terrestre? Ou será que os árabes se ocupam da tradição alquímica por interesse pelas "técnicas químicas" no sentido amplo? Nesse caso, a alquimia se distinguiria de modo bastante artificial – tanto para nós como para os pensadores árabes que discutirão os méritos – de um contínuo de práticas cuja fertilidade merece nosso reconhecimento.

De qualquer maneira, a "química" árabe aperfeiçoa as artes da destilação e da extração por gorduras (essências perfumadas), a fabricação de sabão, as ligas metálicas (as famosas espadas de Toledo) e a medicina farmacêutica. Vidraria, tinturaria, fabricação de papel, tintas coloridas, essas indústrias fazem parte da civilização refinada e erudita do mundo muçulmano.

Equipamentos novos ou aperfeiçoados são introduzidos: o banho-maria (atribuído a Maria Judia, que figura entre os autores apócrifos da tradição alexandrina), os banhos por ar aquecido, os cadinhos perfurados que permitem a separação por fusão, as diferentes retortas para destilação, sublimação etc. As operações são descritas com cuidado e precisão, as quantidades de reagente e seu grau de pureza são determinados, os índices assinalando o momento adequado para as várias etapas são indicados. Em resumo, quer se trate de química leiga ou de alquimia, estudiosos árabes dedicam-se à produção e à transmissão de um saber prático reproduzível.

A classificação das substâncias varia de um autor para outro, mas geralmente se refere aos testes que os corpos* podem sofrer ou aos processos que neles podem ser aplicados. A "prova" deve ser entendida aqui no duplo sentido, experimental e moral: o ouro é nobre porque resiste ao fogo, à umidade, ao sepultamento sob a terra. A cânfora, assim como o enxofre, o arsênio, o mercúrio e o amoníaco fazem parte dos "espíritos", porque são voláteis. O vidro encontra-se entre os metais, porque é, como eles, suscetível de fusão. E, uma vez que os sete metais conhecidos – ouro, prata, ferro, cobre, estanho, chumbo e mercúrio – são caracterizados por sua capacidade de serem fundidos, um metal é definido como tal tomando como referência o único metal líquido à temperatura ambiente, o mercúrio, ou prata-viva. Mas o "mercúrio comum" difere do "elemento mercúrio", frio e úmido. Como todos os outros metais, o mercúrio faz intervir outro "elemento", quente e seco, o enxofre.

* Traduzir a palavra "*corps*" para o português foi uma tarefa dificultada por causa das múltiplas acepções, nem sempre coincidentes, desse termo, tanto as da língua francesa quanto as de seu cognato "corpo" em português. Assim, "*corps*" foi traduzido como "corpo", "substância", "matéria", "amostra" ou "material", de acordo com o contexto de cada trecho em que aparece. (N. da T.)

Quanto à grande obra, a transmutação de metais vis em ouro refere-se à autoridade dos sábios de Alexandria, considerada herdeira do conhecimento mais antigo. No Islã monoteísta, Hermes não é mais um deus, mas um sábio, até mesmo um profeta. Porém, a partir do século X, a possibilidade de transmutação é objeto de debates e controvérsias. Para Avicena (980-1037), a taxonomia é fundamental: os diferentes metais, pertencentes a espécies distintas, têm formas distintas, e as artes humanas não podem transformá-los uns nos outros. A classificação por espécies, que permite nomear e ordenar, estabelece limites que o poder dos homens não pode transgredir. Em compensação, do ponto de vista alquímico, o poder é remetido ao tempo, e a ordem é acima de tudo temporal. Os metais se formam e amadurecem lentamente nas entranhas da terra, e é nessa perspectiva dinâmica que se inscreve o trabalho alquímico. Trabalho sobre o tempo, e trabalho que leva tempo. As operações alquímicas são longas, contam-se em dias em vez de horas, mas trata-se de reproduzir no laboratório, na "matriz artificial" que constitui um alambique hermeticamente fechado, um processo que, na natureza, dura muitos séculos.

O mundo cristão

Trabalho sobre o tempo, mas também trabalho sobre uma herança perdida na noite do tempo. Já no mundo islâmico, a complexidade alegórica dos escritos alquímicos e a incapacidade de saber se um autor compreende o que escreve ou se repete obscuramente um texto que lhe é obscuro fizeram dos alquimistas o alvo de críticas e de zombaria. Quando o conjunto de textos alquímicos foi traduzido para o latim, por volta da metade do século XII, por estudiosos cristãos divididos entre o nobre desejo de melhor combater o inimigo infiel e a devoradora curiosidade pelos seus conhecimentos, a alquimia era uma ciência já reconhecida, mas ainda controversa. Os adversários cristãos da alquimia não precisaram inventar seus argumentos polêmicos, porque já haviam avançado sobre a tradição árabe. Em compensação, as questões intelectuais, políticas e teológicas da doutrina alquímica, que retratam a relação entre os poderes humanos, as transformações da matéria e os segredos da criação e da salvação, provavelmente ganharam uma nova intensidade no mundo cristão. Isso porque a alquimia iria fazer parte de um mundo em crise, onde o desenvolvimento dos centros urbanos e das atividades intelectuais, comerciais e artesanais desestabilizava as distinções entre saberes pagãos e o conhecimento revelado, entre a procura da salvação e práticas produtivas, entre fé e razão.

Em *Les origines sacrés des sciences modernes*, Charles Morazé enfatiza o papel desempenhado na invenção dos novos desafios da alquimia pelas recém-criadas ordens menores, a ordem dominicana e, especialmente, a franciscana. Os dominicanos Alberto Magno (1193-1280), Vincent de Beauvais (?-1264) e Tomás de Aquino (1225-1274) escreveram sobre a alquimia (Aquino defende a transmutação como verdade demonstrada). Quanto às preocupações alquímicas dos franciscanos Roger Bacon (1214-1294) e Arnau de Vilanova (1235-1313), assim como as de Ramon Llull (1235-1315), sábio místico próximo dos franciscanos, elas não podem ser separadas das questões teológicas (o divino está presente no mais ínfimo ser da natureza), políticas (a dignidade do pobre e do trabalho manual), lógicas (nominalismo antiaristotélico) e práticas (purificação, maceração, moagem), todas as quais refletem um questionamento da oposição entre as preocupações deste mundo e a ordem da salvação.[1]

A imagética da alquimia cristã é bem conhecida. São Jorge matando o dragão, um rei e uma rainha entrando no banho sob a ameaça de uma espada nua empunhada por um soldado, um lobo devorando um rei morto, a queda de Troia e a morte de Príamo, Mercúrio adulto sendo cozinhado num banho quente até que escape o espírito, representado por uma pomba branca: cada uma dessas representações está repleta de referências teológicas, místicas, míticas, astrológicas, operacionais.[2] O soldado é o solvente que forçará as duas substâncias, o rei-enxofre e a rainha-mercúrio, a reagir; a morte de Príamo é a dissolução ou a fusão de um composto; o dragão hermético, teste na rota do alquimista, contrapeso que se opõe à obra, guardião da caverna onde está a Quintessência; o lobo é o antimônio devorando o ouro antes que o fogo purificador regenere um rei vivo, ativo, "filosófico" etc.

Essas referências se enriquecem de temas específicos ao Ocidente cristão. Todos os recursos do cristianismo foram engajados na invenção de uma alquimia cristã, embora oficialmente condenada pelas autoridades da Igreja: o mistério da Santíssima Trindade e o da redenção, a concepção do Menino-Deus por Maria, a paixão de Cristo, o Santo Graal, as provas – contrição, mortificação, purificação – que marcam o caminho da salvação, os múltiplos registros em que podem atuar os espíritos, desde o Espírito Santo, cujo símbolo é a pomba, até o espírito de sal.

No início do século XIV, especialmente com Ramon Llull, o simbolismo alquímico começa a se desenvolver também como representações geométricas: os quatro elementos de Aristóteles, as quatro qualidades, as operações sucessivas da grande obra, os diferentes metais, espíritos e sais se organizam em retângulos, triângulos, estrelas, círculos, cujas relações se permitem ser pensadas, e os segredos de seus números, descobertos.

A questão da avaliação

A alquimia cristã, bem como a alquimia árabe, suscita irreprimivelmente a questão da avaliação. A primeira dificuldade é saber quem era o alquimista medieval. Deve ser enfatizado, isso de acordo com os historiadores contemporâneos da alquimia,[3] que não é necessário compreender a alquimia medieval segundo o modelo mais bem conhecido da alquimia tardia, isto é, da alquimia que convive com outros empreendimentos, atribuindo-lhe uma racionalidade que nos pareça mais moderna. O trabalho do alquimista medieval pode despertar o ceticismo dos estudiosos, que compartilham a opinião de Avicena. Alberto Magno, cujo epíteto era doutor universal, por exemplo, praticava a alquimia, mas questionava a qualidade do ouro produzido pelos alquimistas: o único alquimista é a natureza. Ele, porém, não contrapunha a alquimia a "uma outra química" que se dizia racional.

Quem é o alquimista medieval? A distinção entre aquele de quem diríamos ser um artesão-químico ou um falsário, um pesquisador lúcido e metódico, um estudioso curioso, um iluminado ou um místico: é difícil dizer. A alquimia forma um contínuo, e a maioria dos autores permanece humildemente anônima.

É somente a partir do século XVI, com John Dee ou Michael Maier, que esse contínuo se diferencia. O personagem do alquimista torna-se reconhecível, e a ele se atribuem conexões perturbadoras com sociedades secretas e fascinantes, como os famosos Rosa-Cruz, celebrados por Umberto Eco em *O pêndulo de Foucault*. A conhecida imagem moderna da alquimia como ciência oculta, oposta às ciências exatas e sem alma, é o resultado dessa diferenciação. Ela transforma o tema do sigilo – não se pode confiar a qualquer um o saber/poder, que seria perigoso em mãos erradas – em referência a um saber intrinsecamente misterioso, que exige um ritual de iniciação. O argumento, tão familiar, de que somente o homem purificado pode realizar a "grande obra", após ter passado pelas provações que lhe dão a capacidade ética, também é moderno. Tal argumento não fazia muito sentido quando o alquimista medieval lidava com o analista ou o *testator* que, em nome de seu patrocinador, punha à prova o que ele dizia ser ouro. Isso passa a ter sentido quando o alquimista tem de enfrentar um coletivo cético, que exige demonstrações da reprodutibilidade de suas técnicas.

Mas a questão da avaliação cria outra armadilha. Quando se adere a uma história orientada para a química moderna, a avaliação do passado é feita sob a égide do "apesar de". Apesar de sua falsa crença na possibilidade da transmutação e na existência de um saber oculto, os alquimistas aperfeiçoaram técnicas que virão a ser aquelas da química moderna. Aprenderam a produzir ácidos (mênstruos) cada vez mais fortes. Enquanto os árabes tinham apenas ácidos fracos e soluções de sais corrosivos, os alquimistas europeus, a partir do século XIV, aprenderam a preparar e a concentrar os ácidos fortes: primeiro o ácido nítrico – *aqua fortis* ou espírito de nitro –, depois o ácido clorídrico – espírito de sal –, em seguida o ácido sulfúrico – espírito de vitríolo ou, ao ser concentrado, óleo de vitríolo –, até a água régia (mistura dos ácidos clorídrico e nítrico), que dissolve até o ouro. E os ácidos, poderosos instrumentos, permitem-lhes produzir e caracterizar sais cada vez mais diversos, assim como "espíritos", partes voláteis da matéria que a destilação permite separar, cada vez mais numerosos. Finalmente, os alquimistas, assim como os "testatores" que analisavam o ouro oferecido a seus financiadores pelos alquimistas, criaram uma relação cada vez mais exigente entre a identidade de um corpo e as provas a que se pode submeter. Assim, desenvolveram práticas que conferem uma identidade operacional às substâncias, baseadas na diferença entre as propriedades secundárias (que se podem imitar, isto é, que não qualificam uma substância) e as propriedades que se poderiam chamar intrínsecas. Em outras palavras, "apesar de" suas crenças falsas, deve-se reconhecer que os alquimistas prepararam o terreno para práticas modernas que iriam prenunciar a agonia da alquimia.

Mas esse "terreno" será apenas o da química? Charles Morazé destaca alguns efeitos possíveis dos esquemas geométricos dos alquimistas: a quintessência, colocada no centro de um esquema que articula os quatro elementos, motor das suas transformações, leva à possibilidade de uma passagem entre as qualidades que Aristóteles dizia serem contraditórias.[4] Entre o frio e o quente, entre o úmido e o seco, não haveria então uma oposição lógica, mas sim uma diferença quantitativa, sujeita a medidas e operações. A alquimia seria, portanto, a parte que toma o caminho conceitual que conduz da ciência de Aristóteles para as ciências experimentais, submetendo a qualidade à medida.

Por outro lado, a avaliação daquilo que a alquimia fez "apesar das suas limitações" remete-nos à nossa própria prática historiográfica. Como costuma ser o caso com a Idade Média, trata-se de sancionar em função do futuro, de separar aquilo que será mantido, por ser valioso, daquilo que então seria apenas desperdício. Mas o que surge dessa prática historiográfica? Se nos lembrarmos de que o modo de avaliação por separação e purificação remete a um procedimento alquímico, se evocarmos metáforas que falam do espírito de uma obra, da essência a ser extraída de um texto, de progressão (progresso?) por separação, por maturação, por purificação, do valor corrosivo de um pensamento, de uma palavra espirituosa, ou das provas a que um pensamento deve passar para demonstrar seu valor, as coisas se complicam. Não se trata apenas de metáforas, mas da própria prática das ideias e do intelecto. A ligação tecida pela alquimia entre tempo e valor foi abandonada, hoje em dia, no que se refere às transformações materiais (em que "valor" se define como "raridade", daqui para frente), mas não em relação à "vida do espírito". Como avaliar o significado e a importância dessa "alquimia do pensamento" que nos leva de modo irreprimível a colocar nossas produções intelectuais sob as várias marcas do tempo, que julga, separa, purifica, amadurece, enriquece e retifica?

Quanto à segunda dimensão temporal da alquimia, em busca de um antigo segredo que guarda, ela também nos remete às nossas próprias práticas. A possibilidade de uma grande obra é o objeto de mil testemunhos. É possível duvidar deles? Que evidência poderá contrabalançar a da tradição? Em que medida essa tradição é confiável? Essas questões existem na nossa ideia de crítica racional, mas são também questões que a alquimia suscita ao longo de sua história. Desde sua origem, a alquimia é assediada pela dúvida quanto à transmutação. Lugar de especulação sobre o possível e o impossível, o real e o fictício, ponto de controvérsias em que o argumento da autoridade se cruza com a prova pelo teste operacional, a alquimia desperta ao mesmo tempo a invenção e o ceticismo, combina o esforço racional e a especulação e alimenta a ideia de um segredo a ser descoberto tanto na natureza como nos textos. Ao fazê-lo, supõe uma definição da inteligência como resposta a um desafio, a um enigma por resolver, a um segredo a ser decifrado. À procura de vestígios, sinais e assinaturas, a alquimia mobiliza todos os recursos do espírito humano e os aplica tanto à natureza quanto aos textos. Longe de "preparar, apesar de si mesma", a inovação prática, intelectual e afetiva que associamos aos tempos modernos, a alquimia não deveria ser reconhecida, então, como uma de suas matrizes?

Notas

[1] Colnort-Bodet, 1986.

[2] Morazé, 1986.

[3] Veja, por exemplo, Halleux (1989) especificar que, quando o alquimista medieval atribui à *practica* a função de certificar a *theoria*, trata-se na verdade de verificar que o intérprete alquimista entendeu a teoria do autor. Essa referência ao autor como autoridade é comum na Idade Média e não é peculiar aos alquimistas.

[4] Morazé, 1986, pp. 222, 268-269, 290-291.

3

Uma tradição em crise

Atualmente, quando se fala em "crise" na história das ciências, refere-se ao confronto entre dois esquemas rivais, como descrito por Thomas Kuhn. À primeira vista, podemos pensar que a "física moderna" nasceu de tal confronto. De qualquer forma, foi sob esse signo que Galileu escolheu colocar sua obra.

Ora, não se encontra, na história da química, o equivalente a uma "revolução galileana", de um autor que não apenas teria pretendido estabelecer a diferença entre o passado e o futuro, mas também teria conseguido, até os dias de hoje, fazer reconhecer a validade de suas pretensões. A identificação da alquimia com uma doutrina errônea deveria nos levar a pensar que a questão da possibilidade de transmutação – poderá o homem fazer no laboratório o que ocorre nas entranhas da terra? – deve desempenhar um papel decisivo, crítico, no sentido de delimitador, na história que conduz, para nós, da alquimia à química. Mas esse não é o caso, como veremos. A explicação a ser dada para as transformações da matéria também não é um ponto crucial. O grande químico Georg Ernst Stahl falará, no início do século XVIII, de "afinidades" num sentido em que os alquimistas, desde Alberto Magno, não teriam renegado. O semelhante que atrai e se une ao semelhante, a dissolução dos metais pelos ácidos, atestando sua afinidade, reflete o fato de ambos compartilharem o mesmo princípio.

Modos de transmissão

Propomos então uma hipótese não kuhniana: a diferença entre aqueles que afirmam ser químicos e alquimistas, respectivamente, refere-se em primeiro lugar à questão do *status* do conhecimento que constroem, assim como a seu modo de transmissão. O papel da imprensa como desencadeadora da crise da tradição alquímica seria então crucial. Estava encerrada a era dos manuscritos que o autor, por humildade ou cautela, colocava sob o nome de Geber (Jabir) e que, sem data, juntavam-se à população obscura e errante de traduções, comentários, interpretações e descrições de novos ou antigos procedimentos. Com o advento da imprensa, o autor passa a ser obrigado a se anunciar como tal, a tomar posição quanto à fonte de sua autoridade, dirigir-se a um tipo de leitor e se inscrever num tipo de história. A imprensa também transforma a relação com a autoridade. Assim que são impressos, os textos antigos se tornam acessíveis, podem ser confrontados e postos em concorrência com os autores modernos, e isso para um público mais amplo.

> Por exemplo, quanto maior o tamanho do público que lê a língua vernácula, mais habilidades científicas em potencial poderiam ser exploradas, e mais os artesãos seriam encorajados a revelar os segredos de seu ofício, imprimindo tratados e atraindo clientes para suas lojas. Novos e fecundos intercâmbios entre editores e leitores também foram estimulados com a maior penetração da alfabetização na sociedade. Quando os autores de atlas e floras começaram a convidar os leitores para comentarem sobre o traçado das costas, ou sobre ervas e sementes secas, foi criada uma forma de coleta de dados, a que "qualquer um" *poderia* trazer uma contribuição.[1]

Galileu é conhecido por ter confrontado o veredito da experiência com a autoridade de Aristóteles. Mas, no século XVI, e depois no século XVII, uma multiplicidade de autores reafirmaram esse direito de apelar ao "livro da natureza" contra a autoridade erudita. E esse livro está aberto a todos, letrados, curiosos ou artesãos.

A dissociação entre as noções de autor e autoridade, bem como a possibilidade de transmitir saberes e procedimentos, foi, muito mais do que esse ou aquele ponto de doutrina, um fator de discriminação entre aqueles a quem poderemos, doravante, chamar de químicos e aqueles que cultivarão o mistério alquímico. À transmissão esotérica se oporá um empreendimento didático que se dirige ao público e não aos iniciados. Após Leonardo da Vinci (1452-1519), também Bernard Palissy (1510-1590), Benvenuto Cellini (1500-1571) e Georg Bauer, conhecido como Agrícola (1494-1555), renunciam ao segredo e tentam descrever seus procedimentos de modo preciso e reproduzível. Suas obras são geralmente classificadas na categoria de "química técnica", ou "química prática", porque esses autores ficam fora das disputas autorais. Súmula de todos os processos metalúrgicos conhecidos, o *De re metallica*, de Agrícola, será por muito tempo uma referência no assunto. Palissy e Cellini são, ao mesmo tempo e indissociavelmente, técnicos e artistas: as cerâmicas e os esmaltes de Palissy e as estátuas de bronze colossais de Cellini são o resultado de uma pesquisa empírica sistemática, visando não à descoberta de segredos passados, mas à preparação de novos processos.

Outros, tais como John Dee, Michael Maier e Cornélio Agrippa – o qual, antes de morrer, denunciaria o caráter ilusório de todas as ciências "ocultas" que praticou –, acentuarão a dimensão secreta, mística e mágica da alquimia. Mas o segredo mudou de sentido, uma vez que não é mais transmitido apenas pela via discreta em si mesma dos manuscritos copiados e recopiados. Mantém-se uma rede tradicional, em que iniciados trocam entre si manuscritos; os "verdadeiros" alquimistas, como Newton, continuam a copiar e a escrever sem o propósito de publicar.[2] Mas uma grande parte dos manuscritos antigos é publicada, assim como múltiplas obras novas. A literatura alquímica, impressa, tornou-se assim pública como todas as outras, mesmo com o público sendo advertido de que nada iria compreender. Suas descrições, consideradas impenetráveis pelos não iniciados, tornaram-se um "segredo público". Assim, Ben Jonson, quando mira em Michael Maier em sua famosa peça *The Alchemist* (1610), conhece perfeitamente o vocabulário e o estilo alquímicos.

A divulgação dos processos alquímicos certamente permite a qualquer pessoa, a um químico que não fez o esforço para entrar no circuito e aprender e se limitou a comprar um livro, pôr à prova os processos e divulgá-los. É aqui que o tema da relação entre a purificação espiritual do alquimista e seu poder material assume seu valor estratégico: permite afirmar a dimensão irreproduzível, por meros químicos, dos resultados relacionados com esses processos. Os alquimistas se tornarão assim o que são ainda hoje: objetos de fascínio e de escárnio.

Revoluções

Sem dúvida, o químico mais famoso do século XVI é Paracelso, Theophrastus Bombastus von Hohenheim (1493-1541). Seria Paracelso um desses "magos alquimistas"? Para ele, todos aqueles que melhoram a natureza, o padeiro que confere ao grão a perfeição do pão, o metalúrgico que transforma minerais em espadas e o vinhateiro que prepara o vinho a partir das uvas, podem ser chamados de alquimistas. Alquimista é Deus que criou o mundo, alquimista é o corpo que digere e transforma alimento em corpo humano, o mais nobre de todos os corpos. Alquímica é também a criação de um homúnculo num alambique a partir de licor espermático. Alquimista, mais do que qualquer outro, é o médico que pode curar os corpos. O homem no centro da criação possui em si o conhecimento das coisas, mas esse conhecimento só pode ser realizado pela experiência, graças à simpatia, à atração, à afinidade entre essas coisas e seu análogo no homem, e essa realização ocorrerá apenas por uma graça conferida pessoalmente por Deus ao investigador. Empirismo e misticismo interagem mutuamente.[3]

Paracelso cria um fenômeno da moda, uma alquimia "popular", espetacular e pública, que desperta entusiasmo, paixão, controvérsia e hostilidade. Escreve em alemão de maneira provocante, extravagante, pomposa,[4] insulta os antigos, queima publicamente os livros de Avicena (uma manifestação própria da época de Lutero, mas também... da imprensa), declara preferir a ciência aprendida com os humildes, durante sua vida errante, à de Aristóteles e de outras autoridades que ensinam na universidade. Convoca médicos a aprender "química", anuncia remédios milagrosos, como o sal de mercúrio, graças ao qual trata com sucesso a sífilis. Diagnostica a origem externa de certas doenças, como a silicose: a "doença dos mineiros".

Mesmo se Paracelso retoma, contra os quatro elementos de Aristóteles, os elementos-princípios da tradição alquímica – mercúrio e enxofre, além do sal, que é o elemento responsável pela robustez passiva das coisas[5] –, a alquimia paracelsiana não segue a tradição, mas, pelo contrário, afirma-se como saber conquistador, "revolucionário". Além da luta acirrada entre a medicina química, paracelsiana, e a medicina galênica tradicional, Paracelso habitará a memória dos químicos.[6] No século XVIII, no artigo "Chymie" da *Encyclopédie* de Diderot, o químico Venel chama nas suas súplicas um "novo Paracelso", que daria à química a posição que merece entre as ciências.

A passagem da alquimia à química não é marcada por uma ruptura teórica, como o fim da crença na possibilidade de transmutação, ou o abandono das referências alquímicas e místicas. Paracelso pode ser chamado de químico na medida em que opõe à autoridade das doutrinas o que considera ser a autoridade da experiência, sendo que ele se vê como um inovador pertencente a uma história voltada para o futuro. Por outro lado, seu crítico Andreas Libavius defende um retorno a Aristóteles.[7] Em seu livro *Alchemia*, publicado em 1597 e dedicado à crítica da química paracelsiana, Libavius ataca as pretensões filosófico-místicas dos paracelsianos, denuncia o caráter antirreligioso, idólatra, satânico das seitas paracelsianas e transforma a prática da química numa simples ilustração da dialética tradicional que se ensina nas universidades em nome de Aristóteles. Assim, Libavius opõe à medicina química paracelsiana, empírico-mística, uma química didática, em que a explanação é organizada por definições sucessivas, com cada definição gerando a seguinte por divisão dicotômica. O propósito de sua apresentação é classificar todas as operações do artesão num esquema, não sendo o esquema em si mesmo o organizador. Algumas atividades sinônimas são diferenciadas, tal como faziam tradicionalmente os artesãos.

Se, por um lado, Libavius regressa aos quadros escolásticos tradicionais, por outro lado, marca o início de uma história: a das tentativas de ordenar de maneira racional a exposição do conhecimento químico.[8] Hannaway enfatiza o poder "autogerador" de tal estratégia didática. Como existe uma primeira dicotomia, ela *apresenta o problema*, e outros se dedicam a resolver esse problema. A construção de tabelas é um instrumento que provoca o confronto entre uma hipótese organizadora e o conjunto empírico das operações tradicionais. O equivalente de tal procedimento não existe na física. Galileu, Newton e seus sucessores conquistaram a liberdade de "criar", ou de identificar, o que se tornará objeto das suas teorias e colocar em jogo o poder de seus conceitos. Esse equivalente também não existe na biologia, porque o biólogo se debruça sobre a imensa diversidade dos seres vivos, mas não sobre o labirinto emaranhado das operações, propriedades e substâncias que o químico enfrenta. Aquilo que o químico sabe sobre os corpos e suas transformações não pode ser separado de suas práticas, e estas não podem ser concebidas como deduzíveis logicamente de uma hipótese teórica bem fundamentada. Pelo contrário, o campo da química testemunha a fecundidade prática de doutrinas e de hipóteses abandonadas.

Invenções alquímicas

A doutrina alquímica foi fecunda nas mãos de Joan Baptista van Helmont (1577-1640), médico químico e discípulo de Paracelso. Van Helmont subscreve a visão alquímica de um processo de produção dos minerais análogo ao dos seres vivos e procura caracterizar as sementes desse processo. Mas, ao contrário de seus antecessores, rejeita a teoria dos elementos, como a dos princípios, e faz da água a substância primordial única: uma planta não pode se desenvolver a partir de água somente? Mas, tal como existem dois sexos, são necessárias duas coisas na geração natural dos corpos minerais e metálicos: a água e a "semente", ou espírito "seminal". Essa semente, responsável pela geração das formas das substâncias, não pode ser identificada com uma substância material qualquer, mesmo que tenha sido batizada de "espírito" por seus antecessores. A questão é saber por quais materiais intermediários, por quais instrumentos, opera o agente que já tinha sido invocado por Paracelso, o *Arqueu*, que dá forma e unidade aos corpos naturais.

Essa doutrina inspira Van Helmont a realizar o primeiro estudo daquilo que, depois dele, chamamos de "gás", que ele distingue dos vapores facilmente liquefeitos.[9] Ele identifica particularmente o "gás silvestre" (nosso dióxido de carbono), que é liberado quando uma substância natural, dotada de forma, é destruída pela combustão, quando se derrama ácido sobre calcário e durante a fermentação, mostrando ainda que esse gás não sustenta a combustão. Em pleno século XVII, uma doutrina alquímica inspirou portanto uma nova prática experimental, criadora de novos problemas e novas técnicas: o equipamento dos laboratórios será enriquecido com campânulas, destinadas a coletar os gases liberados pelas reações e a identificá-los.

Ainda no século XVII, Johann Rudolf Glauber (1604-1670) e Johann Joachim Becher (1635-1682) continuam também uma tradição especulativa da alquimia. Glauber dá o nome *sal mirabile* ao sulfato de sódio que preparou, além de muitos outros remédios. Apesar de manter em segredo alguns de seus processos de fabricação, já não se trata de um segredo alquímico, mas de propriedade comercial: seus segredos em troca de lucro. E vê no desenvolvimento de uma indústria química nacional um caminho para "a salvação da Alemanha", devastada pela Guerra dos Trinta Anos. Por outro lado, Becher ainda tenta convencer um príncipe, Hermann de Baden, a investir na fabricação de ouro, mas participa também, com a corrente "*kameraliste*", da abertura da prática química sobre um novo espaço, o do "bem público".[10] Toda uma parte da obra de Becher é dedicada a grandes projetos, escavação de um canal Reno-Danúbio, colônias na América do Sul, e desenvolvimentos industriais (incluindo o uso industrial do carvão mineral, do alcatrão e do gás combustível que pode ser obtido por destilação de carvão).

O tema kuhniano de uma crise pelo confronto entre dois paradigmas deve ser substituído aqui por uma mistura indefinida de doutrinas rivais. Os magos alquimistas, herdeiros de tradições misteriosas, os alquimistas conquistadores, voltados para o futuro, os químicos "racionalistas", aristotélicos, os químicos técnicos, artistas e artesãos, os médicos, farmacêuticos e metalúrgicos coabitam num mesmo mundo, sem que nenhum critério nos permita designar aqueles que seriam os "portadores do futuro".

Notas

[1] Eisenstein, 1980, p. 658: "For example, the larger the vernacular reading public, the larger the pool of potential scientific talent that could be tapped, and the more craftsmen would be encouraged to disclose trading secrets by printing treatises and attracting purchasers to their shops. New and useful interchanges between publishers and readers were also encouraged by the social penetration of literacy. When authors of atlases and herbals called on their readers to send in notes about coastlines or dried plants and seeds, a form of data collection was launched in which 'everyman' *could* play a supporting role".

[2] Ver Dobbs, 1975.

[3] Hannaway, 1975, pp. 25-26.

[4] "Bombástico" remete a um estilo empolado, grandiloquente, estrondoso, pretensioso e enfático. Paracelso significa "para além de", "superior a" Celso, que foi um renomado médico romano.

[5] De acordo com Paracelso, durante uma combustão, o elemento ativo "mercúrio" escapa, enquanto o enxofre assegura a combustibilidade, e o sal é o que resta, as cinzas.

[6] Ver Debus, 1992.

[7] Ver Hannaway, 1975.

[8] Christie e Golinski (1982, pp. 235-266) fizeram a demonstração disso a partir de um manuscrito anônimo do final do século XVII: nele, as operações são compreendidas segundo um esquema que destaca a diferença entre separação (solução) e combinação (coagulação). A solução, pela qual um corpo é resolvido em seus primeiros princípios, pode ser feita *quer* por calcinação (redução de um corpo a uma cal), *quer* por extração (separação de um corpo entre suas partes sutis e suas partes grosseiras); e essa última pode ser feita *quer* pela via ascendente, quando se recolhem as partes sutis (*seja* pela via seca, que é a sublimação, *seja* pela via úmida, o que envolve o uso de licores ácidos ou mênstruos), *quer* por via descendente, quando as partes pesadas são coletadas (e estas, *quer* pela via quente, *quer* pela via fria...). A operação de "exaltação", tão importante no pensamento alquímico, já que se trata de conferir uma atividade mais intensa ao corpo, foi preservada por Libavius, mas agora desapareceu: não tem mais sentido numa problemática de separação e combinação.

[9] Geralmente, pensa-se que a palavra "gás" vem de *geest*, que em holandês significa espírito; mas, de acordo com outros autores, Van Helmont parecia pensar também em *chaos*, não sendo o gás nem uma substância nem uma essência.

[10] Meinel, 1983, pp. 121-132.

4

Ciência do mistão ou dos corpúsculos?

Em 1417, o poema *De rerum natura*, de Lucrécio, é redescoberto. A moda das teorias atômicas ou corpusculares associadas a essa redescoberta é uma história que não pertence propriamente à química. A distinção entre as qualidades primárias, as propriedades dos átomos, e as qualidades secundárias, que se referem ao observador, é um tema de múltiplos debates em filosofia, teologia, física e estética. Aristóteles lutara contra o atomismo, o qual era, desde a Antiguidade, considerado uma doutrina eminentemente suspeita. A mesma situação se repete na Europa cristã: Lucrécio é considerado um autor materialista e ímpio, seus discípulos podem ser suspeitos de ateísmo. Quando, em 1624, os sábios parisienses Jean Bitaud e Antoine de Villon colocam em julgamento público as doutrinas de Aristóteles e Paracelso, defendendo obstinadamente e propondo comprovar experimentalmente que tudo é composto de átomos indivisíveis, a assembleia é dispersada por forças da ordem pública, os autores são presos e advertidos, sob pena de morte, a não mais propagar sua doutrina.[1] No entanto, como veremos, mesmo criando problemas com a teologia, o atomismo também soube se reinventar como a única doutrina autenticamente cristã, por oposição ao aristotelismo pagão. As substâncias aristotélicas não atuariam apenas de acordo com sua própria natureza e, portanto, não conquistariam uma autonomia perigosa em relação ao poder divino? Pelo contrário, Gassendi, na França, e Boyle, na Inglaterra, defenderam no século XVII que os átomos permitem conceber o mundo como uma máquina, sujeita à vontade do seu criador, para quem toda a glória é revertida.

Se o interesse pelo atomismo constitui um fenômeno cultural e intelectual global, elos específicos entre as doutrinas atomísticas e as preocupações dos químicos serão criados. No século XVII, a química tornou-se um campo privilegiado dos debates sobre o atomismo. Entre "os fatos empíricos" que demonstram a existência dos átomos, as operações químicas são fundamentais: evaporação, rarefação, condensação e dissolução podem ser descritas em termos de uma matéria descontínua. Mas a química também define o terreno privilegiado de um debate entre o atomismo e a doutrina aristotélica. A nova ciência mecânica é, por definição, antiaristotélica; a química coloca um problema, que é o da transformação química, a partir do qual pode ser discutido o que são os átomos, o que eles conseguem explicar e quais as consequências de uma discussão atomística.

Átomos e mistões

Dois médicos químicos, o alemão Daniel Sennert, em 1631, e o francês Sébastien Basso, em 1636, enfrentam o problema no qual se vai disputar o alcance e as implicações de uma "química corpuscular". Que relação estabelecer entre os átomos, partículas últimas, e os corpúsculos, "atores" que contêm as propriedades químicas específicas e podem ser identificados por meio de operações químicas?

Basso e Sennert, ao contrário dos alquimistas e químicos que mencionamos até agora, são o que poderíamos chamar de "ideólogos", usando uma palavra que só surgiu muito depois. Seus verdadeiros interlocutores não são químicos, mas, num sentido amplo, homens de letras, leitores críticos ou respeitosos de Aristóteles, que cultivam as conceitualizações. Isso significa, correlativamente, que as categorias que traduzem e guiam a prática dos químicos escapam no essencial à discussão. Os químicos corpusculares não discutem o número de elementos-princípios ou os critérios de sua definição. O conjunto desses critérios se refere, na verdade, a "propriedades operacionais", tais como solubilidade ou insolubilidade, combustibilidade, volatilidade, que são destacadas por operações e permitem explicá-las. A química corpuscular exige uma estratégia explicativa, na qual os conceitos são desvinculados das operações, isto é, dirigem-se indiferentemente a qualquer composto químico, independentemente das operações de produção ou dos testes que estabelecem sua identidade.

O que está em discussão no debate entre os atomistas e os discípulos de Aristóteles é a questão da existência *real* ou apenas *potencial* dos elementos constituintes dos compostos, isto é, o problema do que Aristóteles chamou de *mixis* (em latim, *mixtio*), modo de ser dos elementos no sentido em que entram na composição dessa ou daquela substância.[2] A noção aristotélica de *mixtio* pressupõe que toda substância é um composto e que a composição implica uma transformação interna dos componentes. Nesse sentido, a *mixtio* aristotélica já é uma noção antiatômica: contra Demócrito, Aristóteles afirma que os *stoicheia*, os elementos constituintes de um corpo, são transformados por sua composição. No entanto, Aristóteles também afirma que a *dynamis* (força) dos elementos subsiste na *mixtio*; em outras palavras, de uma forma ou de outra, as propriedades de uma *mixtio* atestam as propriedades de seus elementos constituintes.

A *mixtio* foi objeto de muita discussão na Idade Média e constitui, de fato, um terreno privilegiado de experimentação conceitual, no qual se pode pensar a relação "forma-matéria". Quando uma reação química produz uma nova substância, dotada de novas propriedades, devemos pensar que essa substância possui uma "forma substancial" própria. De onde ela vem? E, quando uma substância é destruída, no sentido de que ela entra em um novo composto, isso significa que sua forma é destruída, ou que subsiste potencialmente, ou mesmo de modo enfraquecido, dominada pela nova forma substancial do mistão? Avicena propõe que as formas dos elementos se preservam, mas que suas qualidades sofrem uma *remissio*, um enfraquecimento, da sua intensidade; Averróis propõe uma remissão da própria forma dos componentes; Tomás de Aquino, a destruição dessas formas, integrando-se as qualidades dos componentes numa *qualitas media*, qualidade média, que torna o composto suscetível de receber a *forma mixti*, a nova forma substancial. Essas discussões eram ainda mais acaloradas porquanto a questão da eucaristia estava em jogo: em que sentido pão e vinho se tornam corpo e sangue de Cristo? Em qualquer caso, a teoria aristotélica do mistão, apesar das suas dificuldades, permite sugerir que parte essencial do dogma, "eis o meu corpo", pode ser tomada num sentido amplo, o de que uma nova forma substancial define o pão. O fato de, durante o Concílio de Trento (1545-1563), o dogma da transubstanciação ter sido enunciado no quadro conceitual da teoria dos mistões vai constituir um obstáculo ao atomismo nos países católicos.[3]

A química corpuscular, campo de experimentação conceitual das consequências do atomismo, supõe, assim, que os elementos componentes não permanecem "em potência" num composto, mas o compõem de fato. A transformação química deve ser pensada em termos de separação e combinação entre partículas, elas próprias invariantes, incorruptíveis, preexistentes à combinação e subsistindo como tal no mistão.

A noção de combinação química é, desde o início, altamente polêmica. Vai contra a interpretação usual que os alquimistas e outros metalúrgicos davam à formação dos metais, produção dos corpos por maturação, ativada pelo calor, via seca, ou pelos mênstruos (ácidos), via úmida. Também torna possível esvaziar de seu significado todas as discussões que ocuparam os discípulos de Aristóteles sobre alterações substanciais. Do ponto de vista da concepção atomística, o conceito central da ciência aristotélica, a transição da potencialidade para a realidade, não faz mais sentido. Os constituintes desse mundo são reais. Correlativamente, gênese (*genesis*), destruição (*phthora*), alteração (*alloiosis*) não mais se referem a processos qualitativamente diferentes, mas a um mesmo tipo de mudança, quantitativa, que Aristóteles chamou de locomoção (*phora*). Em outras palavras, a noção de combinação química exclui da química a antiga dimensão "física" (*physis*) ou dinâmica e, com ela, o tempo próprio para as transformações. O ser vivo leva tempo para atingir a idade adulta; a combinação poderia idealmente ser instantânea: o tempo resulta apenas dos obstáculos que devem ser superados.

Uma vez que separação e combinação são termos que, finalmente, entendemos sem dificuldade, podemos ser tentados a ver na química corpuscular o ponto de partida estável de uma química moderna enfim, ou seja, encontrar a ocasião para passar ao capítulo seguinte deste livro. Seria dar "razão" a um discurso apenas porque o reconhecemos, enquanto, como veremos, esse discurso não conquistou os meios para triunfar.

O alfabeto químico

Sébastien Basso compara os átomos a caracteres alfabéticos ou a tijolos de um edifício. Em ambos os casos, a comparação implica a necessidade de distinguir entre as propriedades da *mixtio* (o significado do texto ou o estilo do edifício) e as dos seus componentes. No entanto, deve-se notar que as duas comparações apontam para duas concepções distintas do átomo. O átomo "alfabético", emprestado da tradição grega, embora não tenha as qualidades do texto, é diferenciado. É a diferença entre os átomos que confere sentido à sua combinação. Por outro lado, todos os tijolos podem parecer iguais sem que os edifícios construídos com eles sejam iguais. O átomo "tijolo" refere-se a uma matéria primordial homogênea e reduz as diferenças qualitativas a uma questão de configuração. Entre essas duas metáforas, os químicos oscilam e se dividem.

Além disso, será suficiente dizer que um texto é composto de letras para reduzi-lo apenas a letras? Sennert hesita: enquanto químico, considera essencial afirmar que um composto é um agregado, mas, enquanto filósofo, não pode evitar o problema da identidade do agregado e chega a uma posição próxima da de Avicena, o qual, aliás, fora criticado pelos pensadores escolásticos como estando próximo demais de uma concepção corpuscular.

E, finalmente, qual é a relação entre os átomos e os corpúsculos, para os quais uma identidade química possa ser atribuída? Para Sennert, as unidades de matéria manipuláveis experimentalmente são agregados heterogêneos imanentes do ponto de vista atômico, são *prima mixta*. Basso, entretanto, introduziu os conceitos de corpúsculos e agregados secundários, terciários e quaternários, que podem parecer anunciar a distinção moderna entre átomo, molécula e mistura, mas traduzem sobretudo a incerteza da conexão entre a noção de átomo e a prática química. Em particular, a doutrina atômica não exclui em nada a possibilidade de transmutação. Bem pelo contrário, elimina o obstáculo que constituía, para Avicena em particular, a noção de substância herdada de Aristóteles: se chumbo e ouro se referem a formas substanciais distintas, a transformação de um em outro parece impossível; se remetem a diferentes agregados de átomos, ela se torna concebível.

A química corpuscular constituiu, assim, menos uma resposta e mais uma nova reformulação da problemática no duplo sentido de "permitir colocar o problema de..." e "colocar o problema de...". Enquanto o atomismo, privilegiando o deslocamento entre todos os modos de mudança, associa-se sem problemas às doutrinas mecanicistas, a química corpuscular põe em dúvida a tradição química.

O atomismo, como indicam as metáforas do caráter alfabético e dos tijolos, parece prometer a construção de uma ciência sobre uma base segura: o átomo é um princípio de construção da realidade e do conhecimento. Mas obscurece o princípio da atividade e do antigo alquimista e do químico: a possibilidade de qualificar um corpo, o fato, como se dirá no século XVIII, de uma transformação química criar *essa* ou *aquela* substância homogênea a partir do heterogêneo. O que *faz* a homogeneidade? O conceito da *mixtio* vai ressurgir no centro da química do século XVIII, e essa reaparição não marca uma "regressão", ou a influência persistente de Aristóteles. O próprio Aristóteles foi confrontado com o problema da *mixtio*, da produção de um novo corpo a partir de outros corpos caracterizados por propriedades diferentes.

Do ponto de vista das operações químicas, entretanto, a nova retórica das combinações e separações de partículas, que são elas mesmas invariantes, tem um efeito que podemos desde já enfatizar. Entre todas as operações químicas, privilegia aquelas que manifestam a *reversibilidade*[4] das combinações e separações: o ouro, dissolvido em água régia, aparentemente desaparece, mas pode, depois, ser recuperado. Para o químico Daniel Sennert, o conjunto dos processos empíricos conhecidos, durante os quais um metal pode ser separado, isto é, reduzido ao seu estado primitivo (*reductio in pristinum statum*), constitui um conjunto de evidências da existência dos átomos. Essa prova não é suficiente, sendo a noção de "mistão" perfeitamente capaz de explicar essa reversibilidade. No entanto, operações que demonstram a reversibilidade inspiram uma nova classificação das operações químicas, que privilegia teoricamente os processos de purificação. Aquilo que desaparece e depois se recompõe pode designar um corpo "puro", ou também um corpo cuja identidade é independente das transformações que o produziram, ou da fonte da qual foi extraído.

Nesse caso, a química corpuscular constitui essencialmente uma nova retórica, incapaz de orientar o trabalho do químico no laboratório. Entretanto, o tempo próprio para o atomismo, o tempo dos encontros que fazem e desfazem, dá-lhe o poder de rivalizar com o tempo dos processos de maturação, tão caro à tradição dos "mistões".

Notas

1 Meinel, 1988, pp. 68-103.

2 Dijksterhuis, 1950, p. 74.

3 Pietro Redondi, no livro *Galileo eretico* (1987), chegou a propor que essa questão fosse a razão secreta para a condenação de Galileu (que, no *Saggiatore*, afirmara suas convicções atomistas).

4 Não deve ser confundido com reversibilidade dinâmica ou termodinâmica. Reversibilidade, nesse caso, não significa a equivalência de caminhos transformacionais, mas apenas a possibilidade de encontrar o produto original.

5

O átomo sem qualidades

Com sua distinção entre propriedades primárias (extensão, forma, impenetrabilidade, massa) e secundárias (cor, calor, som etc.), a versão "mecanicista" do atomismo nega aos átomos qualquer diferença qualitativa e lhes dá apenas atributos geométricos. Essa versão foi capaz de seduzir físicos-mecanicistas como Galileu, ou filósofos como Descartes e Locke, porém acentua ainda mais a perplexidade do químico que tenta construir a partir desse átomo "sem qualidades" um discurso geral sobre os princípios aos quais a química deveria se submeter. A diferenciação entre as qualidades "secundárias" e aquelas que permitem qualificar um corpo não é nova, sendo um problema inerente à tarefa do químico. Se a química reteve algo da tradição alquímica, foi certamente "nem tudo que reluz é ouro". Em compensação, as propriedades "primárias" que o atomismo mecanicista propõe ao químico permitem talvez interpretar a diferença importante entre corpos fixos e corpos voláteis, a dissolução ou a evaporação, mas deixam indeterminadas as propriedades "propriamente químicas", que traduzem as capacidades de um corpo destruir outro, os testes a que pode resistir, e aqueles que o destroem.

Os historiadores usam naturalmente a categoria de "químico mecanicista" para designar aqueles que aceitaram atribuir aos átomos apenas as propriedades "primárias", isto é, aqueles que optaram pela metáfora do tijolo contra a do alfabeto. Mas o que há em comum entre os químicos Robert Boyle (1627-1691) e Nicolas Lémery (1645-1715), que fizeram ambos essa escolha?

Um romance cartesiano

Por que um líquido é ácido, de acordo com Nicolas Lémery? Porque contém partículas pontiagudas, como mostram o formigamento que causa na língua e as formas em que se cristalizam os sais ácidos. A força de um ácido depende da finura das pontas de suas partículas, ou seja, da capacidade de penetrar nos poros dos corpos que atacam. E, se o calcário entra em efervescência quando é posto em contato com um ácido, é porque se compõe de partes rígidas e quebradiças: as pontas ácidas penetram nos poros do calcário, destroem-nos, afastando tudo que se opõe a seu movimento...

O químico Lémery constrói, assim, um romance cartesiano, no qual os únicos atores são formas e movimentos.[1] Consequência inesperada desse tipo de narração, a transformação química é pensada sob o signo da violência: não é mais, segundo Lémery, uma questão de afinidade, de atração, de simpatia, mas, na verdade, de combate e de destruição. Depois de uma reação, a acidez se perde, porque corresponde a uma forma exterior, destrutível.

O *Cours de chymie* que Nicolas Lémery publicou em 1675 teve um enorme sucesso: de acordo com Bernard Le Bovier de Fontenelle (1657-1757), no elogio que escreveu sobre o autor, "era uma ciência completamente nova que aparecia à luz do dia, e que agitava a curiosidade dos espíritos",[2] uma ciência finalmente livre de qualquer referência a qualidades ocultas, de qualquer jargão bárbaro e sombrio. Ainda segundo Fontenelle, a publicação foi comercializada como uma obra de galantaria ou de sátira e foi traduzida para latim, alemão, inglês, espanhol e italiano. No porão da rua Galande, em Paris, onde Lémery ensinou durante 25 anos, apinhava-se uma multidão de todo tipo de ouvintes, desde a dama de sociedade até o estudante. Mas a química de Lémery era nova apenas pelo recurso à imagética cartesiana. Em mais de mil páginas, é o saber empírico da química do século XVII que apresenta. Os corpos mutáveis e figurados de Descartes não podem inspirar aos químicos nem novas questões nem novas práticas, apenas interpretações *a posteriori*. Assim, cerca de 30 anos depois, Homberg, que, diferentemente de Lémery, sabe que certos sais neutros, compostos com a ajuda de ácidos, podem se decompor para produzir um ácido, entrega-se a pacificar a imagética: as pontas do ácido não se partem mais, mas entram no álcali, como espadas em bainhas, pelo que podem também voltar a sair. Assim, a composição "mascara" a acidez, mas não a destrói.

Uma matéria católica

Tradicionalmente Robert Boyle aparece nos manuais de química e mesmo em algumas histórias da química como o inventor da noção moderna de elemento: diz-se que Boyle teria definido os elementos como os corpos indecomponíveis que compõem os corpos mistos e nos quais estes podem se decompor. Essa referência à definição "revolucionária" de Boyle é desde então citada pelos historiadores como exemplo do erro histórico que consiste em pinçar de seu contexto um enunciado que parece "verdadeiro", ou seja, que parece aceitável hoje em dia.[3] Assim, propõe-se uma leitura bastante diferente da definição de Boyle:

> Chamo agora de elementos [...] certos corpos primitivos e simples, perfeitamente puros de toda mistura; que, não sendo constituídos de quaisquer outros corpos, ou uns dos outros, são os ingredientes a partir dos quais todos aqueles a que chamamos de corpos mistos perfeitos são formados de maneira instantânea, e nos quais podem ser, em última instância, resolvidos. E o que me pergunto agora é se existe um corpo desse tipo que se encontre constantemente em todos, e em cada um daqueles, que dizemos serem corpos feitos de elementos.[4]

De fato, Boyle não estava tentando definir uma noção enfim racional (ou seja, a nossa) de elemento, mas esclarecer a definição tradicional de elemento, incluindo a hesitação sobre a questão de saber se cada elemento entra, ou não, na constituição de todos os corpos. E isso com o propósito de questionar a própria existência desses "corpos elementares"! Em outras palavras, Boyle não substituía a definição aristotélica por uma noção moderna de elemento, mas questionava a *função* do elemento na prática dos químicos, ou seja, a ideia de encontrar unidade para além da diversidade, ao mesmo tempo princípios da gênese e princípios de inteligibilidade dessa diversidade.

Boyle escolheu bem o título de seu livro: *The sceptical chymist* (1661). A teoria atomista o leva de fato a um ceticismo generalizado: contrária a qualquer teoria química, seja ela aristotélica ou paracelsiana, mas também contrária à imagética cartesiana de Lémery, em suma, opondo-se a qualquer tentativa de basear uma teoria da matéria e das suas transformações sobre o que o químico pode fazer ou observar.

Aceitemos, com efeito, a definição do elemento como um corpo indecomponível pelas operações do químico e que entra na composição de outros corpos (e não dos corpos em geral). Nesse caso, a prata, o ouro e os outros metais deveriam ser aceitos como elementos distintos, mas então os elementos deixam de ser princípios universais de explicação, envolvidos em todos os compostos. Se renunciarmos, assim, à ideia de que um elemento deve entrar na composição dos corpos em geral, quantos elementos existem? E como sabemos que o ouro ou a prata são substâncias simples? Parecem praticamente indecomponíveis, mas em princípio o serão?

Para Boyle, a consequência do atomismo mecanicista é que todos os corpos materiais, quer possamos ou não decompô-los, são produzidos por "texturas diferentes" de uma matéria "católica ou universal". A analogia tradicional entre átomos e letras do alfabeto perde seu significado: se fosse preservada, não mais se tratará de letras de um texto, para além das quais nada existe, mas sim de caracteres tipográficos de impressão, todos feitos de uma matéria única. Todas as qualidades sensíveis, todas as propriedades que os químicos estudam são reduzidas à combinação de partículas insensíveis, à configuração, à textura e à coesão de seus diferentes arranjos.

Mas, se tudo for relativo à textura, se o químico não pode mais supor que os elementos que tenta separar são indestrutíveis, suas operações perdem a obviedade. Boyle é o primeiro a criticar a separação "pela via seca", a apontar que, quando uma amostra é submetida ao fogo violento, as substâncias obtidas podem muito bem não ser os seus componentes, mas sim "criaturas do fogo", que nada dizem sobre aquilo que foi queimado: ou seja, o que os pesquisadores atualmente chamam de "artefatos". Por outro lado, a lenta agitação com calor suave pode transformar as texturas e, assim, notadamente, produzir elementos diferentes daqueles em que o composto se decomporia por outra via. Com esse convite para desacelerar as operações, Boyle se alia com a tradição alquímica. Na verdade, como Locke e como Newton, Boyle também realizou diligentes pesquisas sobre o segredo da transmutação de metais comuns em ouro.[5]

Mais do que uma ruptura com o passado, o ceticismo de Boyle constitui uma destruição de todos os argumentos explorados nas controvérsias passadas. Tudo se torna possível, mas nada é necessário. As práticas do químico são contingentes, relativas somente a seus meios, e as distinções que produz não têm nenhum valor essencial. As qualidades que caracterizam os corpos não são atributos que individualizariam as substâncias, mas o resultado de modalidades de ordenação e de estrutura que é capaz, ou não, de modificar. Da mesma forma, a diferença entre os mistões e os elementos refere-se ao químico, e não à natureza: não há razão para que a natureza forme os mistões a partir de substâncias químicas homogêneas e, correlativamente, nada pode limitar as transformações químicas, as passagens de uma textura para outra.

O atomismo de Boyle, portanto, implica a impossibilidade de a química finalmente se tornar uma ciência munida de uma teoria que explique e fundamente as suas práticas. A única teoria química possível seria, de fato, mecanicista, deveria ter como objeto não as diferentes propriedades qualitativas da matéria, mas sim sua textura. Os arranjos de partículas "sem qualidade" seriam responsáveis por aquilo que chamamos de qualidades. Entrementes, o químico deveria se contentar com definições e critérios de identificação operacionais, relacionados ao que Boyle chamou, pela primeira vez, de "análise" química; o químico deve se dedicar ao acúmulo de um conhecimento prático cada vez mais preciso. Foi assim que Boyle inventou o "teste da chama", permitindo reconhecer uma substância de acordo com a coloração que confere à chama, e estabelecer a distinção entre os casos em que as diferenças de cores dos compostos não interessam, porque são devidas à presença de impurezas, e os casos em que interessam: o que os químicos distinguiam, por exemplo, como vitríolo verde, branco ou azul é caracterizado pela presença de ferro, zinco ou cobre.

"Matter of fact"

O que o químico pode fazer? Que distinções suas operações lhe conferem? Essas questões determinam as categorias em uma química inspirada na análise. Mas ela elimina toda relação entre o "elemento", como princípio portador de inteligibilidade, e o elemento como um corpo que o químico não pode decompor. É por isso que os discípulos de Boyle e alguns historiadores chegaram a considerar Boyle o autor da primeira definição moderna de elemento. Conceito "empírico negativo",[6] refletindo as limitações do instrumento que constitui a análise. A noção de um conceito "empírico negativo" é, no entanto, puramente epistemológica. Trata-se de um tipo novo de argumento, que encontra a autoridade da prova não na razão, mas sim na prática experimental. A questão é saber quem vai aceitar esse tipo de autoridade, para quem os limites da análise constituirão provas.

Ora, elaborar a resposta a essa questão é outro aspecto do trabalho de Boyle. Membro fundador da Royal Society, criada em 1662 pelo rei Charles II da Inglaterra, Boyle não somente participou de uma nova forma de organização da atividade científica, mas novamente, como argumentaram Shapin e Schaffer, vinculou ativamente essa organização com a questão da evidência científica.[7]

Boyle é bem conhecido por seu trabalho sobre a elasticidade do ar, a variação do volume do ar inversamente proporcional à pressão exercida. Mas teve de enfrentar as críticas daqueles que, como Hobbes, reconheciam nesse trabalho um argumento em favor da existência do vácuo. Para responder a essas críticas, Boyle não se preocupou em transformar o axioma intelectual que considerava o vácuo uma impossibilidade, nem se comprometeu a construir um conceito racional do vácuo que lhe permitisse impor-se perante todos. Boyle não se dirige a "qualquer um", como teria feito o autor de um tratado tradicional, procurando basear sobre uma demonstração conceitual o enunciado de que "o vácuo existe". A bomba de vácuo existe não para testemunhar a existência do "vazio", mas com o propósito de mostrar a possibilidade prática de reduzir a pressão do ar. O laboratório é o lugar dessa demonstração, o lugar onde o "fato", que Boyle chama "a matter of fact", pode ser construído a partir do princípio. Mas essa prova indica como seria um mundo de onde o ar tivesse sido eliminado àqueles a quem se dirige, àqueles quem a bomba de vácuo forçará a reconhecer como "a matter of fact". Trata-se de gentis cavalheiros que têm acesso ao laboratório, testemunhas confiáveis do que a bomba de vácuo mostra de forma confiável. Trata-se de colegas que deixarão a bomba de vácuo entrar em seus laboratórios. E o fato de que o vácuo pode ser produzido será propagado por toda a Europa no mesmo ritmo que se disseminam bombas de vácuo cada vez mais baratas e cada vez mais confiáveis. A própria noção de "progresso" na construção do equipamento supõe e cria a verdade daquilo que se presume que se realize.

Anuncia-se aqui a história do que é chamado de ciências experimentais, das quais a química será um dia o carro-chefe. Mas a invenção social e a prática das ciências experimentais não constituem para a química um ponto de partida que tenha em si o poder de gerar uma história "propriamente científica". A química não tem o equivalente de uma "bomba de vácuo": não tem o problema de estabelecer um fato, arbitrariamente depurável; tem, na verdade, a exploração de uma floresta de "fatos", onde se entrecruzam matérias, doutrinas, processos e interpretações. E os químicos têm de enfrentar não os céticos que exigem demonstrações, mas sim os rivais que afirmam entender e que emitem julgamentos.

Notas

1 Metzger, 1969b [1923], pp. 281-340; Duhem, 1902, pp. 17-28.

2 Fontenelle (1825, p. 300): "une science toute nouvelle qui paraissait au jour, et qui remuait la curiosité des esprits"; citado também em Duhem (1902, p. 18).

3 Kuhn, 1952, pp. 12-36; Boas, 1958.

4 "I now mean by Elements, as those Chymists that speak plainest do by their Principles, certain Primitive and Simple, or perfectly unmingled bodies; which not being made of any other bodies, or of one another, are the Ingredients of which all those call'd perfectly mixt Bodies are immediately compounded, and into which they are ultimately resolved: now whether there be any one such body to be constantly met with in all, and each, of those that are said to be Elemented bodies, is the thing I now question" (Boyle, 1661, p. 350).

5 Dobbs, 1975.

6 David Knight *apud* Thackray, 1970, p. 168.

7 Shapin & Schaffer, 1985.

6

Para conclusão das origens

Adotar uma noção tão carregada de significado quanto essa das origens é sempre arriscado. No caso da química, esse risco era de qualquer maneira necessário, porque a questão das "origens alquímicas" da química perturba a memória dos químicos e, mais amplamente, a nossa cultura, como também os assombra a "revolução química" de Lavoisier. Todos concordam que, ao contrário da química de Lavoisier, a alquimia não era uma "ciência verdadeira". A fronteira entre o "nascimento da química" e a conquista do *status* de ciência pela química deveria, portanto, passar em algum lugar entre os dois, de acordo com critérios que são alvo de muita controvérsia.[1]

A escolha feita em nossa narrativa não é, obviamente, a "melhor", nem a "verdadeira". Ela responde a certas preocupações que gostaríamos de esclarecer antes de definir, simbolicamente, uma data que marca o "fim das origens" da química.

Fazendo um balanço

Antes de tudo, tratava-se de dar vida à multiplicidade de legados que constituem a química. É deveras surpreendente que práticas tão diferentes como a metalurgia, a farmácia e a arte do perfumista tenham sido reunidas sob uma denominação comum, tenham-se fundido num único domínio, a química, dotada de uma cultura, de práticas e de uma identidade. A identidade de uma ciência sempre parece, *a posteriori*, a coisa mais natural do mundo. Como teremos a oportunidade de mostrar a seguir, o campo da química, a autonomia de suas práticas, a sua identidade comparada a outras ciências, no entanto, não deixaram de ser um desafio para a construção de uma história. Na raiz desse problema, já existe uma história longa, sinuosa e heterogênea, a história das práticas alquímicas. Seu caráter polimórfico condena a visão simplista de uma alquimia vencida pela racionalidade após o nascimento da ciência moderna.

Assim, era necessário, em segundo lugar, apontar continuidades e rupturas. O conceito de átomo, por mais moderno que nos pareça, não interrompeu a continuidade das práticas químicas. O mecanismo não excluiu, não eclipsou com um toque de mágica as tradições alquímicas. Estas não foram mortas, mas sim removidas ou recuperadas. No entanto, duas novidades marcam o século XVII. Por um lado, com Van Helmont, Mayow, Boyle e depois Hales, desenvolve-se um interesse pelos "gases". No momento em que causam furor as discussões sobre o vazio, são primeiramente as propriedades investigáveis com o uso da bomba de vácuo que atraem as atenções, especialmente a "elasticidade", em que se relacionam pressão e volume. Isso não impede que, com o gás, novos instrumentos tenham entrado no laboratório químico: bombas de vácuo e campânulas para recolher os gases produzidos pelas reações químicas, abrindo-se um novo campo para novos debates. Por outro lado, com o conceito atômico, há uma nova relação prática com a experiência que introduz uma divergência entre os interesses artesanais e os objetivos da pesquisa: as transformações químicas podem, pela sua sucessão, "demonstrar" algo em relação a si mesmas. Privilegia-se então a possibilidade de retornar ao composto inicial, prática de identificação que constitui o motivo da experiência, mas que não oferece nenhum interesse para os artesãos.

Finalmente, tratava-se de estabelecer a diferença entre dois problemas: o da racionalidade no sentido moderno e o do *status* da ciência. Para os historiadores que unem esses dois temas sob o signo da ruptura, da "revolução científica", que, de um só golpe, estabelece a diferença com o passado e a semelhança com o nosso presente, a química é uma fonte de constrangimento. Como veremos no capítulo seguinte, o personagem de Lavoisier é apresentado como análogo ao de Galileu ou ao de Newton, mas chega bem tarde, somente no final do século XVIII. No livro *As origens da ciência moderna: 1300-1800*, que foi por muito tempo referência pedagógica, Herbert Butterfield destaca essa dificuldade, intitulando seu capítulo sobre química como "A revolução científica na química postergada".[2] Assim como foi necessário reconsiderar, mas não resolver de uma vez por todas, a questão das "origens" para enxergar a multiplicidade das heranças, tivemos que separar o problema da racionalidade no sentido moderno de um possível ato inaugural que daria à química uma "matéria" finalmente permeável à racionalidade.

Como vimos, é a propósito da transmissão, seja esotérica ou pública, que se faz a diferença entre química e alquimia. No século XVII, período que concluímos neste capítulo, a questão da possibilidade da transmutação não está resolvida. Em Haia, Espinosa e Helvétius levaram muito a sério as pretensões de um fazedor de ouro. Por outro lado, essa questão não é mais a questão central, porque os químicos possuem muitas outras leituras, aprendendo com Agrícola, Libavius, Lémery e em breve com Boerhaave, para quem a formalização do "racional" é a questão central. Em outras palavras, a tradição alquímica, voltada para a decifração do passado, não foi refutada, mas marginalizada. E esse processo de marginalização fornecerá, no século XVIII e depois no século XIX, um modo de definir a "química": a alquimia tornou-se a "outra"; a referência crítica à alquimia tornou-se um lugar-comum que garantia a racionalidade da química pela sua alegada diferença e pela prova que constitui para ela o estigma de seu parentesco. Pierre Joseph Macquer (1718-1784) escreverá no seu *Dictionnaire de chymie*:

> A química... felizmente tem apenas o nome em comum com aquela química antiga, e mesmo essa conformidade é ainda um coisa ruim para ela, da mesma forma que é um mal para uma filha cheia de espírito e de razão, mas pouco conhecida, carregar o nome de uma mãe famosa por suas inépcias e extravagâncias.[3]

Opções

Enfatizamos que a racionalização da química e a marginalização da alquimia são inseparáveis da inovação que constitui o livro impresso. No final do século XVII, a química que se tornou "racional" tem seus autores "modernos" e seu público. Seus cursos são amplamente difundidos, sua linguagem está livre de qualquer referência suspeita ao "ocultismo", ao segredo perdido ou transmitido enigmaticamente desde a noite dos tempos. Por outro lado, um novo problema está surgindo, o problema do *status* dessa ciência chamada "química". Esse problema é de fato inseparável, no final do século XVII, da criação de instituições que desenvolvem a ideia da ciência como empreendimento coletivo, realizado entre colegas reconhecidos, merecedores de crédito e que se julgam uns aos outros. A imprensa criara a categoria de público, enquanto as novas instituições, de maneiras diferentes, criavam o público enquanto espectador e selecionavam aqueles que não só conseguiriam decifrar o "livro da natureza", mas também eram pagos para isso, tendo que mostrar suas descobertas para colegas exigentes e críticos. É no quadro da instituição acadêmica que os químicos "racionais" serão confrontados com a questão de seu "lugar", da identidade que será reconhecida à sua prática.

Nicolas Lémery era farmacêutico e médico. Em 1699 foi nomeado membro da Académie Royale des Sciences. Mas, no mesmo ano, o secretário perpétuo da Academia, Fontenelle, escreve:

> A química, por meio de operações visíveis, resolve o corpo em certos princípios grosseiros... a física, por especulações delicadas, age de acordo com princípios como a química faz nos corpos; resolve-os em outros princípios ainda mais simples... O espírito da química é mais confuso, mais oculto; é mais parecido com o mistão, onde os princípios são mais confundidos uns com os outros; o espírito da física é mais simples, mais claro, finalmente remonta às primeiras origens, o outro não chega até o fim.[4]

É com esse duplo evento do ano 1699, a entrada na Academia das Ciências daquele que, na França, encarna a "racionalização" da química e o aparecimento da subordinação da química à física, que fechamos a narração das origens da química. Essa narrativa termina com um reconhecimento institucional e um julgamento que afirma a inferioridade da química. Mas esse julgamento é formulado em termos que, involuntariamente, confirmam a identidade específica daquilo que condenam.

Aparentemente o cartesiano Fontenelle não diz nada mais do que Boyle, o "químico cético":[5] em química a única ciência real seria aquela que remetesse aos átomos sem quaisquer outras qualidades além das geométricas. Mas o cenário, aqui, já não confronta mais o processo químico com os átomos, mas confronta essas duas ciências que são a química e a física; não dá mais valor à racionalidade do ceticismo, mas sim à hierarquia das ciências que deriva da hipótese atômica: a química só pode ser cética, enquanto a física está, por sua vez, segura dos seus princípios, uma vez que os átomos pertencem ao seu domínio. Fontenelle refere-se a Boyle na "narração das origens", substituindo a utopia fraterna dos cavalheiros experimentalistas pela realidade da rivalidade entre detentores de títulos e de domínios.

No entanto, Fontenelle reafirma a subordinação da química, usando o vocabulário das operações químicas e até mesmo alquímicas: espírito e princípios. A existência de uma identidade cultural específica da química é afirmada nas próprias palavras que pretendem anulá-la. A questão que abre o século XVIII é saber se essa identidade cultural poderá ou não se tornar uma identidade científica.

O que os químicos franceses, membros da Academia, responderão aos seus colegas mecanicistas? Como promoverão seus conhecimentos, reconhecerão sua identidade diante do modelo triunfante da física? Como se tornar uma ciência "por direito adquirido"? Como acomodar origens desprovidas da auréola de um Descartes, um Galileu ou um Newton? Essas questões não são feitas pelos historiadores da química. Ao longo do século XVIII, os próprios químicos as colocarão continuamente a si mesmos.

Notas

1 Ver especialmente Holmes, 1989.

2 "The postponed scientific revolution in chemistry" (Butterfield, 1991).

3 "La chymie... n'a heureusement rien de commun que le nom avec cette ancienne chymie, et cette conformité est même encore un mal pour elle, pour la raison que c'en est un pour une fille pleine d'esprit et de raison, mais fort peu connue, de porter le nom d'une mère fameuse par ses inepties et ses extravagances" (Macquer, 1778, p. 373).

4 Fontenelle (1733, pp. 79-81) e também citado por Duhem (1902, p. 34): "La chymie, par des opérations visibles, résout les corps en certains principes grossiers... la physique, par des spéculations délicates, agit sur les principes comme la chymie a fait sur les corps; elle les résout en d'autres principes encore plus simples... L'esprit de la chymie est plus confus, plus enveloppé; il ressemble plus aux mixtes, où les principes sont plus embarrassés les uns avec les autres; l'esprit de la physique est plus simple, plus dégagé, enfin il remonte jusqu'aux premières origines, l'autre ne va pas jusqu'au bout".

5 Esse é o nome do livro que Boyle publicou em 1661, na forma de diálogo, no qual apresenta a hipótese de que a matéria consiste de corpúsculos e de que todo fenômeno era resultado de colisões de partículas em movimento. O autor também se opôs às definições de corpos elementares propostas por Aristóteles e Paracelso.

II

A conquista de um território

7

Revolução!

No final do século XVII, a química se mostra como uma disciplina no sentido preciso de "matéria ensinada", sendo essa matéria, em sua maior parte, intimamente ligada à medicina e às práticas artesanais, como metalurgia, perfumaria etc. No final do século XVIII, a química era reconhecida como uma ciência em si, autônoma, legítima, baseada em fundamentos sólidos e como fonte de aplicações úteis para o bem-estar público. De que maneira conquistou essa condição, esse *status*?

Resposta rápida, comum e descomplicada: por uma revolução. Ao longo de dois séculos, químicos e historiadores discutem sobre a natureza exata dessa revolução e do seu autor. Stahl? Lavoisier? O conjunto de químicos que constituem a química pneumática de 1750 a 1780? Embates eruditos, apaixonados, às vezes sobrecarregados de interesses nacionalistas.

Um novo Paracelso?

As discussões são ainda mais insolúveis, porque se referem a atores que se colocam, eles próprios, a questão. Desde o início de sua carreira, Lavoisier está convencido de que suas pesquisas deveriam levar a "uma revolução na física e na química".[1] Vinte anos antes, no artigo "Chymie" da *Encyclopédie*, publicado em 1753, Gabriel François Venel afirma que a química está à espera do "novo Paracelso", o químico audacioso, inteligente e entusiasta que operará uma "revolução que colocará a química no lugar que merece". Venel teria profetizado Lavoisier? Em certo sentido, Venel previu sobretudo os debates que dariam origem à revolução lavoisiana, porque determina de modo bastante pragmático a "lista de afazeres" que o revolucionário deveria realizar:

> Encontrando-se numa posição favorável, e habilmente aproveitando algumas circunstâncias afortunadas, saberia despertar a atenção dos sábios, primeiro por uma ostentação ruidosa, por um tom decidido e afirmativo, e depois por inteligência, se suas primeiras armas tivessem demolido os preconceitos.[2]

É uma revolução midiática que Venel admite nas suas previsões, e não a revolução conceitual austera que gostaríamos de colocar no início de uma "verdadeira ciência". Lavoisier leu o artigo "Chymie" da *Encyclopédie*, como todos os químicos franceses da segunda metade do século XVIII. Situação paradoxal: Lavoisier leu, antes de passar à ação, o essencial da peça de acusação que será emitida contra ele por aqueles, contemporâneos e historiadores, que lhe recusaram a qualidade de "verdadeiro" revolucionário: revolucionário midiático, soube, "com um tom decidido e afirmativo", aproveitar-se "habilmente de uma feliz circunstância", para transformá-la numa "razão", numa nova base conceitual da química; soube fazer da circunstância feliz, que constituía a controvérsia que desencadeou sobre a "doutrina flogística", o ponto de partida de uma pretensão revolucionária, barulhenta e ostensiva, dando um novo ponto de partida para a química.

A história conceitual das ciências aprecia ser considerada a história de um "processo sem sujeito", como dizia Althusser.[3] O sujeito, com suas intenções, sua psicologia, suas ilusões, está do lado da opinião, do erro. A verdade do conceito é vista a partir do que "define seu assunto" e remete para insignificantes anedotas as peculiaridades daquele que o postulou de forma ativa. Foi assim que Lavoisier decidiu, ativamente, apresentar a situação: por um lado, tradições carregadas de ilusões, de subjetividade; por outro lado, o ascetismo de alguém que soube fazer tábua rasa da tradição e se tornar um porta-voz anônimo da natureza, daquele que primeiro se colocou nas condições de ouvi-la. Lavoisier não representa nada, é a balança que representa tudo, que autoriza Lavoisier a falar. Mais uma vez, a situação é paradoxal: Lavoisier ilustrará Bachelard e Althusser ou, pelo contrário, esses dois retomam o cenário que Lavoisier construiu para estabelecer a diferença entre ele e seus predecessores? É a beleza e a ambiguidade de a história das ciências tomar como sujeito a atividade dos "produtores de história", isto é, dos indivíduos que se fazem as mesmas perguntas que os historiadores e que muitas vezes chegam ao ponto de integrar uma "teoria da história" em suas estratégias retórico-científicas.[4]

O que resta é que a operação liderada por Lavoisier foi de uma eficiência formidável. Enquanto a questão das origens da química era marcada pela busca de uma transmutação possível, as descrições da química do século XVIII são atravessadas por uma oposição entre "eles" e "nós": eles que acreditavam em uma falsa doutrina, a teoria do flogisto, e nós que, desde Lavoisier, sabemos que essa teoria é falsa. Em suma, a química do século XVIII é mais frequentemente descrita como "à espera de Lavoisier".[5]

Uma pausa eficaz

A tentação de explicar a química do século XVIII retrospectivamente, a partir de Lavoisier, é ainda mais reforçada pela dificuldade de ler e entender os textos anteriores.[6] Perdemo-nos, sem referências, numa selva de palavras exóticas e obscuras. Alguns produtos têm o nome do seu inventor (sal de Glauber, licor de Libavius),[7] outros são nomeados pela sua origem (vitríolo romano, húngaro), outros pelos seus efeitos medicinais, outros pelos seus métodos de preparação (flor de enxofre, obtido por condensação de um vapor, precipitado de enxofre, espírito ou óleo de vitríolo, dependendo se a preparação resulta num ácido mais ou menos concentrado). Em cada página, perguntamo-nos: sobre o que está falando o autor? Qual é essa substância que ele caracteriza? O que significa, na verdade, qual é o seu nome na nomenclatura moderna, que foi criada por Lavoisier e seus colegas Guyton de Morveau, Berthollet e Fourcroy em 1787? Mesmo se, após alguns esforços de aprendizagem, consigamos traduzir e decifrar os textos, é certo que a nomenclatura dos produtos é um enigma, o que foi aliás denunciado como tal ao longo do século XVIII.

Os defeitos são óbvios para nós: vários nomes para o que sabemos ser um único tipo de matéria, várias substâncias com o mesmo nome. De fato, esses defeitos só poderiam ter aparecido na medida em que as práticas dos químicos mudaram no século XVIII. A selva dos nomes tradicionais não é mais densa que a selva das práticas, porque essas práticas são determinadas pelo problema da extração. Não havia fornecedores de quem se pudesse comprar ácido nítrico ou carbonato de cálcio. O químico aprende a extrair seus produtos das matérias-primas, e cada nome se refere a um procedimento de extração exclusivo, uma receita que deve ser seguida, pois cada receita parte de uma matéria-prima única e geralmente não conduz a "substâncias puras", mas a misturas também bastante específicas. O mesmo nome pode, além disso, indicar produtos que provavelmente desempenharão o mesmo papel na mesma classe de preparações. Redundâncias e homônimos serão denunciados como tais apenas uma vez que a extração e o tratamento de matérias-primas específicas e não reproduzíveis derem lugar a práticas de identificação laboratoriais. Então a identidade do produto não depende mais de seu modo de preparação, nem de suas manifestações fenomenológicas – flores ou precipitado.

Diferenciar as propriedades de um corpo material daquelas que essa amostra adquire de "impurezas", fazer inventários exaustivos, classificar as substâncias, as reações, as cores, os processos..., essas tarefas empreendidas pelos químicos do século XVIII possibilitam a "racionalização" da nomenclatura química. Correlativamente, por quase 40 anos antes da reforma lavoisiana, Rouelle, Macquer, Cullen, Bergman e outros se esforçaram para corrigir a nomenclatura tradicional, eliminando redundâncias e introduzindo nomes genéricos, como "vitríolo", por exemplo. A reforma da nomenclatura, portanto, *atendia* a uma necessidade há muito anunciada e faz parte de uma série de tentativas por toda a Europa.

Para evitar percorrer o século XVIII de frente para trás, à espera de Lavoisier, devemos fugir aos enquadramentos centrados exclusivamente no flogisto e na nomenclatura; renunciar à imagem de Lavoisier "explodindo" a barreira que a tradição opunha ao progresso da química. Que isso ainda hoje seja um desafio é a melhor prova do êxito de Lavoisier, que conseguiu forçar seus sucessores e a maioria dos historiadores da química a uma narrativa que cadencia um "antes" e um "depois" de Lavoisier. Mas, sendo prestada essa homenagem, pode-se e deve-se perguntar sobre as múltiplas razões para esse sucesso, analisar o que diz respeito ao "antes" e o que diz respeito ao "depois".

Surge uma primeira questão, que remonta ao final do capítulo anterior: como, antes de Lavoisier, os químicos foram capazes de enfrentar o desafio do atomismo mecanicista e proclamar a autonomia de sua ciência?

Notas

1 Anotação num caderno de laboratório, datada de 21 de fevereiro de 1773 (Grimaux, 1888, p. 104).

2 "Se trouvant dans une position favorable, et profitant habilement de quelques circonstances heureuses, [il] saurait réveiller l'attention des savants, d'abord par une ostentation bruyante, par un ton décidé et affirmatif, et ensuite par des raisons, si ses premières armes avaient entamé les préjugés" (Venel, 1753, p. 410).

[3] Althusser, 1972.

[4] Lavoisier não é de forma alguma uma exceção. Outro exemplo da "teoria da história": em 1912, para refutar as teses de Ernst Mach sobre a física, Max Planck propõe que se considerasse, como "sujeito da história da física", não esse ou aquele físico individual, mas sim a fé que anima "o físico" na inteligibilidade unitária do mundo.

[5] Para uma crítica a essa concepção, ver Holmes, 1989.

[6] Crosland, 1962.

[7] Deve-se notar que, em química orgânica, os testes, bem como as reações típicas que marcam uma síntese química, levam o nome de seus inventores: Staudinger, Grignard, Diels-Alder, Wurtz-Fittig etc.

8

A Question 31

Em 1704, Isaac Newton, então presidente – e "ditador perpétuo" – da Royal Society de Londres, publicou o *Opticks*, um livro que será a referência constante para a física experimental no século XVIII. Em vez da matemática do movimento, esse é o ramo que estuda fenômenos elétricos, magnéticos, químicos e mesmo biológicos ou geológicos. Em seu livro *Principia*, de 1687, Newton ousara introduzir forças ininteligíveis, que atuam à distância no universo racional dos "corpos móveis e figurados" da mecânica; em 1704, com o *Opticks*, dá sua chancela à abordagem experimental, a qual, longe de ver em fenômenos não mecânicos a expressão "confusa e oculta" de uma realidade mecânica subjacente, à maneira de Fontenelle, supõe-nos capazes de "provar" hipóteses sobre si mesmos.

No final do *Opticks*, Newton discute um certo número de assuntos problemáticos sob a forma de questões, incluindo a química na famosa *Question 31*.[1] Ali se respondem estreita e mutuamente a questão teórica e a prática experimental:

> Quando se adiciona sal de tártaro *per deliquium* [carbonato de potássio] na solução de qualquer metal, o metal precipita, caindo ao fundo do líquido na forma de lama: isso não indica que as partículas ácidas são atraídas mais intensamente pelo sal de tártaro do que pelo metal e, por essa atração mais forte, elas vão do metal para o sal de tártaro? E do mesmo modo quando uma solução de ferro em *aqua fortis* [ácido nítrico] dissolve a *lapis calaminaris* [mineral contendo zinco], e libera o ferro, ou uma solução de cobre dissolve o ferro imerso nela e solta o cobre, ou uma solução de prata dissolve o cobre e liberta a prata, ou uma solução de mercúrio em *aqua fortis*, sendo derramada sobre ferro, cobre, estanho ou chumbo, dissolve o metal e libera o mercúrio – isso não indica que as partículas ácidas da *aqua fortis* são atraídas mais intensamente pela *lapis calaminaris* do que pelo ferro, e mais intensamente pelo ferro do que pelo cobre,

e mais intensamente pelo cobre do que pela prata, e mais intensamente por ferro, cobre, estanho ou chumbo, do que pelo mercúrio?[2]

A hierarquia baseada no átomo desprovido de qualidades dos mecanicistas é assim abandonada. Newton aceita as partículas "sólidas, pesadas, duras, impenetráveis, móveis" que Deus, muito provavelmente, "formou no começo", mas não aceita caracterizá-las somente pela "força da inércia", um "princípio passivo, em virtude do qual os corpos permanecem em movimento ou em repouso". Não haveria então "nem destruição, nem geração, nem vegetação, nem vida". O movimento acelerado dos corpos celestes, assim como a luz e os fenômenos químicos, escapam à mecânica, dependendo de "princípios ativos".

Duas leituras

A *Question 31* pode ser vista como uma extrapolação da física gravitacional para a química. É assim que será compreendida na Inglaterra. Os seguidores ingleses de Newton, como Jean Théophile Désaguliers, que foi *Curator of Experiments* na Royal Society de Londres durante os últimos anos da vida de Newton, utilizarão fenômenos químicos e, logo depois, fenômenos elétricos e magnéticos, na tentativa de caracterizar as forças que devem explicá-los. Isso significa que serão privilegiados esses aspectos dos fenômenos químicos que podem ilustrar claramente a ação de uma força atrativa ou repulsiva.

No entanto, outra leitura é possível: Newton dá aos químicos o direito de falar do "poder", ou da "potência", dos reagentes, ou seja, o direito de dar um sentido à sua prática, às suas operações, coisa que a química puramente mecanicista não permitia. De fato, enquanto a atração gravitacional tem como primeiro atributo a uniformidade (é a mesma força que se exerce entre a maçã e a Terra, a Lua e a Terra, a Terra e o Sol), essa uniformidade desaparece na *Question 31*, em benefício de uma medida de força propriamente química: as reações químicas permitem comparar as forças que unem efetivamente as partículas de um componente; são elas, e não um cálculo teórico, que constituem *a base* da comparação. Da mesma forma, a variedade de forças torna possível entender as possibilidades e os limites da análise química:

> [...] as menores partículas de matéria podem ser unidas pelas atrações mais fortes e compor partículas menores, cuja força atrativa será menos considerável: essas podem, por sua vez, unir-se para compor partículas maiores, cuja força

> atrativa será ainda menos considerável: assim por diante, até que a progressão termine com as maiores partículas das quais dependem os fenômenos químicos e as cores materiais.[3]

Além disso, Newton introduz a hipótese de uma força repulsiva, por inferência de fenômenos luminosos e físico-químicos: assim, as partículas dos corpos fixos são unidas pela atração, mas a "prodigiosa expansão" das partículas dos corpos voláteis, o fato de que, uma vez ultrapassada a esfera da atração, elas se afastam com rapidez, testemunha um poder repulsivo que "começa a agir onde finda a força atrativa". A fermentação, a ação do calor e até mesmo o fato de as moscas poderem caminhar sobre a água "sem molhar os pés" são fenômenos reconhecidos, que autorizam, tal como a matemática dos movimentos planetários, um novo tipo de causalidade. Newton tem o cuidado de distinguir sua abordagem da dos aristotélicos, que falavam de qualidades ocultas:

> Dizer que cada espécie de coisa é dotada de uma qualidade oculta particular, pela qual atua e produz efeitos sensíveis, não quer dizer absolutamente nada. Mas deduzir dos fenômenos da natureza dois ou três princípios gerais de movimento, então mostrar como as propriedades de todos os corpos e fenômenos derivam desses princípios observados, faria grandes avanços na ciência, embora as causas desses princípios permaneçam ocultas.[4]

Ao contrário das qualidades ocultas que explicam cada propriedade particular por uma virtude particular, os princípios ativos permitem unificar um conjunto de fenômenos aparentemente díspares.

As duas leituras divergentes da *Question 31* estão de acordo quanto a essa diferenciação, mas não quanto à sua interpretação. Os discípulos ingleses de Newton aderem a forças recíprocas atrativas ou repulsivas. Mas Venel escreve, no artigo "Chymie" da *Encyclopédie*, que, quando os químicos defendem o direito de "constituir uma causa" a partir de um "certo número de efeitos relativos e da mesma ordem", não fazem nada além de Newton (e Aristóteles). Na França, o *Opticks* não somente deu chancela à investigação experimental. Alimentou, durante todo o século XVIII, os protestos contra o "espírito de sistema", que, segundo Venel, ignora o que Newton sabia: "que a natureza opera a maior parte de seus efeitos por meios desconhecidos; que não podemos enumerar seus recursos; e que o verdadeiro ridículo seria querer limitá-la, reduzindo-a a um certo número de princípios de ação e meios de operação".

Situação irônica. A *Question 31*, ponto de partida de histórias divergentes no século XVIII, foi em si a culminação de uma história secreta, uma história centrada em torno dessa tradição amaldiçoada daquele momento em diante, ao longo do século XVIII: a alquimia.

O segredo de Newton

Newton alquimista? A palavra causa calafrios naqueles que temem – não sem razão – que esse fato histórico se torne uma ideia-bordão que justifique confundir realmente a fronteira entre a racionalidade científica e a irracionalidade.[5]

Os historiadores de Newton sempre souberam que ele tinha uma queda pela alquimia, mas referiam esse fato com a máxima discrição. A era da discrição acabou em 1946, durante as celebrações do tricentenário de Newton. Lorde Keynes, que em 1936 havia comprado, num leilão público, grande parte dos manuscritos alquímicos de Newton, prestes a serem dispersos, então declarou:

> Newton não foi o primeiro da idade da Razão, ele foi o último da era dos Mágicos, o último dos babilônios e sumérios, a última grande mente que penetra o mundo do visível e do intelecto com os mesmos olhos daqueles que começaram a construir nossa herança intelectual há pouco menos de dez mil anos.[6]

Desde então, os estudos históricos se multiplicaram. Em 1958,* Boas e Hall ainda podiam sustentar que Newton não era um alquimista: estaria simplesmente interessado na química dos metais. E é certo que os experimentos de Newton são de uma precisão quantitativa meticulosa, e em nenhum lugar é possível encontrar declarações triunfantes, descrições de transformações prodigiosas, manifestações de credulidade entusiasta. Trata-se de um pesquisador austero, não de um iluminado considerando realidade os seus simples desejos, que busca penetrar no enigma da atividade da matéria. No entanto, também é verdade que Newton se dedicou a

* Não se encontra título algum de Boas e Hall na lista de referências do original. As autoras talvez quisessem se referir à obra do casal Alfred Rupert Hall e Marie Boas Hall, *Unpublished scientific papers of Isaac Newton: a selection from the Portsmouth Collection in the University Library*. Cambridge, University Library, 1962. (N. da T.)

decifrar, anotar e compreender os manuscritos mais esotéricos, os mais enigmáticos e não aqueles em que poderíamos reconhecer um aspecto "moderno". Newton estava, portanto, convencido de que os alquimistas possuíam um segredo e, além do mais, ele mesmo trabalhava no segredo mais impenetrável.

Foi Richard Westfall quem,[7] primeiro, ousou levantar a questão que provavelmente permanecerá sem resposta definitiva, mas nem por isso deixou de continuar a alimentar os estudos newtonianos: e se os *Principia* não tivessem sido para o próprio Newton seu apogeu, mas somente um episódio de sua verdadeira pesquisa? E se para ele se tratasse de estudar, sob a forma de um simples caso de movimentos celestes, aquelas forças cujos segredos estava tentando descobrir em seu laboratório de Cambridge? Não podemos entrar aqui na análise do trabalho alquímico de Newton. Betty J. Dobbs mostrou que a obra se concentra no "leão verde", o régulo estrelado de antimônio, já celebrado em *Le char triomphal de l'antimoine*, do alquimista Basil Valentine do século XV. Newton teria visto na estrela o sinal de uma força de atração e esperado que o régulo em forma de estrela pudesse, pela ação do espírito universal pairando no ar, extrair de outros metais o "mercúrio filosofal" ou a "semente metálica", que, por sua vez, permitiria a dissolução de todos os metais. Continuidade e diferença: a alquimia de Newton implica a noção de força atrativa e também a noção de "agente mediador", as pombas de Diana (a prata mais pura), sem as quais o mercúrio e o régulo de antimônio não podem se unir, mas, ao contrário das forças que conhecemos, os princípios alquímicos ativos podem ter uma existência separada dos corpos que eles animam.

A figura de um Newton alquimista pode parecer anedótica para os interessados em astronomia e na cinemática. Por outro lado, para a história da química, ela é fundamental. Explica, por um lado, a bem-aventurada "base" da física newtoniana que restituiu aos químicos aquilo de que tanto precisavam: compreender suas operações em termos de força dos reagentes. Além disso, esclarece a alternativa que colocará sob tensão a química do século XVIII: submeter a química às forças do tipo newtoniano, ou procurar nos fenômenos químicos os "princípios" que tornam inteligíveis as suas operações. Porque o próprio Newton hesitou. Enquanto procurava nos céus como descrever a ação de "forças" específicas, fez a constatação surpreendente de que uma única força é suficiente para explicar os movimentos observados, uma força que define aquilo sobre o que ela age como homogêneo e uniforme, tal como os átomos mecanicistas. A *Question 31* pode então ser lida sob o signo de um compromisso precário entre os requisitos de adequação do alquimista-químico diante da fornalha e a tentação de extrapolar para a terra o princípio de economia que inesperadamente triunfava no céu.

Notas

[1] Essa questão, a última do trabalho e a mais longa, foi adicionada junto de seis outras na edição de 1706 publicada em latim: era então a "*Question 23*". Tornar-se-á a "*Question 31*" nas novas edições inglesas de 1717 e 1718, em que Newton acrescentou oito novas questões.

[2] "When Salt of Tartar *per deliquium*, being poured into the Solution of any Metal, precipitates the Metal and makes it fall down to the bottom of the Liquor in the form of Mud: Does not this argue that the acid Particles are attracted more strongly by the Salt of Tartar than by the Metal, and by the stronger Attraction go from the Metal to the Salt of Tartar? And so when a Solution of Iron in *Aqua fortis* dissolves the *Lapis Calaminaris*, and lets go the Iron, or a Solution of Copper dissolves Iron immersed in it and lets go the Copper, or a Solution of Silver dissolves Copper and lets go the Silver, or a Solution of Mercury in *Aqua fortis* being poured upon Iron, Copper, Tin, or Lead, dissolves the Metal and lets go the Mercury; does not this argue that the acid Particles of the *Aqua fortis* are attracted more strongly by the *Lapis Calaminaris* than by Iron, and more strongly by Iron than by Copper, and more strongly by Copper than by Silver, and more strongly by Iron, Copper, Tin, and Lead, than by Mercury?" (Newton, 1718, p. 355).

[3] "Now the smallest Particles of Matter may cohere by the strongest Attractions, and compose bigger Particles of weaker Virtue; and many of these may cohere and compose bigger Particles whose Virtue is still weaker, and so on for divers Successions, until the Progression end in the biggest Particles on which the Operations in Chymistry, and the Colours of natural Bodies depend, and which by cohering compose Bodies of a sensible Magnitude" (*Idem*, p. 370).

[4] "To tell us that every Species of Things is endow'd with an occult specifick Quality by which it acts and produces manifest Effects, is to tell us nothing: But to derive two or three general Principles of Motion from Phenomena, and afterwards to tell us how the Properties and Actions of all corporeal Things follow from those manifest Principles, would be a very great step in Philosophy, though the Causes of those Principles were not yet discover'd" (*Idem*, p. 377).

[5] Destaquemos um efeito perverso desse temor. *The foundations of Newton's alchemy*, de Betty Dobbs, primeiro estudo detalhado das práticas e ideias de Newton no campo da alquimia, foi publicado pela prestigiada Cambridge University Press, como convém a esse livro perfeitamente sério, erudito e desprovido do menor sensacionalismo. Para os ingleses, a alquimia newtoniana é um campo de estudo histórico perfeitamente respeitável. Os franceses são mais desconfiados nesse sentido e como castigo somente encontram o livro de Dobbs disponível na tradução de Guy Trédaniel, na coleção "Les Symboles d'Hermès" (Édition de la Maisnie), que tem por objetivo empreender "o estudo desse grande livro do Mundo, em que cada religião é uma página, cada mito uma frase e cada símbolo uma palavra que oculta uma parcela da Luz primordial".

[6] "Newton was not the first of the age of reason. He was the last of the magicians, the last of the Babylonians and Sumerians, the last great mind which looked out on the visible and intellectual world with the same eyes as those who began to build our intellectual inheritance rather less than 10,000 years ago", citado em Dobbs, 1975, p. 38.

[7] Westfall, 1972; 1975.

9

Os sais: afinidades e deslocamentos

No começo do artigo intitulado "Considerações gerais sobre a natureza dos ácidos e os princípios dos quais são compostos",[1] de 1777, Lavoisier apresenta um breve histórico deste assunto que ele reconhece como conhecimento herdado do passado, do qual, aliás, propõe fazer tábua rasa: a teoria dos sais. Nesse artigo, diz que a "teoria está tão aperfeiçoada hoje em dia, que pode ser considerada como a parte mais correta e completa da química".[2] Lavoisier pretende então fazer com os princípios constituintes dos sais neutros o que seus antecessores fizeram em relação aos próprios sais.

Essa reverência para com o passado é ainda mais notável, porque o "sal" era, um século antes, uma categoria, caracterizada primeiramente pela propriedade de ser solúvel em água, que temos grande dificuldade de levar a sério. O que hoje para nós são ácidos, como o "espírito de sal" e o "espírito de vitríolo", eram então considerados como sais; por outro lado, muitos compostos que são sais para nós, como os carbonatos, por exemplo, eram chamados de terras, por serem insolúveis.

Químicos acadêmicos

O que é um sal? Os químicos franceses nunca tentaram considerar tal questão a fundo, o que provavelmente os teria levado ao ceticismo de Boyle quanto aos princípios, mas talvez não a novas práticas. Por outro lado, além da imagética cartesiana das pontas quebradas ou introduzidas nas bainhas, a questão colocada pelos corpuscularistas – o que acontece com as propriedades dos componentes quando o composto não as manifesta? – inspirou-lhes um novo interesse por uma categoria particular de "sais": aqueles que, formados a partir de um sal alcalino e um sal ácido, são neutros[3] e que

Wilhelm Homberg, o mais produtivo dos químicos acadêmicos da época, batizaria, em 1702, como "sais médios".[4]

Abandonar as questões especulativas para se interessar ativamente pela química dos sais é, segundo Holmes, a resposta ao novo desafio que a química enfrenta "para se tornar uma ciência", a ser legitimada como uma das classes da Academia. Os sábios acadêmicos não podem mais se contentar em produzir obras didáticas, colocando numa ordem racional o conhecimento já adquirido. Precisam produzir algo novo. Em 1699, os novos regulamentos da Academia das Ciências de Paris os obrigam a contribuir diretamente, pelo seu trabalho, para o avanço da ciência e a fazer comunicações regulares de novos resultados à Academia. Em 1700 começava a publicação de um volume anual de *Histoire et mémoires de l'Académie*.[5] O estudo dos sais vai constituir um domínio privilegiado, porque permite a produção ordenada de "novidades".

Ora, os sais médios subvertem a noção de sal como princípio. Homberg alega que podem resultar tanto da combinação de dois sais (espírito de vitríolo reagindo com sal de tártaro, por exemplo), como de um sal ácido com uma terra alcalina, ou de um sal ácido com um metal.[6] Em outras palavras, o estudo dos sais médios induz a permutabilidade de materiais que correspondiam a categorias principais distintas. Constitui um campo experimental em que a possibilidade de relacionar pode substituir o "princípio" como a ferramenta de decisão.

A tabela das relações

Em 1718, Étienne Geoffroy, membro da Academia Real de Ciências e da Royal Society, apresentou à Academia uma *Tabela das diferentes relações observadas entre diferentes substâncias*.[7] Foi recebida sem muito entusiasmo. Em seu elogio a Geoffroy, de 1731, Fontenelle salienta que essas relações "provocaram consternação em certas pessoas, que temiam que essas não fossem mais do que atrações disfarçadas, ainda mais perigosas porque pessoas inteligentes já sabiam dar-lhes formas sedutoras".[8] Era um temor legítimo. Geoffroy apresentou o *Opticks* em dez sessões para a Academia, em 1706 e 1707. E sua tabela segue o modelo proposto por Newton na *Question 31*: no cabeçalho de cada coluna, encontra-se uma substância, seguida por todas aquelas que são suscetíveis de se combinarem com ela. A ordem é determinada pelo que Newton tinha chamado de respectiva "atração" pela substância encontrada no cabeçalho: uma substância "desloca", na combinação com essa última, todas aquelas que vêm depois, e é "deslocada" por todas aquelas que a precedem.

A noção de "deslocamento" transcende as lições experimentais estritas das quais, oficialmente, deriva a tabela de Geoffroy. Quem diz "deslocamento" considera a substância química em termos de uma combinação-composição e a reação em termos de associação e dissociação. Enquanto, desde Aristóteles, as propriedades-qualidades de uma substância se referiam a um princípio, sujeito que atua e explica, tudo é agora representado no nível das relações, dos relacionamentos. Correlativamente, a noção tradicional de afinidade é transformada. Longe de se referir a princípios, a afinidade-relação de Geoffroy questiona seu papel como sujeito nas operações. A relação refere-se à combinação enquanto sujeito sob um duplo sentido: estado de união entre duas substâncias e processo, o que implica união e desunião. O processo permite caracterizar o estado por meio de uma escala: a relação com a obra é nesse caso mais ou menos "forte" do que em outro estado. A matéria deve ser entendida a partir da relação e pode ser explorada a partir da possibilidade de forjar e destruir relações.

A tabela de Geoffroy, embora não seja um simples derivado da experiência empírica, nem um simples ordenamento das reações conhecidas, corresponde, no entanto, à leitura empirista da *Question 31*, cuja possibilidade já enunciamos. Ao contrário dos newtonianos ingleses, Geoffroy não busca na química a prova da existência de forças, mas limita-se a considerar as reações químicas de um ponto de vista que substitui a função explicativa dos princípios, responsáveis pelas qualidades, pelas relações. O fato de a atração newtoniana ser "mal vista" na França corpuscularista talvez não seja a única explicação para essa estratégia. A maioria das reações incluídas na tabela de Geoffroy produz os sais neutros ou médios, que ele mesmo ou seus colaboradores vinham estudando desde Homberg, reações essas que, como apontamos, definem como intercambiáveis substâncias correspondentes, no entanto, a categorias tradicionais distintas. E é isso que mostra a tabela das relações de Geoffroy, que inclui, por exemplo, na coluna do ácido de sal marinho, tanto os metais, como a terra absorvente, os sais alcalinos e o enxofre mineral, todos considerados do mesmo ponto de vista. Em outras palavras, a relação de Geoffroy não é apenas uma atração newtoniana disfarçada, mas sim uma atração redefinida num contexto que já existia, ou seja, o da química dos sais.

A química dos sais, como a tabela das relações, ou afinidades, que vai acompanhá-la a partir de agora, constitui então a invenção de uma nova *prática sistemática*. Não se trata de um sistema no sentido de que definições e escolhas conceituais tivessem sido feitas explicitamente. Mas também não se trata de empirismo, no sentido de que os resultados seriam independentes de qualquer modelagem conceitual. A questão corpuscularista – como as qualidades ácidas e alcalinas se neutralizam –, que tinha chamado atenção para os sais neutros, será abandonada rapidamente. O sal "médio" ou "neutro", produzido por uma reação de substituição, *organiza*, pela sua definição operacional, uma pesquisa que transforma as práticas dos químicos e seus critérios de inteligibilidade.

Redefinindo os sais

Assim, em 1736, o químico Henri Louis Duhamel conseguiu isolar o álcali fixo (não volátil) que entra na composição do sal marinho. Duhamel mostra que esse álcali permite formar não só o sal marinho, mas também outros sais que podem ser distinguidos dos sais análogos formados a partir do álcali derivado do sal de tártaro (em termos modernos, trata-se dos sais formados à base de sódio e potássio, respectivamente). Essa demonstração implementa uma série criteriosa de deslocamentos, um sal levava a outro sal, o que enriquece a tabela das relações, assim como dá um novo significado operacional à "recriação de uma substância em seu estado primitivo", que havia servido de argumento em favor da química de partículas. O álcali fixo deriva do sal marinho e, com o ácido marinho, volta a formar um sal que não pode ser diferenciado do sal marinho. Uma substância que é obtida por extração pode então ser recriada no laboratório. O estado primitivo não mais corresponde aqui à ideia cíclica de uma regeneração que provaria a indestrutibilidade dos componentes, mas à produção prática de novos critérios de identificação de uma amostra. O sal marinho é marinho apenas por causa de sua utilização, podendo ser produzido no laboratório por meio de outros procedimentos além da extração. O químico pode, portanto, fazer uma distinção entre as propriedades intrínsecas de uma substância (independentes de sua trajetória) e aquelas provenientes da fonte da qual foi extraída (as "impurezas"). O ceticismo de Boyle remetia a identidade das substâncias aos limites de nossas possibilidades de análise e síntese. Análise e síntese têm agora valor demonstrativo, estabelecendo a identidade das substâncias, sugerindo uma maneira "racional" de renomeá-las. Assim, com base no trabalho de Duhamel, Macquer caracterizará a distinção entre sal marinho e "sal comum à base de álcali vegetal".[9]

Correlativamente, o "sal" perde sua definição de princípio, referindo-se à sua solubilidade em água: produtos, mesmo insolúveis, mas obtidos por um deslocamento que os identifica com os sais médios, serão reconhecidos como sais. A solubilidade torna-se então um meio de separação entre os sais. É também ultrapassada a diferença entre as terras alcalinas e o sal de tártaro, unidos pelas operações de deslocamento.

Agora entendemos por que Lavoisier queria fazer pelos "princípios dos sais" o que já havia sido feito para os próprios sais neutros. Mas devemos ser cautelosos com esse entendimento muito fácil, direto demais. Não vamos esquecer que foi o próprio Lavoisier quem escolheu a química dos sais como aquela que deveria desenvolver, entre outros aspectos que não abordamos. Em particular, acabamos de condenar, em um só golpe, o valor explicativo dos "princípios", enquanto muitos químicos que, no século XVIII, usam a tabela de Geoffroy nem por isso abandonaram essa noção. Assim, no *Dictionnaire de chymie* de Pierre Joseph Macquer, os princípios mantêm suas funções essenciais: preservam sua integridade nas diferentes composições e decomposições e veiculam as propriedades das substâncias . Não explicam a afinidade, mas são caracterizadas pelas afinidades que têm entre si. Macquer escreve:

> As afinidades dos quatro princípios formando dois novos compostos poderão, por uma troca mútua, causar duas decomposições e duas novas combinações. Isso acontece sempre que a soma das afinidades que cada um dos princípios dos dois compostos tem com os princípios dos outros supere a soma das afinidades que têm entre si os princípios que formam os dois primeiros compostos.[10]

Com isso, ele submete de fato os princípios à problemática "quantitativa" das afinidades, mas considera as afinidades como puramente empíricas. Não só as relações-afinidades de Geoffroy não eram atrações simplesmente disfarçadas, como também não tiveram o poder de redefinir as doutrinas químicas francesas. Na época em que Macquer prepara seu dicionário, Newton era classificado, com os corpuscularistas, como um mecanicista, e as forças de atração, da mesma forma que os pequenos corpos móveis e figurados, constituíam agentes "apenas mecânicos". Assim, é em relação aos desafios da química de Stahl que os químicos franceses se definem.

Notas

[1] "Considérations générales sur la nature des acides et sur les principes dont ils sont composés".

[2] "Se trouve aujourd'hui tellement perfectionnée qu'on peut la regarder comme la partie la plus certaine et la plus complète de la chimie" (Lavoisier, 1862b [1777], p. 248).

[3] Foi Robert Boyle quem desenvolveu os indicadores químicos para identificar ácidos e bases. O sal alcalino (básico) mais comum é o sal de tártaro (K_2CO_3).

[4] "Médio", porque o sal alcalino é fixo e o sal ácido é volátil (Holmes, 1989, pp. 33-59).

[5] A história para a qual Boyle estabelecera a "norma": para pertencer à "comunidade experimental", é preciso produzir e comunicar aos colegas "fatos" (novos), assim começa na França sem alarido, através de um regulamento. Sobre Boyle, ver Shapin, 1991, pp. 37-86, *in*: Callon & Latour (org.), 1991.

[6] Homberg definiu também a classe dos "sais amoniacais", diferentes dos sais médios por resultarem da reação entre dois corpos voláteis.

[7] Stengers, 1996, pp. 121-148.

[8] "Firent de la peine à quelques-uns, qui craignirent que ce ne fussent des attractions déguisées, d'autant plus dangereuses que d'habiles gens ont déjà su leur donner des formes séduisantes" (Fontenelle, 1825, p. 454).

[9] Esse álcali, derivado do sal de tártaro, pode também ser extraído de plantas.

[10] "Les affinités des quatre principes formant deux nouveaux composés pourront, par un échange mutuel, occasionner deux décompositions, deux combinaisons nouvelles. Cela arrive toutes les fois que la somme des affinités que chacun des principes des deux composés a avec les principes des autres surpasse celle des affinités qu'ont entre eux les principes qui forment les deux premiers composés" *apud* Anderson, 1984, cuja análise foi aqui seguida.

10

Princípios: elementos e instrumentos

Georg Ernst Stahl (1660-1734) era um "iatroquímico", como se dizia na época: ao mesmo tempo médico do rei da Prússia e químico. Como professor, comunica-se pouco com os colegas, escreve tratados sistemáticos para os praticantes e apresenta as próprias observações e trabalhos na perspectiva de uma melhoria da prática: procedimentos e não provas. É, assim, alheio aos novos costumes acadêmicos que estão sendo estabelecidos na França e na Inglaterra. Não obstante, deixou sua marca tanto na história da biologia quanto na da química, e, em ambos os casos, essa marca tem uma dimensão controversa à primeira vista: a reativação de teses tradicionais, transformadas em armas de guerra contra reivindicações explicativas do mecanicismo. Assim, Stahl é frequentemente considerado o pai da teoria "vitalista", que refuta a semelhança dos seres vivos a uma máquina que pode ser explicada em termos físicos e químicos. Para ele, a única coisa que a física e a química podem explicar é a "corrupção", ou seja, a decomposição de um corpo vivo após sua morte. A vida, por outro lado, exige um princípio específico, uma causa especial que combata a corrupção espontânea. No campo da química, Stahl amplia e sistematiza a doutrina que aprendeu com seus antecessores, Kunckel, Glauber e especialmente Becher. Stahl ignora em grande parte a química dos sais e dos corpuscularistas franceses, e dá aos termos tradicionais da química, tais como "mistão", "princípio" e "afinidade", uma nova relevância, antimecanicista.

Embora as referências a Stahl permaneçam na biologia até o século XX, a influência de sua doutrina química será mais limitada no tempo, ainda que mais marcante: será fonte de inspiração e discussão ao longo de toda a segunda metade do século XVIII. Não é, pois, uma sobrevivência atrasada da tradição que Lavoisier vai atacar, mirando no elemento-princípio flogístico associado ao nome de Stahl, mas sim uma obra que representa, para a maioria dos químicos, a conquista da autonomia de sua ciência.

Os princípios de Stahl

De acordo com Stahl, a essência da química é a "união mistiva", ou o mistão, que deve ser diferenciado da agregação. A agregação é apenas uma união mecânica. Quer seja entendida em termos de entrelaçamento de corpúsculos ou de atração newtoniana, remeterá às propriedades gerais das massas e dos movimentos, ou seja, à mecânica, ciência de uma matéria essencialmente homogênea. O mistão, por outro lado, implica a diversidade qualitativa do que só pode ser analisado pela mudança de propriedades. Cria, de fato, novos corpos homogêneos a partir de corpos heterogêneos, que não podem ser compreendidos em termos de um simples avizinhamento espacial entre as partículas. A análise dos mistões, a caracterização de seus princípios, é tarefa somente do químico.

Stahl reconhece, seguindo seu mestre Becher, dois princípios para todos os mistões: água e terra. Mas distingue três tipos de terra:[1] a terra vitrificável, que remete à solidez pesada dos minerais, a terra flogística, leve e inflamável, e a terra mercurial ou metálica, que dá aos metais sua maleabilidade e seu brilho. A identificação desses princípios está relacionada à antiga teoria da afinidade: se os ácidos atacam os metais, por exemplo, é porque apresentam uma analogia com os metais, porque compartilham com eles um princípio. E é, portanto, também em termos de qualidades absolutas dos princípios que as propriedades da matéria devem ser justificadas.

Segundo seu discípulo Johann F. Henckel (1678-1744), com quem, por sinal, compartilha essas dúvidas, Stahl hesitou sobre o *status* de sua terceira terra, a terra metálica. Essa hesitação manifesta que a problemática alquímica centrada sobre a metalicidade foi abalada pela grande inovação de Stahl: a corrosão dos metais e a combustão da madeira ou do carvão se referem ao mesmo fenômeno. O metal "queima" (lentamente). A corrosão faz com que perca seu flogisto, leve e volátil, assim como acontece com o carvão mineral. A única diferença é que, no caso do metal, um retorno ao estado primitivo é possível, pela reabsorção do flogisto. Mas esse retorno ao estado primitivo invoca intrinsecamente a equiparação entre a combustão e a corrosão. É o carvão, saturado de flogisto, que possibilita devolver à cal metálica o seu brilho, ou seja, restaurar-lhe o flogisto perdido. As práticas de mineração e metalurgia de "redução de minério" encontram assim uma brilhante explicação. Os metais, ao perder seu flogisto, também perdem sua qualidade metálica. Não seria então o metal composto apenas por terras inflamáveis e vitrificáveis? Mas, nesse caso, é preciso explicar por que nem todos os compostos dessas duas terras são metais. É uma questão de proporção, ou de cocção do flogisto presente? Em suma, conclui Henckel: "Nós somos levados a perguntar, assim como Stahl, se essa terceira terra difere numerica ou genericamente das outras duas".[2]

Do "ponto de vista" químico

Na química de Stahl, um ator faz a ponte entre agregado e mistão: é o "instrumento". O fogo (ou calor), a água, como solvente, e o ar atuam como agentes mecânicos, tornando possível o mistão, mas sem ser sua causa. O fogo coloca a terra flogística em movimento, o ar arrasta as partes mais voláteis da matéria, a água põe em movimento as partes do soluto. A noção de corpo-instrumento permite atribuir um espaço, embora limitado, às explicações mecanicistas em relação às quais a química stahliana é definida.

A distinção entre agregação e mistão vai fazer sucesso. Primeiramente, ela tem o efeito de recolocar as atrações newtonianas entre os agentes mecânicos que explicam a agregação, isto é, ela coloca na mesma categoria os químicos cartesianos como Lémery, mecanicistas como Boyle, ou newtonianos como Boerhaave, o primeiro químico do continente a defender Newton abertamente,[3] e como os ingleses Désaguliers, Keill e Freind. Explicar a agregação em termos de forças atrativas ou repulsivas é sempre explicá-la em termos de justaposição ou de dissociação, ou seja, é ignorar a questão da "ligação" química que cria "tal" ou "qual" substância a partir de substâncias diferentes. O artigo "Chymie" de Venel, na *Encyclopédie*, será inteiramente construído sobre essa oposição entre agregação e mistão. Correlativamente, as raízes newtonianas das relações ou afinidades que as tabelas utilizavam serão esquecidas. O mistão é feito entre princípios de acordo com as leis de afinidade, e essas leis só têm relação com a prática empírica dos químicos.

Assim, em 1758, a Academia de Rouen suscita uma questão aparentemente modesta, mas que, de fato, envolve toda a química: "Determinar as afinidades que são encontradas entre os principais mistões, assim como o Sr. Geoffroy começou a fazer, e encontrar um sistema físico-mecânico dessas afinidades". Para um químico inglês, a segunda parte da questão não teria feito sentido, pois a resposta seria óbvia. Para os franceses, a questão não apenas os convida a avaliar a relevância das forças newtonianas, mas também a trazer essas forças para um "sistema" aceitável. O júri deverá reconhecer que nenhum candidato foi capaz de enfrentar os dois desafios e nomeará dois vencedores, que abordaram o problema respectivamente do ponto de vista do "sistema físico-mecânico" e do ponto de vista da química. Para a física, Georges-Louis Lesage imaginou um engenhoso sistema em que a afinidade é explicada pela diferente porosidade dos corpos submetidos aos choques contínuos de pequenas partículas, os "corpúsculos ultramundanos", que também devem explicar a atração à distância. Para a química, Jean-Philippe de Limbourg (1726-1811), médico e químico belga da cidade de Liège, apresentou uma nova tabela de 33 colunas. Quanto à explicação das afinidades, Limbourg rejeita as interpretações mecanicistas ao modo de Lémery e enfatiza a analogia com as forças de atração newtonianas. Trata-se talvez, Limbourg argumenta, de uma mesma propriedade considerada, na física geral, do ponto de vista de seu efeito sobre as massas, e, na química, do ponto de vista de seu efeito sobre os elementos. A "diferença dos pontos de vista" significa que a atração newtoniana nada pode explicar, enquanto a diferença entre a massa física e o elemento, ou o princípio, químico não for elucidada. O ponto de vista químico se impõe, portanto, como correspondendo a uma questão que os físicos, mesmo os newtonianos, não podem pretender resolver.

Embora a polêmica stahliana contra a redução da química às explicações físico-mecânicas tenha alcançado um amplo sucesso na França, a identificação dos princípios, por outro lado, ainda que ligada ao nome de Stahl, não seguiu a sua doutrina. No artigo da *Encyclopédie* que dedica aos "Princípios", Venel anuncia que os químicos geralmente reconhecem quatro princípios: o ar, a terra, a água e o fogo, que denominam flogisto, "tal como os stahlianos". Ora, para Stahl e seus discípulos Henckel e Juncker, o flogisto é uma terra; e o fogo, um instrumento. O que se chama de "química stahliana" na França, em meados do século XVIII, inspira-se certamente na doutrina de Stahl, mas contendo as transformações introduzidas por aquele que foi apresentado como seu fiel intérprete: Guillaume François Rouelle.[4]

O flogisto

Rouelle (1703-1770) não faz parte da Academia. Não conhece o latim e provavelmente tomou conhecimento do trabalho de Stahl (escrito numa confusa mistura de alemão e latim) apenas de forma indireta, por meio de uma apresentação de Jean-Baptiste Sénac publicada em 1723. Assim como Lémery, Rouelle é originariamente farmacêutico, e sua reputação será construída graças a um curso particular, que ministra na Praça Maubert (e mais tarde, na rua Jacob), antes de ser nomeado professor no Jardim do Rei (*Jardin des Plantes*). Suas aulas, como as de Lémery, atraem todas as personalidades importantes de Paris. É ali que Diderot aprende química, mas também Turgot, Macquer, Venel e Lavoisier. Em suma, uma nova geração que aceita com naturalidade os trabalhos acadêmicos puramente empíricos e sem grande conteúdo conceitual, feitos sobre a química dos sais, e que descobre um novo universo por intermédio de Rouelle,[5] o da "revolução stahliana".

Curiosamente, o único ponto dos ensinamentos de Rouelle – conhecido por meio das notas de Diderot – que resistiu com sucesso à crítica de seus próprios alunos, como Venel e Macquer, é aquele que nada deve à doutrina de Stahl: a associação entre flogisto e fogo. De fato, o sistema ensinado por Rouelle recria a doutrina do mestre, rearticulando-a em torno de uma associação sistemática entre as noções de elemento-princípio e de instrumento. Mais precisamente, Rouelle confere duas funções aos princípios: aquela de constituinte dos mistões e aquela de agente ou instrumento das reações químicas.

Assim, os quatro princípios, água, ar, fogo e terra, são princípios tanto das operações do químico quanto dos mistões sobre os quais operam. Enquanto instrumentos, são, ao contrário de reagentes químicos específicos, "naturais e gerais", sempre envolvidos em todas as operações químicas. Enquanto elementos constituintes, não contradizem a química dos deslocamentos, mas a transcendem: nunca o químico isolará ou caracterizará um elemento como caracteriza a matéria; o elemento não é isolável, porque não pode ser separado de um mistão sem recriar, nesse processo, um novo mistão.

Assim, o fogo, ou calor, é o instrumento; o flogisto é o elemento que entra na composição dos mistões. O flogisto, enquanto elemento, permite explicar a combustão, bem como as transformações da cal em metal e do metal em cal. Que a terra e a água sejam elementos, isso é óbvio. Que o ar seja um elemento é outra inovação em relação às doutrinas de Stahl. Ao conferir, contrariamente a Stahl, um papel químico ao ar, Rouelle estende o trabalho do inglês Stephen Hales, que no livro *Vegetable Staticks* estudou o "ar" liberado pela fermentação de plantas e por certas reações químicas. Como Hales, Rouelle aprendeu a coletar os ares e também melhorou o equipamento inglês. Mas, se o papel do elemento constituinte do ar, da terra, da água e do fogo é fácil de defender, a possibilidade de defini-los da mesma maneira, como instrumentos, é mais difícil. Para o fogo, não há problema, porque é o instrumento mais tradicional e unanimemente reconhecido do químico.[6] *Ignis mutat res.** Por outro lado, o papel da água, da terra e do ar como instrumentos não é óbvio. Para ilustrar o papel da terra, Rouelle chega a citar os recipientes, sem os quais a química não seria possível.

A teoria de Rouelle não está, pois, tal como a de Stahl, centrada em torno do flogisto. O flogisto, no entanto, é o elemento "revolucionário", pois está associado à descoberta de Stahl admirada por todos:[7] a descoberta da identidade entre a combustão e a corrosão e a identificação da operação inversa (hoje chamada redução) demonstram o valor da química stahliana, que não aceita se submeter ao modelo mecanicista. Além disso, o fogo flogístico, que constitui a contribuição pessoal de Rouelle, é o único caso em que a associação elemento-instrumento é bem equilibrada, sem recorrer a um argumento que Venel e Macquer denunciarão como tendo um caráter artificial.[8] Não é então à herança de uma tradição secular que Lavoisier vai se opor, mas sim ao produto mais representativo da "química iluminista".

A associação criada por Rouelle entre elemento e instrumento não é apenas nova, mas também é significativa dos valores defendidos pela química iluminista francesa. Ela ilustra a dupla dimensão da autonomia que essa química almeja contra o modelo da mecânica: o químico "suja as mãos", opera no nível dos mistões; não é nada sem os seus instrumentos e tem a humildade de admitir isso; o químico está interessado na intimidade dos materiais, no elemento que não pode ser representado, pois pertence à ordem da qualidade, da produção, do heterogêneo. Nesse sentido, a química do Iluminismo propagada por Rouelle é o produto de uma polêmica dupla, aquela já conduzida pelo próprio Stahl contra o mecanicismo, e aquela empreendida contra a ciência "acadêmica", elitista e abstrata.

---

* "O fogo muda as coisas": axioma dos químicos do início da era moderna, especialmente Stahl. (N. da T.)

Notas

[1] Metzger, 1974 [1930], pp. 130-138.

[2] Henkel, 1760, p. 151: "Nous sommes fondés à nous demander avec Stahl si cette troisième terre diffère numériquement ou génériquement des deux autres", *apud* Metzger, 1974 [1930], p. 133.

[3] Como explica Metzger (*Idem*, p. 196), Boerhaave não procurava revolucionar a química em nome da verdade newtoniana.

[4] Rappaport, 1961, pp. 73-101.

[5] Somente muito mais tarde os principais livros de Stahl seriam traduzidos para o francês, ao mesmo tempo que um grande número de livros suecos e alemães se referem a Stahl, lidando principalmente com minas e metalurgia. O Barão d'Holbach publicou o *Tratado do enxofre* em 1767 e, em 1771, o *Tratado dos sais*. Mas já era tarde demais para "redescobrir" a verdade de Stahl. É a doutrina de Rouelle que o representa.

[6] Boerhaave também faz do fogo o instrumento universal da transformação química.

[7] Até mesmo Lavoisier reconhece o poder dessa descoberta, e Kant, no prefácio à segunda edição da *Crítica da razão pura*, fará da possibilidade de transformar "metal em cal e essa novamente em metal, simplesmente retirando e devolvendo algo a esses materiais" um dos três casos (junto com Galileu e Torricelli) a partir dos quais a razão aprendeu que deveria forçar a natureza a responder às suas perguntas.

[8] No artigo "Chymie", da *Encyclopédie*, Venel (1753) atribuirá apenas ao fogo o papel de instrumento "geral e natural". Em relação à dissolução pela água, Venel considera que ela remete para a ação dos mênstruos (ácidos), que nada tem de mecânica.

11

Uma louca paixão

A tensão entre as práticas químicas e o ideal da prática acadêmica não é nova. Em 1718, Herman Boerhaave, durante uma aula inaugural na Universidade de Leiden, exclamou: "Sou forçado a falar de química! De química!",[1] desculpando-se por introduzir naquele lugar que compartilhava com os mais eruditos professores, praticantes das ciências mais perfeitas, uma ciência áspera, grosseira, dolorosa, afastada da convivência dos sábios que dela desconfiavam ou que a ignoravam, desprezada por causa da imagem de sua fornalha, dos seus vapores e das suas cinzas.

A exclamação, bem como as desculpas, era um tanto retórica. Boerhaave era um renomado professor, e, entre os livros nos quais químicos do século XVIII aprenderam seu ofício, seu *Elementa Chemiae* (1724) ocupava o primeiro lugar.[2] Mas o mesmo tema não deixa de reaparecer ao longo do século XVIII: a química é um trabalho, no sentido de que, na época, "trabalho" significava labuta dolorosa e avassaladora, que humilha quem a pratica.

O valor da química

Esse tema também frequenta a química do Iluminismo, mas seu significado retórico está mudando: não se trata mais de um ato de humildade perante os "verdadeiros sábios", mas de reafirmar altivamente a singularidade da química. Assim, em 1785, em seu elogio ao químico Macquer, que acabara de morrer, Vicq d'Azyr retoma a retórica de Boerhaave, mas em sentido inverso, contra os professores que consideram ser abaixo de sua dignidade se sujeitar ao trabalho do químico: "Quando o progresso do conhecimento os obrigou a sair das escolas para interrogar a natureza, pensaram que era de sua dignidade aparecer nos laboratórios com suas vestes: com tal pompa, foram reduzidos à impossibilidade de fazer outra coisa a não ser falar".[3]

Essa mudança retórica se inscreve numa ofensiva ao mesmo tempo epistemológica, filosófica, política e social contra o modelo da "ciência dos professores", a ciência daqueles, como escreve Diderot,[4] que "refletem", "têm muitas ideias e não têm quaisquer instrumentos", e desprezam aqueles que "se movimentam", que têm "muitos instrumentos e poucas ideias".

Qual é o "valor" duma ciência? Esse valor estará na certeza de seus princípios, isto é, no poder de julgar *a priori* sem "se perturbar"? A química é confrontada com esse problema e acompanha, na Suécia e na Alemanha, o prodigioso desenvolvimento da mineração. Nesses países, laboratórios de química, de análise e de controle se multiplicam, e são criadas muitas cátedras universitárias.[5] Na França, no entanto, a imagem que a química projeta é mais mundana: ciência que, como a eletricidade, atrai os amantes de demonstrações experimentais, que se difunde nos salões, nos cursos abertos ao público e em aulas particulares, e não primeiramente na universidade. Isso pode talvez explicar as diferentes estratégias que seguirão os químicos alemães e suecos, de um lado, e os franceses, de outro, para definir o valor de sua ciência.

Nos países onde a química tem um desenvolvimento universitário legítimo, a questão é combater sua imagem como uma atividade manual grosseira. É assim que se institui a distinção entre química "pura" e "aplicada", introduzida em 1751 por um químico de Uppsala, J. G. Wallerius.[6] Essa distinção permite uma operação muito interessante: por um lado, afirma a dignidade da "química pura" e transforma a prioridade cronológica das "artes químicas" em uma dependência lógica da ciência, da qual se tornam simples "aplicações"; por outro lado, isso faz com que essa ciência "pura" se beneficie da utilidade pública dessas aplicações. Na França, a imagem da química está intimamente relacionada às práticas empíricas, contra a arrogância de quem quer submeter os fatos a um "sistema".

Química subversiva

Macquer estabelece como projeto do seu *Dictionnaire de chymie*, de 1766, a possibilidade de uma leitura "empírica". O leitor devia ser livre "para formar uma opinião como achar melhor, e é bem possível que possa fazer uma escolha melhor a esse respeito do que o próprio autor". Já Venel, no artigo "Chymie", da *Encyclopédie*, valoriza, assim como Vicq d'Azyr, a necessidade heroica do "verdadeiro químico", de despir o jaleco, ou seja, a pretensão de julgar sem conhecer pela prática:

> É a necessidade de todo esse conhecimento prático, os demorados experimentos químicos, a assiduidade do trabalho e a observação que exigem, os gastos que ocasionam, os perigos aos quais expõem, e até mesmo a obsessão por esse tipo de ocupação que se arrisca sempre ser contraída, que fizeram os químicos mais sensatos dizerem que a química era uma paixão de loucos. Becher chama aos químicos: umas certas pessoas excêntricas, heteróclitas, heterogêneas, anômalas; que têm em si mesmos um gosto muito singular, que perdem a saúde, dinheiro, tempo e a vida. Mas, tomando a utilidade absoluta das ciências como um conjunto de dados, de acordo com o qual a opinião geral nos autoriza a raciocinar, essas dificuldades e inconveniências devem fazer com que os sábios que têm a coragem de enfrentá-las sejam vistos como cidadãos que merecem todo o nosso reconhecimento.[7]

Longe de definir as artes químicas como uma simples aplicação de doutrinas eruditas, Venel define a química pela coexistência de uma "dupla linguagem, a popular e a científica". Depois de explicar a diferença entre agregação física e o mistão, assinala:

> Alguns semifilósofos podem ser tentados a acreditar que nos elevamos às mais altas generalidades; mas nós bem sabemos, pelo contrário, que nos restringimos às noções que derivam mais imediatamente dos fatos e dos conhecimentos particulares, e que podem esclarecer a prática [...]. Assim, a prática diz: um certo grau de fogo derrete o ouro, dissipa a água, calcina o chumbo, fixa o salitre, analisa o tártaro, o sabão, um extrato, um animal. E a ciência diz: um certo grau de fogo afrouxa a agregação do ouro, destrói a da água, ataca a mistão do chumbo e a composição do salitre, excita os reagentes no tártaro, no sabão, num extrato, num animal.[8]

O químico "científico" alia-se ao artesão contra a arrogância daqueles que negam o mistão, porque seus agentes mecânicos somente permitem compreender a simples agregação. Ele reconhece que uma arte química só poderá ser "reformada" ou "aperfeiçoada" por um químico que tenha "adquirido essa capacidade de julgar instintivamente, semelhante ao operário que o faz por 'uma olhada', devido ao hábito de manusear o seu objeto".[9]

Venel enfatiza a singularidade da química pela necessidade de uma subversão da divisão social e intelectual entre o químico científico e o operário, isto é, pelo ideal que defendia Diderot no seu texto *De l'interprétation de la nature*. A química francesa, a ciência do Iluminismo, no entanto, não constitui exemplo dessa ciência "baconiana", no sentido de puramente empírica e utilitarista, que Diderot foi frequentemente acusado de defender. Essa química é "filosófica", no sentido de que ilustra a necessidade daquilo que Diderot chamou de "liga filosófica" entre aqueles que se movimentam e aqueles que refletem, entre aqueles que "viram com tanta frequência e tão de perto a natureza nessas operações", que adquiriram "aquele espírito de adivinhação pelo qual se preveem, por assim dizer, os processos desconhecidos, as novas experiências, os resultados ignorados" e aqueles que recorrem aos fatos, tentam conectá-los e que, "obstinando-se na solução de problemas talvez impossíveis, chegaram a descobertas mais importantes do que essa solução".[10]

Diderot anuncia o fim da mecânica racional:

> As suas obras [de Bernoulli, D'Alembert, Euler, Maupertuis etc.] subsistirão nos séculos vindouros, como as pirâmides do Egito, cujos bojos repletos de hieróglifos despertam em nós uma ideia assustadora do poder e dos recursos dos homens que as ergueram.[11]

Venel clama ao químico que mantenha o "seu termômetro na ponta dos dedos e o seu relógio na cabeça", e considera ridículas todas as "medições artificiais" que queiram substituir a leitura experimentada de indícios ordinários e sensíveis. Diderot aconselha, "àqueles que têm a mente aberta o suficiente para imaginar sistemas": *Laïdem habeto, dunmodo te Laïs non habet*, usufrui da cortesã Laïs, ou do sistema, mas não te deixes possuir por ela, ou por ele. É difícil imaginar previsões mais radicalmente refutadas pela história. É da linhagem dos Bernoulli, Euler etc. que nasceu a mecânica quântica, a nossa ciência dos átomos. Meio século depois de Venel, o laboratório do químico estará equipado com instrumentos padronizados. Quanto a ser "possuído" por seu sistema, é precisamente essa a definição que Thomas Kuhn dá ao pesquisador da "ciência normal", guiado pelo paradigma de sua disciplina.

A história de nossas ciências não correspondeu, pois, às esperanças de Diderot e seus aliados científicos. No que diz respeito à química, já em 1780, um observador extremamente atento poderia ter previsto o fracasso do projeto de uma química do Iluminismo, tal como Venel a caracterizara. Teria então falado da nova dinâmica na química acadêmica e citado os nomes de Guyton de Morveau (membro da Academia de Dijon), de Lavoisier, de Berthollet e de Fourcroy. Enquanto os trabalhos acadêmicos sobre a química dos sais, cerca de 50 anos antes, não valeram aos seus autores mais do que uma reputação análoga à dos químicos empíricos, cautelosos e sem ambição, os acadêmicos franceses desde o fim do século XVIII fazem doravante parte de uma rede europeia cuja atividade dá uma nova realidade ao que já se chama, na Alemanha e na Suécia, de "química pura".

Mas é provável que o mesmo observador sábio se enganasse sobre a maneira pela qual a química pura dos acadêmicos finalmente consegue nos fazer esquecer dos grandes temas da química francesa do Iluminismo. Pois provavelmente teria falado da interessantíssima correspondência entre dois grandes químicos, o francês Guyton de Morveau e o sueco Torbern Bergman, trabalhando juntos na interpretação efetiva das afinidades em termos newtonianos. Teria descrito o triunfo do que Voltaire apelidou de "partido newtoniano na França", liderado por seu "chefe", o grande naturalista Buffon. E provavelmente teria ficado imune à mensagem "revolucionária" do leve ruído que começou a invadir o laboratório dos químicos: a crepitação da cal sobre a qual derramava ácido, menos de 30 anos antes, a mão de um escocês.

Notas

1 "Verba habere cogor de Chemia! De Chemia!", citado por Meinel, 1983, pp. 121-132.

2 Esse livro, que terá mais de 25 edições em vários idiomas, constitui, depois do *Cours* de Lémery, a nova compilação dos fatos e processos conhecidos. Resultou de um ensino que atraiu estudantes de toda a Europa.*
* E América. (N. da T.)

3 "Lorsque les progrés des conoissances les ont forcés a sortir des écoles pour interroger la nature dans les laboratoires, ils ont cru qu'il étoit de leur dignité d'y paroitre avec leurs robes: ils se sonts réduits, par cet appareil, a l'impossibilité d'y faire autre chose que discourir" (Vicq D'Azyr, 1786, p. 50).

4 Diderot, *De l'interprétation de la nature*, seção 1.*
* Publicado anonimamente e sem imprenta em 1753, o texto foi reeditado em 1754, com o título definitivo. (N. da T.)

5 Ver Porter (1981, pp. 543-570) e Hufbauer (1982).

6 Meinel, 1983, p. 126.

7 "C'est la nécessité de toutes ces connaissances pratiques, les longueurs des expériences chimiques, l'assiduité du travail et de l'observation qu'elles exigent, les dépenses qu'elles occasionnent, les dangers auxquels elles exposent, l'acharnement même à ce genre d'occupation qu'on risque toujours de contracter, qui ont fait dire aux chimistes les plus sensés que la chimie était une passion de fou. Becher appelle les chimistes: certum quoddam genus

hominum excentricum, heteroclitum, heterogeneum, anomalum; qui possède en propre un goût fort singulier, quo sanitas, pecunia, tempus & vita perduntur. Mais en prenant l'utilité absolue des sciences pour une donnée, d'après laquelle l'opinion générale nous autorise à raisonner, ces difficultés et ces inconvénients-là mêmes doivent faire regarder les savants qui ont assez de courage pour les braves, comme des citoyens qui méritent toute notre reconnaissance" (Venel, 1753, p. 421).

[8] O leitor atento notará que o chumbo aparece aqui como uma substância composta: "être tentés de croire que nous nous sommes élevés aux généralités les plus hautes; mais nous savons bien au contraire que nous nous en sommes tenus aux notions qui découlent le plus immédiatement des faits et des connaissances particulières, et qui peuvent en éclairer la pratique [...]. Ainsi le manœuvre dit: un certain degré de feu fond l'or, dissipe l'eau, calcine le plomb, fixe le nitre, analyse le tartre, le savon, un extrait, un animal. Et la science dit: un certain degré de feu lâche l'agrégation de l'or, détruit celle de l'eau, attaque la mixtion du plomb et la composition du nitre, excite les réactifs dans le tartre, le savon, un extrait, un animal" (*Idem*, p. 419).

[9] "Aura acquis cette faculté de juger par sentiment qui s'appelle coup d'oeil chez l'ouvrier, et que celui-ci doit à l'habitude de manier son sujet" (*Idem*, *ibidem*).

[10] "S'opiniâtrant à la solution de problèmes peut-être impossibles, sont parvenus à des découvertes plus importantes que cette solution" (Diderot, 1753, seções 27-30).

[11] "Leurs ouvrages [des Bernoulli, d'Alembert, Euler, Maupertuis etc.] subsisteront dans les siècles à venir, comme ces pyramides d'Égypte dont les masses chargées d'hiéroglyphes réveillent en nous une idée effrayante de la puissance, et des ressources des hommes qui les ont élevées" (*Idem*, seção 4).

12

O sonho newtoniano

Relações ou afinidades químicas podem ajudar a identificar as "forças" responsáveis pelas combinações químicas? Eis uma questão que vai interessar aos químicos ingleses. E, no entanto, não foi esse o caso. O pragmatismo cético de Boyle floresceu novamente na Inglaterra, onde a Royal Society encorajava a aferir o valor de uma ciência pela sua utilidade. É no continente que o "sonho newtoniano" se desenvolverá: submeter de maneira efetiva a química às forças newtonianas.[1]

Compreender as afinidades

Entretanto, o ceticismo inglês e o sonho continental alimentam-se de duas teses similares quanto à possibilidade de reconciliação entre afinidades químicas específicas e a força gravitacional uniforme. Na Inglaterra, o teólogo Boscovich[2] supõe que a fórmula de Newton se aplica apenas para grandes distâncias; no caso de distâncias curtas, a força é, conforme a distância, atrativa ou repulsiva: um corpo material, complexo edifício de partículas pontuais, é então especificado pela força resultante dessas atrações e repulsões. Na França, Buffon, em 1765, atribui a especificidade das ações químicas às formas dos corpos que, na escala das ações químicas, não podem mais ser menosprezadas como na astronomia. Mas Boscovich acredita que a complexidade do edifício que constitui qualquer tipo de matéria torna quimérico o projeto de fazer da química uma ciência dedutiva e preditiva, como a astronomia. Para Buffon, ao contrário, nossos "sobrinhos-netos" poderão um dia calcular o percurso das reações químicas, assim como Newton calculou a trajetória dos planetas.

Na perspectiva de Buffon, a química ainda não se "transformou" verdadeiramente numa "ciência". Só será uma ciência quando o direito de parentesco da química com a astronomia se tornar um fato. E esse devir passa pela questão das afinidades.

Mas como passar das tabelas de afinidade – que poderiam, nessa perspectiva, ser comparadas aos dados empíricos da astronomia, domínio em que Kepler e Newton estabelecerão as suas leis – à química finalmente científica? Ao longo das últimas três décadas do século XVIII, inicia-se a pesquisa inspirada pelo desejo de fazer das afinidades o objeto direto de uma ciência, e esses trabalhos austeros nos remetem à atmosfera estudiosa dos intercâmbios acadêmicos e universitários.

Em 1776, Guyton de Morveau, seguindo entusiasticamente a direção indicada por Buffon, mede a força mecânica necessária para separar placas de diferentes metais do banho de mercúrio no qual elas flutuam. Guyton tenta assim quantificar a afinidade, atribuir à relação entre dois corpos uma medida independente das operações químicas de deslocamento. Essas só podem produzir uma *entre-medida* das afinidades, caracterizá-las umas em relação às outras.[3] Na mesma perspectiva, Carl Wenzel, químico empregado numa fábrica de porcelana, propõe em 1777 uma outra maneira: vincular o valor numérico da afinidade à velocidade de reação; e determina a diminuição no peso dos cilindros de metal imersos num banho de ácido após uma hora. Posteriormente, Wenzel, Bergman e Kirwan tomam por medida as respectivas quantidades de diferentes ácidos para neutralizar a mesma quantidade de base, ou, inversamente, as quantidades de diferentes bases para neutralizar a mesma quantidade de ácido.[4] O mesmo trabalho é realizado em maior escala por Richter, ex-aluno de Kant, obcecado pelas possibilidades de uma matematização da química. Entre 1792 e 1802, publicou, num estilo que, devido à preocupação com a matematização, torna-se bastante obscuro, um novo tipo de tabelas sistematicamente definindo as relações que chama de "estequiométricas" entre ácidos e bases que se neutralizam mutuamente. O termo "estequiométrico" se tornou popular, não no contexto das afinidades químicas, mas na química analítica, com base na lei das proporções definidas.

Outro meio, aparentemente mais modesto, consiste em adotar a técnica dos "elaboradores de tabelas", segundo a expressão da época, não como um método abreviado de apresentar o progresso da química, mas como um fim em si mesmo. Uma vez que as afinidades constituem a base empírica daquilo que um dia pode ser organizado dedutivamente, é necessário explorar esse campo de maneira metódica e *exaustiva*.

As tabelas de Bergman

Estudar todas as reações químicas possíveis visando introduzi-las numa tabela foi o programa de pesquisas desenvolvido pelo químico sueco Torbern Bergman. Suas tabelas, publicadas de 1775 a 1783, envolvem um trabalho enorme e fastidioso. São tabelados vários milhares de reações químicas. Compreendem 49 colunas (27 ácidos, 8 bases, 14 metais e outros) sob dois registros: as reações "por via úmida", ou seja, em solução, e "por via seca", "forçadas pelo fogo". Como observa Maurice Daumas, Bergman trabalha

> [...] como um artesão consciencioso que espera percorrer pouco a pouco o imenso trabalho que se estende diante dele [...]. Parece aliás não ter ficado muito satisfeito com seus próprios resultados: acreditava que mais de 30 mil experimentos exatos ainda seriam necessários para dar um certo grau de perfeição à sua tabela.[5]

O trabalho gigantesco de Bergman é acompanhado por um trabalho sobre nomenclatura, que implementa os métodos de Lineu, e que negociara longamente com Guyton de Morveau. Também foi acompanhado por um trabalho de simbolização das reações químicas, que convida a compreendê-las em termos de associação e dissociação de constituintes que se mantêm idênticos entre si. Como já era o caso na tabela de Geoffroy, os compostos são representados por símbolos inspirados na alquimia: o composto é colocado do lado de fora de uma chave – { } – que reúne seus componentes. Em caso de dupla decomposição, utilizam-se quatro chaves, formando um quadrado, em que as duas chaves horizontais correspondem aos dois produtos da reação. Bergman também indica a solubilidade (ponta da chave voltada para cima) ou a insolubilidade (ponta para baixo) das substâncias.

Estudar todas as reações químicas possíveis! O projeto de Bergman faz avançar as consequências da concepção relacional de afinidade inspirada em Newton. Os compostos químicos, tidos como tais, ou a força desse ou daquele reagente, já não são mais de interesse. Já não é possível atribuir a força do ácido nítrico a ele mesmo, depois de o haver ilustrado com algumas reações típicas. As propriedades químicas dependem das relações entre os corpos, e a identidade de um corpo químico é definida pela soma total de suas relações possíveis, esperando ser um dia deduzida. A reação que, na tradição artesanal, destinava-se à criação de novos produtos tornou-se, com a química dos sais nas primeiras décadas do século XVIII, uma ferramenta de identificação, sempre concernente aos produtos, ácidos, sais, bases, interessantes enquanto tais. Com Bergman, a reação, em vez de *processo*, tornou-se *fenômeno*. De agora em diante, qualquer reação passa a ser de interesse.

Já que precisa estar interessado em qualquer reação, não apenas em "reações interessantes", Bergman encontrará problemas que poderiam ter sido ignorados por outros "elaboradores de tabelas" menos ambiciosos.[6] O que é, de fato, uma reação interessante? É uma reação que produz um novo composto. A importância da distinção entre corpos "fixos" e voláteis na alquimia e, depois, na química não tem nada de fortuita: a maioria das reações então utilizadas produzem ou um ou o outro, porque, em ambos os casos, o produto se separa do meio reacional, o que, em termos modernos, leva a uma reação completa. A prevalência das reações completas permite, além disso, compreender um dos aspectos essenciais da "união mistiva": se um corpo* tem, por um outro corpo, uma afinidade maior do que aquela que une esse outro corpo a um terceiro, o primeiro *captura completamente o terceiro* (se estiver presente em quantidade suficiente, é claro). Todos os químicos concordam com isso, sejam newtonianos ou não, e Bergman retoma o assunto, referindo-se a "atrações eletivas". O caráter eletivo é uma diferença essencial que tem com a mistura, ou união agregativa. A afinidade, ou atração eletiva, traduz uma tendência a se unir de acordo com uma lógica do tudo ou nada: o mais forte ganha.

Ora, examinando todas as reações químicas, Bergman encontra múltiplas "anomalias" e tem de multiplicar as distinções entre a afinidade "realmente química" e os fatores físicos que lhe impõem obstáculo, que impedem a substituição de ocorrer. Até mesmo constata que uma reação às vezes vai numa direção e às vezes noutra, dependendo da quantidade de reagentes presentes!

Se existe um bom exemplo de "mudança de paradigma", na expressão de Kuhn, sem dúvida é o modo como Berthollet, ex-colaborador de Lavoisier, vai transformar em regra as "anomalias" que se multiplicaram, com Bergman e depois dele. Porém, essa "mudança de paradigma" não se traduz no abandono do "sonho newtoniano", mas sim em sua realização. Meio século depois, Berthollet dará razão a Venel: a força de atração newtoniana não pode explicar a diferença entre combinação química e mistura. E vai então negar essa diferença.

---

* No sentido de substância ou espécie química. (N. da T.)

Uma química enfim newtoniana?

Claude-Louis Berthollet entrecruza a "grande" história. Acadêmico, químico trabalhando num meio industrial, viajante, professor, senador, fundador da Société d'Arcueil, a primeira "equipe interdisciplinar", tem um itinerário que, ainda que não explique, aclara a sua singularidade.

Durante a Revolução Francesa, Berthollet procurou racionalizar a extração do salitre, que permite a fabricação da tão necessária pólvora. O abandono do método antigo, de lavagem das rochas nitrosas no campo, em favor de uma produção centralizada, foi para ele a ocasião de uma observação estranha: é melhor lavar as rochas várias vezes, usando água fresca a cada vez, porque, quanto mais salitre houver já dissolvido na água, menos eficaz será a lavagem.

Muitos artesãos teriam talvez feito essa constatação, mas Berthollet traduziu-a, como teria dito Venel, na linguagem científica: a tendência de um corpo para se combinar com um outro diminui proporcionalmente ao grau de combinação já alcançado. Por isso, a tendência a reagir não é puramente química, mas *depende* da concentração dos reagentes. É isso que, já em 1795, ele afirma em suas aulas na nova Escola Normal. Ao contrário dos acadêmicos do Antigo Regime, o químico deve novamente, como regra, produzir um "curso"; essa obra didática, porém, já não se dirige a curiosos esclarecidos, a farmacêuticos ou a artesãos, mas destina-se a formar futuros professores. Ela pode ser lida criticamente por outros colegas, e é para convencer os Laplace, os Lagrange, os Monge, que sabem o que significa raciocinar. Talvez, sem esse novo desafio, Berthollet não tivesse tido a coragem de romper com a tradição?

Em 1798, Berthollet acompanha Bonaparte ao Egito, e é lá que, segundo se diz, faz a observação que resultará na sua "conversão": um "lago de sódio", isto é, um lago salgado cujas margens estão recobertas por soda, composto para o qual – e Lavoisier já abordara a questão – podemos dar o nome moderno de carbonato de sódio. Ora, Berthollet sabe, como todo mundo, que no laboratório o sal não se transforma espontaneamente em soda: a reação espontânea ocorre no sentido inverso. Mas o lago constitui um meio reacional muito especial: os dois reagentes, sal e carbonato de cálcio depositados no fundo do lago, são abundantes, e os dois produtos da reação vão sendo continuamente eliminados: o cloreto de cálcio é drenado pelo solo, e a soda é depositada nas margens.

Berthollet extrai desse exemplo uma hipótese radical: a direção de uma reação não é um dado *absoluto*, determinado pelas tendências eletivas dos compostos presentes. A distinção entre o fenômeno verdadeiramente químico, que corresponderia a uma reação completa, e os fatores físicos, que explicariam as anomalias, deve ser abandonada. Berthollet inverte assim os termos do raciocínio de Bergman. Para ele, de agora em diante, são as reações completas que devem ser explicadas. Retomando as tabelas de Bergman, mostra que, cada vez que o deslocamento é concluído, um produto se separa do meio reacional, seja porque é volátil, seja porque, sendo pouco solúvel, precipita.

Ora, de volta a Paris, Berthollet se tornou um daqueles "grandes homens da ciência", celebrado com honras por Napoleão. Como Laplace, também será senador e, com Laplace, fundará a Société d'Arcueil, uma iniciativa privada que conta com laboratórios, uma revista e, sobretudo, suas discussões e colaborações.[7] O experimentador não está mais sozinho, e o meio em que trabalha professa uma doutrina: os processos físicos e químicos são explicados pelas forças de atração newtonianas. Em *La Statique chimique* (*A estática química*, 1803), Berthollet mostra que a concepção newtoniana implica que as reações químicas sejam geralmente incompletas e se opõe à ideia de que as condições físicas (concentrações, temperatura) sejam definidas como "permitindo" ou "dificultando" a ação propriamente química das afinidades. A afinidade é, portanto, apenas um dos vários fatores na reação, que não tem mais uma direção natural, mas uma direção dependente de um conjunto de condições. O resultado normal de uma reação é chegar a um equilíbrio, em que a concentração relativa de reagentes e produtos de reação dependerá desse conjunto de condições (daí o título *A estática química*). A única singularidade da afinidade é a da força de atração, que não pode ser diretamente manipulada pelo químico.

Assim, Berthollet encontrou uma terceira maneira de fazer da química uma ciência newtoniana: o exemplo a seguir não é mais a astronomia, mas a mecânica, que também começou com a estática, o estudo do equilíbrio. Mas o "sonho newtoniano", finalmente manifestado em todas as suas consequências, torna-se um pesadelo para o químico. Venel estava certo: a força de atração não consegue explicar uma reação completa; pior, ela só pode explicar uma mistura, e não uma verdadeira combinação, ou uma verdadeira produção de um novo corpo homogêneo a partir do heterogêneo. Todo corpo é, portanto, uma mistura, cuja composição depende das condições de reação.

Aqui, Berthollet enfraquece a identidade prática da química. Se tiver razão, todos os procedimentos que constituem o tesouro dessa ciência não se referem apenas a casos particulares, mas, na verdade, simplesmente não realizam o que alegam fazer. O químico, que aprendera a identificar uma amostra pela sua composição, estava enganado. Um composto químico não tem uma identidade determinada, cada composto é uma mistura particular, que depende de suas condições de produção. A afinidade relacional, interpretada em termos estritamente newtonianos, levou a química a um ceticismo generalizado, como tinha acontecido com a química corpuscular no tempo de Boyle. A única teoria verdadeira para a química deve, novamente, provir da física.

Controvérsia sobre as proporções definidas

Quando se faz referência à controvérsia, que durará até 1807, sobre essa hipótese, geralmente se fala de Joseph Louis Proust, adversário de Berthollet e defensor do futuro, um químico moderno que estabelecera experimentalmente, apesar da autoridade das especulações dogmáticas herdadas do século XVIII, o que sabemos ser verdade: os compostos químicos de fato têm uma identidade, têm suas espécies componentes em *proporções definidas*. Na verdade, a controvérsia pode ser lida de outra forma: foi derrotada a proposta "revolucionária", e venceu a química tradicional.

Antes de se envolver com Berthollet numa controvérsia experimental, Proust publicou um artigo, em 1799, no qual mostrava que o óxido de mercúrio tinha a mesma composição, fosse produzido em laboratório ou oriundo das minas do Peru. Na época, Proust não considerou isso como uma conclusão revolucionária, mas como uma confirmação da antiga doutrina de Stahl sobre a invariabilidade dos *pondus naturae*: as proporções ponderais definidas dos compostos atestam o fato de que a mão invisível da natureza opera de forma idêntica, seja nas profundezas da terra, seja nos laboratórios. Quanto à oposição entre fato e especulação, os dois protagonistas evocaram, ambos, fatos igualmente ambíguos. Os dois analisaram óxidos metálicos, e sabemos, retrospectivamente, que as técnicas experimentais da época não eram capazes de resolver a disputa: na verdade, o que eles analisavam era, para nós, uma mistura de óxidos de diferentes tipos, fato que, aliás, Proust afirmou, mas que Berthollet não tinha razão alguma para aceitar, acusando acertadamente seu adversário de mascarar por meio de explicações *ad hoc* que se tratava de uma mistura, e apenas uma mistura.[8]

Como terminou essa controvérsia? Indiferença geral. Nenhum dos protagonistas admite a derrota, mas, enquanto isso, a lei das proporções tornou-

-se um "fato" para todos os químicos. Em 1832, Gay-Lussac tiraria a "nossa" moral da história: Berthollet estava certo sobre as reações, pois produzem em geral um equilíbrio entre os componentes, que depende das condições de reação; mas estava errado em relação aos compostos produzidos. O sonho newtoniano está morto. A afinidade relacional derivada de Newton tinha que explicar, *ao mesmo tempo*, a reação e as ligações que formam um composto químico. Os dois problemas são agora tratados separadamente. O químico pode manipular a reação, que depende de temperatura, concentrações etc., mas não pode manipular as próprias ligações, que garantem a individualidade dos compostos químicos. Pouco depois, Davy, Faraday e Berzelius proporão explicar as ligações através de forças elétricas, em vez de newtonianas. Nisso vão fracassar, mas, de qualquer maneira, as regras mudaram: nem essa proposta nem seu abandono poderão questionar a identidade da química. A química se tornava uma ciência, e esse devir não passou pela realização do sonho newtoniano.

Além disso, durante décadas, a noção de equilíbrio químico não interessará a ninguém. Como Wilhelm Ostwald aponta, a química da primeira metade do século XIX reaviva os interesses tradicionais que fazem da reação química um instrumento, não um fenômeno em si:[9]

> Mesmo nos novos ramos, o foco era na preparação de corpos materiais. As condições de uma reação eram sempre bastante estudadas quando se encontrava um procedimento vantajoso para obter esse ou aquele produto, e ninguém tinha interesse em estudar minuciosamente os métodos errados, que não levavam a produtos puros.[10]

Então, mais uma vez, apenas reações completas são alvo de interesse.

Pode-se ler no fim do sonho newtoniano a confirmação das teses de Venel e de todos aqueles que, junto com Stahl, defenderam a química contra a influência de agentes mecânicos. Mas não foi a química do Iluminismo francês que triunfou, pois a controvérsia em que foi enterrado "o sonho newtoniano" se deu no âmbito da química pós-revolucionária, e aqueles que dali tiraram lições se definem, à semelhança de Berthollet, como professores e servidores do Estado. Em 1807, Chaptal publica uma *Química aplicada às artes*:[11] a partir das verdades da química "pura", autônoma, deduz-se "a arte que deve ser o resultado útil". O espaço acadêmico apresenta-se, a partir de agora, fechado: ninguém vê o futuro sob o signo de uma aliança dinâmica entre artesãos e químicos "instruídos", e a crítica feita por Venel à utilidade dos instrumentos de medida na prática do químico não é mais escutada por ninguém. Além disso, a química dos princípios está morta, e o conjunto de referências às doutrinas de Stahl está irremediavelmente fora de moda. Lavoisier, é claro, passou por essa vereda. Mas, ironicamente, a sua própria passagem é condicionada pela inesperada fecundidade de um dos quatro princípios de Rouelle, o fogo-flogístico, que vai acompanhar o acelerado desenvolvimento da química pneumática.

Notas

1 Thackray, 1970.

2 Boscovicus, 1785.

3 Essa passagem da afinidade que remete para outras afinidades, para o número, estará no centro da questão dos equivalentes e dos átomos no século XIX. Os átomos "existirão" assim que o número de Avogadro for calculado. De um ponto de vista conceitual está, assim como toda a problemática química do "sonho newtoniano", no cerne do conceito de medida de Hegel.

4 O nosso termo moderno "base" funciona de um modo simétrico relativamente ao termo "ácido". Aprendemos que ácido mais base dá sal. Mas a denominação "base" lembra a assimetria original: o álcali dá a sua "base" ao sal.

5 Daumas, 1946, p. 61; Beretta, 1988, pp. 37-67.

6 Em relação ao que se segue, ver Holmes (1962, pp. 105-145).

7 Crosland, 1971; Sadoun-Goupil, 1977.

8 Ver Holmes (1962, pp. 105-145) e Kapoor (1965, pp. 53-110). Notemos que os químicos conheciam desde essa época compostos denominados "bertoletos", por serem indefinidas suas proporções. Uma história-ficção pode ser imaginada aqui: o que teria sido da química, se, na natureza, os "bertoletos" tivessem sido os dominantes?

9 "Même dans les branches nouvelles, on s'attachait surtout à préparer des corps. Les conditions d'une réaction étaient toujours assez étudiées quand on avait trouvé un procédé avantageux pour obtenir tel ou tel corps, et personne n'avait intérêt à étudier de manière approfondie les mauvaises méthodes, qui ne donnaient pas de produits purs" (Ostwald, 1909 [1906], p. 211).

10 Holmes (1962, pp. 105-145) e Daumas (1946) referem-se a Ostwald para colocar o problema do esquecimento em que parecia encontrar-se a obra de Berthollet e sublinham o reduzido número de químicos perante o imenso e urgente trabalho de análise que se estende diante deles. A explicação de Ostwald é notável por enfatizar o interesse dos químicos e o retorno a uma tradição mais antiga, enquanto historiadores mais clássicos explicam que "a química não estava ainda madura". Deve-se dizer que Ostwald escreveu a história da química do ponto de vista da físico-química, a qual ele espera que venha a modificar os interesses dos químicos (ver capítulo 26).

11 Chaptal, 1807.

13

À caça dos ares

A química pneumática nasce na periferia dos lugares em que reinava a doutrina newtoniana, no laboratório de Glasgow, onde Joseph Black (1728-1799) escreve sua tese sob a orientação do mestre William Cullen (1710-1790).[1] Cullen estudara em Londres, onde morou até 1740. Portanto, conhecia os desenvolvimentos da química newtoniana após a morte de Newton (1727). Para os químicos ingleses, a prioridade número um era a confirmação das hipóteses apresentadas na *Question 31*. Assim, no livro *Vegetable staticks*,[2] Stephen Hales apresenta suas experiências sobre a fermentação vegetal como demonstração da proposta newtoniana segundo a qual o *true permanent air* (verdadeiro ar permanente), liberado pela fermentação ou pelo calor dos corpos que os químicos chamam de fixos, é composto por partículas que se repelem mutuamente. Isso é confirmado pela lei de Boyle sobre a compressão, isto é, sobre a natureza elástica do ar. Para Hales, o ar elástico é imanentemente heterogêneo, composto de partículas de diferentes elasticidades. São as menos elásticas que podem ser mais facilmente fixadas e que são separadas pelo calor ou pela fermentação. Hales, então, caracteriza a diversidade dos ares em termos físicos. Para os químicos e físicos ingleses, o ar é principalmente o meio de caracterizar a força repulsiva, sobre a qual as leis do movimento não se pronunciam. É nessa mesma perspectiva que estudarão os novos fenômenos elétricos e magnéticos até a década de 1770.

Principal herdeiro de Newton entre os químicos, Desaguliers nega a existência da substância do fogo e define o calor em termos de força repulsiva entre partículas. Em 1748, William Cullen apresentou essa teoria de Desaguliers como exemplo típico de erro que demonstra a necessidade de os químicos formularem suas próprias teorias, em vez de aplicarem as leis gerais que os mecanicistas lhes propõem. Para Cullen, o fogo é atraído de modo *específico* por diferentes corpos materiais. Ele mostra por medidas quantitativas que a expansão, a contração e as temperaturas de mudança de estado, que são efeitos da presença do fogo em uma amostra, seguem uma lei *específica*. Assim, a química escocesa se depara, contra os newtonianos de Londres, com o problema da especificidade. "Atrações eletivas", dirá Cullen, que distribui para seus alunos cópias da "tabela" de Geoffroy.

Uma química escocesa

A liberdade com que Cullen trata a doutrina newtoniana deve-se provavelmente às vozes dissidentes que ousaram se fazer ouvir em Londres após a morte de Newton. É bem possível que Cullen tenha feito o curso de Peter Shaw, que traduziu Stahl, em 1730, para o inglês e, em seguida, aos poucos percebeu que a defesa da autonomia da química passava por um questionamento da química de Newton. Mas a química de Stahl não atende mais às exigências comprobatórias de Cullen. O laboratório da Universidade de Glasgow não é mais exatamente aquele típico do químico do século XVII. Ali se encontram agora termômetros, bombas de vácuo e cubas pneumáticas para coletar os "ares" e outros produtos da evaporação, e é possível, assim, questionar, por exemplo, a razão por que, quando o álcool evapora, a temperatura abaixa tanto mais quanto menos ar houver, ou por que, numa mistura de água morna e gelo, este derrete, mas não se observa aumento na temperatura do gelo. Na verdade, o laboratório de Glasgow está em uma situação bastante singular, na encruzilhada entre Paris, com sua química dos sais e logo depois o seu flogisto, e Londres, com suas forças e sua físico-química dos "ares".

Já se sabia que, ao derramar ácido sobre uma terra calcária, ocorre efervescência. Que a calcinação de uma terra calcária produz uma "cal viva" cáustica (CaO), também já se conhecia, sendo essa de fato a propriedade que a define (calcário/calcinação). Mas, como vimos na "química dos sais" francesa, a definição a partir das propriedades já não é um procedimento seguro: a efervescência já não garante que exista apenas uma única terra calcária. Cada terra calcária calcinada dará possivelmente origem a uma cal viva diferente? Duhamel não havia demonstrado que a "base" do sal marinho e aquela que se pode obter do sal de tártaro são diferentes? E como compreender a *Magnesia alba* ($MgCO_3$), que possui as propriedades de efervescência de uma terra calcária, mas que, calcinada, transforma-se num produto que não é nem solúvel em água nem é cáustico? Essa foi a questão que Cullen propôs em 1752 ao seu aluno Joseph Black como tema para o doutorado em medicina. Black não gostava de medicina, mas seu pai queria que fosse médico. Ele gosta de química, e a escolha da *Magnesia alba*, esse útil purgante, é uma solução a contento, especialmente porque suas diferenças e suas analogias com as terras calcárias justificam que ela seja estudada.

Por três anos, Joseph Black empreende, com a *Magnesia alba* e com as terras calcárias, uma série de experimentos, que podem ser considerados estritamente "positivos", no sentido de que poderá, em seguida, usar alguns deles para enunciar o problema, outros para provar sua tese, e outros como confirmação das consequências previstas em sua hipótese.

Ar fixo, calor fixado

A calcinação causa a liberação do "ar" fixado, tanto nas terras calcárias, como na *Magnesia alba*. A água de cal (cáustica) pode, na presença de potassa cáustica, recuperar o ar fixo e retornar ao seu estado original de terra calcária, o que também significa perder seu caráter cáustico. Para recuperar a *Magnesia alba* original a partir de seu produto calcinado (não cáustico), é necessário primeiramente dissolvê-la com o espírito de vitríolo; o sal de tártaro permitirá então recuperar a *Magnesia alba* com todas as suas propriedades originais. Uma mesma quantidade de ácido é necessária para "saturar" (neutralizar) uma determinada quantidade de terra calcária e da cal viva produzida a partir dessa quantidade de terra calcária.[3] Como resultado desses experimentos – contam-se 30 em sua tese, todos concebidos para afirmar ou negar uma possibilidade –, o autor pode concluir que a causticidade da cal viva não é, ao contrário do que se pensava, determinada por uma substância extraída do fogo calcinante, mas sim uma propriedade intrínseca dos corpos calcináveis (e que, por algum motivo, a *Magnesia alba* não tem), uma "atração eletiva" por certas substâncias que a cal viva dissolve ou corrói, atração que era "insensível" enquanto o ar estava fixo na terra.

Black sabe que o ar fixo da cal é uma forma de ar, que é irrespirável e não sustenta a combustão, sendo, pelo contrário, um produto da combustão, da respiração e da fermentação. Mas isso não lhe interessa. O que interessa é ter conseguido sujeitar o "ar fixo" às operações de deslocamento, e poder adicionar à tabela de Geoffroy uma coluna, cujo cabeçalho é constituído pelo ar fixo. Após a publicação de sua dissertação, em 1756, Black abandonou as terras calcárias pela questão do calor, que fascinava seu mestre Cullen: expandindo e não mudando de assunto, porque é uma verdadeira "teoria química do calor" que Black vai produzir.

Black evita falar de "fogo", pois não sabe o que é, mas estuda as relações específicas entre duas grandezas mensuráveis: a quantidade de calor e a temperatura. A própria distinção entre quantidade de calor e temperatura já é mesmo uma novidade. Foi usada pela primeira vez por Guillaume Amontons (1663-1705) durante o desenvolvimento de um termômetro de ar e é, de fato, levantada pela questão do termômetro: deve-se especificar em função da exigência que o termômetro se dilate de forma linear. Black estará interessado em como o calor "se liga" aos corpos, o que chama de calor "latente". O calor latente é o calor que um corpo absorve (ou libera) durante uma mudança de estado, sem nenhuma alteração na temperatura. Ao contrário da absorção normal de calor, a absorção de calor latente não é comparável à de um fluido num corpo poroso. Deve ser entendida como uma *combinação*, que resulta numa fusão ou numa ebulição.

Diz a lenda que a explicação do calor latente dada por Black ao jovem James Watt está na origem da invenção da máquina a vapor.[4] É evidente que o calor latente, calor "fixado" nos corpos, causando uma mudança no estado de agregação desses corpos e até mesmo perdendo sua capacidade de aquecer, esteja relacionado com o "ar fixo": esse também perde sua propriedade de volatilidade e determina uma mudança de estado, o desaparecimento da causticidade da cal viva. Como tanto a causticidade como a coesão estão ligadas às atrações, é possível, com Donovan, concluir que Black menos houvera fundado a química pneumática do que iniciado o primeiro programa de pesquisas em química teórica, buscando "as leis gerais que conectam o calor, a atração eletiva e a mudança de estado".[5] Assim, o calor e sua medida, que Venel rejeitou do lado da física, encontram-se integrados, por Cullen e Black, na economia das transformações químicas.

Entretanto, Black está no ponto de partida da química pneumática. Submeteu o ar, um "elemento-instrumento", à química dos deslocamentos. Depois do ar, agora é o fogo flogístico que vai se deslocar de corpo em corpo. Em 1766, Henry Cavendish (1731-1810) isola e caracteriza o "ar inflamável" (nosso hidrogênio), liberado por metais atacados por ácidos. Essa liberação havia sido notada por Van Helmont e Boyle, mas, ao contrário deles, Cavendish será capaz de identificá-la. O que isolou não seria o famoso flogisto no estado puro, que assim se revelaria, bem ao mesmo tempo, princípio de inflamabilidade e de metalicidade?

Competição europeia

A temporada de caça aos diferentes tipos de ar está agora aberta, sob o signo do flogisto. Ocorre por toda a Europa, de Uppsala a Paris, de Londres a Berlim, numa época em que os químicos europeus estão formando uma verdadeira rede: trocas de correspondências, viagens, revistas; o *Chemische Annalen*, de Krell, solicita contribuições de químicos não só da Alemanha, mas de toda a Europa. Mobiliza químicos de todas as classes: Cavendish, assim como Boyle, é um rico nobre; Lavoisier (1743-1794) é um acadêmico e administrador que equipa seu laboratório às próprias custas; Priestley (1733-1804) é um pastor unitarista a quem um nobre patrocinador ofereceu um laboratório; Scheele (1742-1786) é um farmacêutico autodidata em química que trabalhará na pobreza e na obscuridade sem ligações profissionais; vagueia pela Suécia, de Estocolmo a Uppsala e de Uppsala a Köping, onde finalmente compra a loja de um boticário. As preocupações dos interessados também são muito diferentes. Cavendish é tímido e excêntrico, sendo descrito como metódico e reservado: "Seu cérebro parece ter sido apenas uma máquina de calcular; seus olhos, dispositivos de visão e não fontes de lágrimas", escreve seu biógrafo Wilson.[6] Scheele é acima de tudo um genial descobridor, que prepara, identifica e estuda dezenas de novos produtos. Os interesses de Priestley vão da química e da eletricidade ao estudo das línguas, à história, à política, e pretende colocar as técnicas a serviço do progresso humano. Ele compartilha essa última preocupação com Lavoisier, quem, além disso, reflete sobre uma nova fundamentação para a química...

No laboratório de Karl Wilhelm Scheele, mais de 15 novos ácidos (incluindo cianeto de hidrogênio, cujos cheiro e gosto foram descritos por Scheele, que morreu com 44 anos) foram identificados, e se liberam, pela primeira vez, os fumos acres do cloro, que Scheele identifica como ácido do sal marinho deflogisticado. O flogisto também permite que ele caracterize um dos dois "ares" que compõem a atmosfera, o *Feuerluft*, ar do fogo. O *Feuerluft* é capaz de absorver o flogisto de corpos que sejam ricos dele, como a limalha, e essa união com o flogisto torna-o capaz de escapar do recipiente, que então contém apenas o *verdorbene Luft*, ar corrompido, viciado, que causa a morte dos ratos de laboratório. O *Feuerluft* também desaparece quando o "flogisto" de Cavendish queima no ar, e transforma-se, de um modo notável, em fogo-calor. Por outro lado, esse mesmo *Feuerluft* é produzido pela calcinação de um corpo ávido de flogisto, como a cal de mercúrio. O fogo cedeu então o seu flogisto, e o resíduo nada mais é do que *Feuerluft*. Tudo é coerente (exceto os pesos, que não interessam a Scheele): o *Feuerluft* é um ar que, unido ao flogisto, dá o fogo-calor.

Paralelamente a Scheele, um químico inglês também identificou nosso "oxigênio", em 1774. Joseph Priestley, autor dos vários volumes da série intitulada *Observações e experimentos em diferentes tipos de ar*,[7] coleta sistematicamente os gases liberados pelas reações numa cuba de mercúrio. Assim já isolara e identificara no estado gasoso o que chamamos de ácido clorídrico, o gás amoníaco, o gás sulfuroso, e também descobriu o sulfeto de hidrogênio, o hidreto de fósforo, o etileno e o nosso nitrogênio, que chama de "ar flogístico". Incontestável campeão de caça aos ares por esse histórico de conquistas, Priestley é também um pioneiro no estudo químico da vida. Cada ar que isola é caracterizado por várias reações. Entre esses testes de identificação, Priestley usa frequentemente uma planta ou um animal, que coloca sob a campânula preenchida com o novo ar a ser caracterizado. Assim progride, ao mesmo tempo que a química dos gases, o estudo químico da respiração.[8]

Mesmo que a respiração seja, entre outros, apenas um meio a serviço de um fim, qual seja, caracterizar novos ares, isso não impede que Priestley faça suposições sobre a natureza dos mecanismos envolvidos. É assim que, a partir de 1771, considerou a respiração animal como uma espécie de putrefação: uma flogisticação que corrompe o ar. Sugere que o papel dos pulmões é evacuar as emanações pútridas para o exterior e mostra que as plantas são capazes de "restaurar" o ar e torná-lo respirável novamente. A ideia de corrupção concentra o interesse de Priestley e de alguns de seus colegas na Inglaterra e na Itália, que estabeleceram as bases para um estudo científico da salubridade do ar em nosso ambiente. No entanto, quando isola o oxigênio, numa experiência de redução de um óxido ou "cal" de mercúrio, então denominado *precipite per se*, Priestley não o caracteriza imediatamente com o teste da respiração: declara que é solúvel em água; que faz brilhar mais forte a chama de uma vela colocada no recipiente e o considera inicialmente como gás nitroso, irrespirável.

É sobre a natureza desse novo ar que Lavoisier intervém, e é graças ao oxigênio que será reconhecido como o grande reformador da química. Durante uma viagem a Paris, em outubro de 1774, Priestley conversou com Lavoisier sobre sua experiência de redução da cal de mercúrio. Lavoisier, que também conhece o trabalho de Scheele, reformula a experiência de Priestley como uma maneira de responder ao seguinte problema:

> Existirão diferentes tipos de ar? Será suficiente que um corpo esteja num estado de expansibilidade para se constituir num tipo de ar? Os diferentes ares que a natureza nos oferece ou que conseguimos formar são substâncias separadas ou modificações do ar da atmosfera?[9]

Para dizer a verdade, Lavoisier nada avança em 1775. Tal como Priestley, não está então em condições de reconhecer o oxigênio que havia preparado. Levanta, é verdade, algumas dúvidas sobre a denominação "ar nitroso", dada por Priestley, mas ainda o descreve como "o ar comum", aquele que respiramos. É apenas depois que, invertendo a sua interpretação inicial, Priestley o renomeou como "ar deflogisticado" que Lavoisier repete as experiências da cal de mercúrio e conclui firmemente que "o ar deflogisticado é a porção mais pura do ar atmosférico". Lavoisier então abre uma polêmica contra Priestley, atacando sua teoria da combustão e sua teoria da respiração em dois artigos publicados em 1777.

Quem é então o autor da descoberta do oxigênio? Scheele, que o isola? Priestley, que caracteriza suas propriedades? Lavoisier, que o identifica como um elemento?

Com a água, surge mais um problema de primazia. Em 1781, ficamos sabendo que o muito meticuloso Cavendish, queimando seu ar inflamável no ar deflogisticado de Priestley, constatou a formação de um vapor úmido no interior da redoma de vidro. Assim, Cavendish propõe redefinir o ar de Priestley como água deflogisticada. Priestley contesta: é o ar inflamável que consiste em água sobrecarregada com flogisto e, durante a combustão, esse flogisto é cedido ao ar deflogisticado.

Lavoisier vinha tentando, havia alguns anos, demonstrar experimentalmente que se obtém um ácido pela queima de ar inflamável (hidrogênio) com o ar puro (oxigênio) e, como não conseguiu, decidiu encomendar um grande aparelho de combustão com duas entradas de gás. Foi então que ouviu falar dos resultados de Cavendish em 1783 pelo seu assistente Charles Blagden, em visita a Paris. Com isso, repete o experimento e conclui que a água é composta de ar inflamável e de ar puro. Em resumo, Lavoisier substitui a interpretação do fenômeno descoberto por seus colegas. Debruçando-

-se sobre o programa de Priestley e Cavendish, propõe outra leitura teórica de todas essas pesquisas. Até aquele momento, seus colegas podiam considerar Lavoisier como um "caçador de ares", que, com eles, fazia parte do bando. Mas, na década de 1780, Lavoisier utiliza o desenvolvimento da química pneumática para servir a outro propósito, um novo programa de pesquisas. Todas as espécies de gases isolados e identificados antes dele terão agora de ser renomeados, redefinidos, sem recorrer ao flogisto, em termos de elementos que compõem o ar atmosférico e a água.

Como essa nova alternativa teórica foi formada? Por que eliminar o flogisto precisamente no momento em que ele acaba de adquirir uma realidade experimental, graças a Cavendish, que sugeriu identificá-lo como seu ar inflamável? Como é que os químicos, mobilizados durante anos em uma competição internacional de "caça aos diferentes ares", reagirão a tamanha reviravolta, que, por sugestão do próprio Lavoisier, é designada como uma "revolução" na química?

Notas

[1] Em relação ao que se segue, ver Donovan (1975).

[2] Hales, 1727.

[3] Aqui são descritas essas reações de acordo com as equações usadas hoje, tomando a terra calcária como $CaCO_3$: $CaCO_3$ dá $CaO + CO_2$; $MgCO_3$ dá $MgO + CO_2$; $Ca(OH)_2 + K_2CO_3$ dá $CaCO_3 + 2KOH$; $MgO + H_2SO_4$ dá $MgSO_4 + H_2O$; $MgSO_4 + K_2CO_3$ dá $MgCO_3 + K_2SO_4$; $CaCO_3 + 2HCl$ dá $CaCl_2 + H_2O + CO_2$; $CaO + 2HCl$ dá $CaCl_2 + H_2O$.

[4] Para uma atualização, ver Cardwell (1971).

[5] Donovan, 1975, p. 213.

[6] Citado por French, 1941, p. 155.

[7] Priestley, 1774-1786.

[8] Holmes, 1985.

[9] "Existe-t-il différentes espèces d'air? Suffit-il qu'un corps soit dans un état d'expansibilité pour constituer une espèce d'air? Les différents airs que la nature nous offre ou que nous parvenons à former, sont-ils des substances à part, ou des modifications de l'air de l'atmosphère" (Lavoisier, 1862a, p. 122).

14

Uma revolução na balança

Lavoisier começou a questionar o papel do flogisto ao explorar a calcinação, em 1772.[1] Ataca um problema conhecido há muito tempo, mas recentemente discutido por Guyton de Morveau: se, como então se pensava, a calcinação dos metais (que chamamos de oxidação) é uma liberação do flogisto contido nos metais, é difícil entender o aumento no peso de metais quando são calcinados. Guyton sugeriu que o flogisto fosse mais leve que o ar, e sua introdução numa substância faria com que ela parecesse mais leve.

Experiências cruciais?

Lavoisier propõe outra explicação após fazer dois experimentos: queima o enxofre, depois o fósforo em dois recipientes fechados e constata, pesando cuidadosamente antes e depois da reação, o todo e cada parte separadamente, que o peso total é conservado, que o peso do recipiente não muda e que os pesos respectivos do enxofre e do fósforo aumentavam. Concluiu então: "Esse aumento de peso vem de uma quantidade prodigiosa de ar que se fixa durante a combustão e se combina com os vapores". Convencido da importância revolucionária dessa experiência, e ansioso por reforçar sua interpretação, Lavoisier envia uma carta selada para a Academia em 1º de novembro de 1772 para garantir a primazia sobre uma descoberta que considera "uma das mais interessantes entre aquelas que foram feitas desde Stahl". Grande é a tentação de ver essa experiência apresentada teatralmente como o ato fundador da química moderna. Utilizando a balança e o famoso princípio "nada se perde, nada se cria", Lavoisier iria derrubar a fantasmagoria do flogisto e com isso toda a doutrina dos quatro elementos. O próprio Lavoisier promoverá mais tarde essa leitura, no auge das polêmicas que desencadeou.

No entanto, se a situação for descrita através também de seus colegas e contemporâneos, além das observações de Lavoisier, somos levados a relativizar o alcance revolucionário desses primeiros ataques contra o flogisto. Primeiramente, o aumento de peso dos metais calcinados não é uma anomalia, ou um defeito, descoberto por Lavoisier. Como nos relembra o parecer dos acadêmicos sobre o trabalho de Lavoisier, trata-se de um fenômeno bem conhecido desde o século XVII, que recebeu várias explicações, duas das quais pelo menos muito próximas da de Lavoisier. Dois ensaios de Jean Rey e John Mayow serão reconhecidos como precursores depois da época de Lavoisier, mas permaneceram ignorados enquanto a questão não era considerada vital.

Em segundo lugar, Lavoisier não foi o único nem o primeiro a criticar o flogisto. Em 1773 e 1774, aparecem no *Journal de l'Abbé Rozier* dois artigos anônimos denunciando a natureza fictícia e hipotética do flogisto, aproximadamente nos mesmos termos que usaria Lavoisier dez anos mais tarde.

Em terceiro lugar, Lavoisier ainda não possui os meios – nem mesmo a intenção – para desacreditar o flogisto em 1772. Se considerarmos todo o seu trabalho, isto é, os 50 artigos lidos na Academia, o *Método de nomenclatura*, o *Tratado elementar de química*, sem mencionar aqui a produção abundante de textos sobre economia e finanças, a questão do flogisto não parece ser prioritária.[2] Devemos, portanto, manter em nossa leitura da obra de Lavoisier a mesma reserva que tivemos em relação à história pré-lavoisiana – nunca ler retrospectivamente –, a fim de evitar distorções e simplificações.

Na década de 1770, Lavoisier trabalhou também com análises do gesso e das águas, a combustão e a calcinação, a natureza dos ácidos, a fabricação de salitre, a respiração dos animais e a transpiração, os fluidos aeriformes, a teoria do calor e sua medição, a composição da água, a composição do ar, as afinidades do "princípio oxigino"... Uma ampla variedade de tópicos dominados pelo interesse pelos gases.

Colocando-se na corrente mais dinâmica da química na década de 1770, Lavoisier provoca muitas polêmicas, ao se distinguir de seus colegas químicos pneumáticos ingleses, por suas inclinações teóricas. Propõe teorias sobre a combustão, a natureza dos ácidos, o estado gasoso, a respiração e a transpiração. Arrisca incessantemente hipóteses num vaivém constante entre experiência e teoria, entre suas próprias experiências e as dos outros. Mesmo se, nessa controvérsia, cada qual invoca a força dos fatos, mesmo se Lavoisier proclama, em seguida, a morte do flogisto numa condenação das hipóteses e dos sistemas, é claro que essas profissões de fé epistemológicas são fórmulas polêmicas, dirigidas contra um alvo específico e de aplicação circunstancial.[3] Assim, a vitória do oxigênio sobre o "ar deflogisticado" decorre menos de uma modificação nos resultados do experimento de Priestley do que de uma mudança na interpretação do experimento: já não é a busca de mais uma espécie na caça aos diferentes ares, mas sim ferramenta de pesquisa analítica. Deslocando assim o próprio desafio da competição internacional sobre os gases, Lavoisier assume a liderança do movimento.

Foi então que ganhou coragem e lançou, em 1777, um primeiro ataque contra o flogisto num artigo, "Sobre a combustão em geral", apresentado à Academia em sessão pública. Essa leitura era aguardada como um grande acontecimento. Corria o rumor de que Lavoisier iria derrubar a teoria de Stahl. Mas o público manteve-se mais tranquilo. Macquer manifesta seu alívio:

> O Sr. Lavoisier me assombrava desde há muito tempo com uma grande descoberta que guardava para si, e que iria nada menos que derrubar toda a teoria do flogisto ou fogo combinado: seu ar confiante me fazia morrer de medo. Onde estaríamos com a nossa velha química, se tivesse sido necessário reconstruir um edifício completamente diferente? Por mim, confesso que teria abandonado o jogo. Felizmente, o Sr. Lavoisier acaba de revelar sua descoberta, num artigo lido na última reunião pública; e garanto-lhes que desde então tenho um peso a menos nas costas. De acordo com o Sr. Lavoisier, não há qualquer matéria do fogo em corpos combustíveis; é apenas uma das partes constituintes do ar; é o ar e não o que considerávamos como corpo combustível que se decompõe em toda combustão; seu princípio ígneo se libera e produz os fenômenos da combustão, restando apenas o que ele chama de base do ar, uma substância que ele confessa ser-lhe inteiramente desconhecida. Agora julguem se tinha motivo para ter tanto medo.[4]

Olhar cego diante da novidade das teorias de Lavoisier? Devemos reconhecer que Lavoisier realmente não derrubou, mas apenas substituiu o flogisto de combustível pelo ar, na forma de calórico ou matéria do fogo. É uma simples inversão do esquema da combustão: em vez de uma desunião liberando o flogisto, uma combinação com uma parte do ar libera a matéria do fogo.

Essa inversão não é suficiente para criar uma alternativa entre Stahl e Lavoisier. Muitos químicos oferecem soluções intermediárias. Na segunda edição de seu famoso *Dictionnaire*, Macquer aceita as conclusões de Lavoisier: a necessidade de ar para produzir combustão, sua diminuição e o aumento do peso do combustível; ele sugere que o ar substitui o flogisto contido no corpo combustível, sendo esse último liberado sob a forma de luz: "O ar aqui é o intermediário na decomposição, o verdadeiro precipitante da matéria do fogo". Em 1782, Richard Kirwan, considerando, tal como Cavendish, o gás inflamável (hidrogênio) como flogisto no estado puro, propõe outra conciliação: o flogisto emitido durante a combustão combina-se com o ar deflogisticado (oxigênio) para formar o ar fixo, que, segundo ele, está presente na cal e no ácido, o que explica o aumento de peso.[5] Hoje, essas teorias de dupla solução, adotadas pela maioria dos contemporâneos, parecem-nos tão vãs quanto aquelas imaginadas por Tycho Brahe para reconciliar Ptolomeu e Copérnico. No entanto, revelam que nem o famoso experimento de 1772 nem a teoria da combustão e da calcinação lavoisianas elaboradas durante os cinco anos seguintes foram suficientes para derrotar o flogisto.

Os ataques contra o flogisto só adquirem sentido num contexto maior, que inclua a teoria do estado aeriforme – ou gasoso – que Lavoisier desenvolve ao longo de toda a sua obra.[6] O ator central dessa teoria é o calórico, substância do calor ou matéria do fogo, que se insinua entre as moléculas de uma substância e lhes confere sua expansibilidade.[7] Se o estado físico – sólido, líquido, ou gasoso – de um corpo for explicado pela quantidade de calórico que contém, o ar perde sua função essencial de princípio. O calórico também fornece uma peça central na batalha contra o flogisto, porque permite que Lavoisier explique a produção de calor ou luz durante a combustão: a união com o oxigênio libera o calórico que lhe estava unido no estado aeriforme. Vemos, então, que Lavoisier não suprime elementos fictícios, os princípios portadores duma propriedade. Adota a concepção substancialista de calor, dos seus contemporâneos Cullen e Black, mas lhe atribui efeitos repulsivos, como fez Boerhaave anteriormente.

O calórico não é o único elemento-princípio no sistema lavoisiano. Um outro ator essencial é o oxigênio: responsável pela combustão, pela calcinação, portador das propriedades ácidas – fato que dá origem a seu nome –, apresenta o duplo comportamento característico dos elementos de Rouelle, sendo constituinte universal e agente de reação.

Então, como Lavoisier conseguiu convencer seus contemporâneos de que estava fazendo uma revolução e os converter às suas ideias? É a água que parece ter sido o elemento decisivo nesse caso. Embora o experimento de Cavendish tenha sido verificado por um experimento de Monge, Lavoisier decidiu refazê-lo, com seu novo aparato, transformando a demonstração da composição da água num evento histórico e nacional. Em 24 de junho de 1783, o rei, um ministro, o químico inglês Charles Blagden e alguns acadêmicos tomam lugar diante do equipamento de combustão e testemunham que Laplace e Lavoisier, tendo aberto as torneiras de dois tanques de gases, coletaram algumas gotas d'água no tubo de um funil.

Os aeróstatos, desenvolvidos pelos irmãos Montgolfier e pelo físico Charles, despertavam então grande interesse, e o rei pediu à Academia que aperfeiçoasse o sistema. Lavoisier, responsável pela produção de ar inflamável, dois anos mais tarde, pôde dar uma demonstração ainda mais espetacular da composição da água, graças a uma grande experiência de análise e síntese que dura dois dias. A natureza da água mobilizou mais recursos financeiros, técnicos e humanos do que a do ar. Mas é essa experiência que desencadeia, entre alguns colegas de Lavoisier, uma conversão a todas as suas concepções teóricas. Depois de 12 anos de várias obras multiplicando as dúvidas sobre as bases da química dos elementos, foi a "gota d'água" que extinguiu o flogisto.

Reforma da nomenclatura

Para derrotar a doutrina dos quatro elementos, não basta demonstrar sua composição. É necessário ainda que triunfe outro conceito de elemento definido como substância indecomponível, resíduo de análise. A definição lavoisiana é célebre:

> Se [...] associarmos ao nome de elementos ou de princípios dos corpos a ideia do último termo ao qual chega a análise, todas as substâncias que não podemos decompor por nenhum meio são, para nós, elementos: não que possamos garantir que esses corpos, que consideramos como simples, não sejam eles mesmos compostos de dois ou de um número ainda maior de princípios, mas, já que esses princípios jamais se separam, ou melhor, como não temos nenhuma maneira de separá-los, eles se comportam para nós da maneira dos corpos simples, e não devemos supô-los compostos senão no momento em que a experiência e a observação nos tenha fornecido a prova.[8]

Mais uma vez, deve-se reconhecer que essa definição não é nova, uma vez que se tentou atribuí-la a Boyle e que é comum no século XVIII. Mas a novidade é que Lavoisier a apresenta como uma alternativa à definição de elemento-princípio constitutivo dos corpos. Condena como fútil e metafísica a busca pelos constituintes últimos da matéria e propõe a construção de um sistema químico baseado exclusivamente nessa nova definição estritamente operatória, que torna o elemento uma coisa relativa e provisória.

Esse projeto foi desenvolvido durante a reforma da nomenclatura.[9] Guyton de Morveau, químico de Dijon, muito próximo, como vimos, do sueco Bergman e encarregado de dirigir os dicionários de química da *Encyclopédie méthodique*, empreendeu em 1782 a enorme tarefa de reformular a nomenclatura. O princípio geral consistia em indicar a composição de uma substância pelo seu nome. Em casos incertos ou controversos, Guyton propunha um nome arbitrário ou neutro para ter a concordância de seus colegas, persuadido de que uma linguagem é uma questão de convenção. Logo após a solene experiência sobre a água, dirige-se a Paris para apresentar seu projeto à Academia. Foi então que o pequeno grupo de "convertidos" persuadiu Guyton a desistir da propriedade solitária de seu projeto para reformulá-lo num trabalho de equipe. Assim o novo sistema foi assinado por quatro autores: Guyton de Morveau, Lavoisier, Berthollet e Fourcroy, publicado em 1787 sob o título *Méthode de nomenclature chimique*. Compõe-se a partir de um "alfabeto" de 33 nomes simples para as substâncias simples: as substâncias simples e bem conhecidas, como o cobre e o enxofre, conservam o seu nome habitual, e aquelas recém-descobertas, especialmente os "ares", são nomeadas de acordo com uma propriedade característica – por exemplo, oxi-gênio = gerador de ácido; hidro-gênio = gerador de água; a-zoto = impróprio para vida animal. As substâncias compostas são designadas por um nome composto justapondo os nomes de seus constituintes e são classificadas por gêneros e espécies: o nome do gênero – por exemplo, ácido – designando as propriedades comuns a toda uma classe é especificado por um adjetivo: por exemplo, ácido carbônico. Quando duas substâncias se unem formando vários compostos diferentes, são diferenciadas alterando-se os sufixos – "ico" e "oso" para os ácidos (por exemplo, ácido sulfúrico e ácido sulfuroso), "etos" e "atos" para os sais (por exemplo, sulfetos e sulfatos) – ou mudando os prefixos, no caso dos óxidos.

Em relação ao projeto de Guyton de Morveau, Lavoisier introduziu duas grandes mudanças. Por um lado, baseia todas as denominações exclusivamente na sua teoria, transformando assim o projeto coletivo de reforma da linguagem em uma arma de guerra contra a doutrina do flogisto. Por outro lado, modifica a filosofia do projeto. Para Guyton de Morveau, a nomenclatura era uma questão de convenção, devia granjear a concordância de todos os químicos para ser validada. Para Lavoisier, a nomenclatura deve refletir a natureza. Esse deslocamento é realizado através de um longo desvio para a "metafísica das línguas", que Lavoisier pega emprestado de um filósofo contemporâneo, o abade Étienne Bonnot de Condillac (1714-1780). Linguagem e conhecimento são inseparáveis; portanto, refazer a língua é refazer a ciência. Mas onde encontrar os princípios de uma língua bem estruturada? Na natureza. *La logique* de Condillac explica que é preciso seguir o método que a natureza ensina: a análise, "alavanca do espírito". A análise – entendida no duplo sentido de passagem do complexo para o simples e do simples para o complexo – é o único método capaz de nos proteger de erros e preconceitos. Uma língua baseada nessa lógica natural é, portanto, muito mais que um léxico, um "método de nomear", é mais um programa do que um edifício acabado.

Depois de mais de dois séculos, essa nomenclatura ainda subsiste nos seus princípios. Seja qual for o seu grau de composição, os compostos são sempre considerados binários. Esse dualismo geral, talvez inspirado pela química dos sais e das substituições, e posteriormente rejuvenescido pela teoria eletroquímica, forma, de certo modo, uma ponte entre as químicas do século XVIII e do século XIX, um elemento de continuidade, apesar da ruptura lavoisiana. Mas, no momento de sua publicação, em 1787, a nomenclatura é percebida como uma ofensiva contra o flogisto e desencadeia uma violenta controvérsia. Vinte anos depois, apesar das reservas e críticas a certas denominações – especialmente oxigênio e azoto[10] –, a nova nomenclatura é adotada e ensinada praticamente em todos os países da Europa.*

O triunfo de Lavoisier

Essa vitória foi ganha ao preço de uma campanha de persuasão liderada por Lavoisier e seus colaboradores. Cartas trocadas com os químicos de todos os países, convites para jantares, tradução do *Essai sur le phlogistique* de Richard Kirwan com uma refutação formal de sua tentativa de conciliação, criação de uma nova revista, *Annales de chimie*, em 1789, para fazer frente às *Observations sur la physique* de Jean-Claude de La Métherie e aos *Annalen* de Lorentz Crell, líderes do campo adversário. De qualquer maneira, o efeito de ruptura é óbvio: em uma ou duas gerações, a língua natural dos químicos é esquecida, e as obras pré-lavoisianas, tornadas ilegíveis, são remetidas para uma longínqua pré-história. O rompimento com o passado é redobrado por uma clivagem social: a língua dos químicos da Academia não é mais a mesma dos farmacêuticos e artesãos que continuarão por muito tempo a falar de "espírito de sal", de "vitríolo" etc. Os esforços de Venel para defender a língua dupla, popular e científica, estão acabados, enterrados! A química já não é mais assunto dos que se dedicam

* E da América. (N. da T.)

às técnicas sofisticadas. Na França, bem como em países onde se distingue a química pura e a aplicada, é a teoria que inspira e comanda a prática. Guyton, Fourcroy e Berthollet, discípulos de Lavoisier, provarão isso através de brilhantes façanhas técnicas e bélicas para a França revolucionária.

Logo após a reforma da nomenclatura, Lavoisier publicou o *Tratado elementar de química*. Apresenta-o como uma obra que rompe com os tratados tradicionais. Dirigindo-se aos "principiantes", afirma construir conceitos químicos a partir de fatos, procedendo, de acordo com a "lógica natural", do simples para o complexo. Expor a química com base na lógica analítica é romper os elos históricos e pedagógicos da química com a história natural. Tradicionalmente, as duas ciências estavam acopladas, e os tratados eram ordenados de acordo com a distribuição dos três reinos da natureza: mineral, vegetal e animal. É por isso que esse tratado aparece como a conclusão, a culminação da revolução química e a primeira obra moderna da química.

No entanto, Lavoisier não reconstrói *toda* a química. Consciente dos limites do seu tratado, afirma muito claramente no "Discurso preliminar" o preço a ser pago para atingir seu objetivo, na forma de três condições, ou seja, três exclusões: era necessário abandonar a questão dos elementos constitutivos da matéria; era necessário desistir de apresentar a história da química e ignorar os antecessores e contemporâneos; acima de tudo, era necessário dispensar a exposição da química das afinidades. Muito complicada para iniciantes, diz Lavoisier. Mas, de fato, a questão da afinidade não pode ser facilmente integrada à lógica analítica. As relações de substituição permanecem estranhas às idas e vindas do simples ao complexo, e Lavoisier recusa todas as hipóteses sobre as forças atrativas e repulsivas de suas substâncias simples. Em suma, a revolução lavoisiana deixa intacta, intocada, a tradição da química das afinidades.

Além disso, Lavoisier não conseguiu atingir seu objetivo. E está bem ciente disso, porque julga imperfeito seu trabalho. A ordem analítica, do simples ao complexo, não estrutura o conjunto do famoso *Tratado elementar de química*. Só é rigorosamente seguida na segunda parte, que apresenta as substâncias por ordem de composição, na forma de 47 tabelas. A primeira parte apresenta os resultados mais recentes da química pneumática e da teoria antiflogística. E a terceira parte descreve as operações e os equipamentos do químico, com ilustrações de Anne-Marie Paulze-Lavoisier, esposa do autor.

Ao destacar os limites do trabalho de Lavoisier, não procuramos minimizar ou desafiar o escopo de seu trabalho. Se escolhemos apresentar Lavoisier como a última figura da química do século XVIII e não como o primeiro químico moderno, não foi com a ideia de tomar o partido da continuidade do debate que, há mais de dois séculos, opõe as interpretações contínuas às celebrações de ruptura. Pelo contrário, foi com a preocupação de mostrar a natureza e a amplitude do trabalho realizado por Lavoisier sobre a tradição que herdou.[11] Ao mesmo tempo que se mantém enraizado na química dos princípios, ele abre um novo campo de pesquisa ao trocar os objetivos. Lavoisier tentou, no *Tratado*, reorganizar toda a química em torno da análise. Reorganização da teoria e da prática. Tal como seus colegas e contemporâneos – Antoine François de Fourcroy (1755-1809) ou Jean-Antoine Chaptal (1756-1832) –, não conseguiu atingir esse objetivo. Mas atribuiu à química uma lógica própria, que a distancia da história natural e lhe atribui um programa e um objetivo: "A química, submetendo os diferentes corpos da natureza à experiência, tem como objetivo decompô-los [...] caminha, portanto, em direção a seu objetivo e sua perfeição, dividindo, subdividindo e ressubdividindo novamente, e não sabemos qual será o resultado final".[12]

Lavoisier modifica completamente as condições da prática da química. O objetivo do seu *Tratado elementar de química* é formar químicos em um ou dois anos, ensinar-lhes o básico e treiná-los em operações de laboratório. Como poderia a aprendizagem da química, que exigia, segundo Venel, uma longa habituação, uma familiaridade, uma "paixão louca", tornar-se brincadeira de criança, tarefa para um ou dois anos? É a introdução de medições que perturba as condições da prática no laboratório. O químico da escola de Lavoisier não precisa mais ter um "termômetro na ponta dos dedos", ou um "instinto de especialista". Agora dispõe de termômetros, calorímetros, gasômetros, hidrômetros e principalmente balanças de precisão. Sim, Lavoisier revolucionou a química com a balança. Não que esse instrumento fosse ignorado antes dele, mas a balança não é, para Lavoisier, apenas um instrumento de precisão, caro e sofisticado. É a chave para decifrar a natureza. Utilizando o famoso princípio da conservação – nada se perde, nada se cria –, Lavoisier redefine o químico como aquele que coloca na balança todas as reações químicas, quaisquer que sejam sua complexidade e sua variedade de circunstâncias. Pesar o que entra e o que sai do vaso de reação, fazer o balanço de massas das reações, expressá-las por meio de equações, tudo isso significa assegurar o controle do processo de transformação, mesmo que esse permaneça obscuro. Então a balança é, ao mesmo tempo, o instrumento privilegiado do laboratório de química, um conceito organizador que torna possível ignorar certas circunstâncias e um instrumento de argumentação que cria um palco para a prova. Ao oferecer essa possibilidade de controlar fenômenos, também abre um caminho entre ciência e tecnologia. Do laboratório à oficina, da química pura à química aplicada, a balança suplantou o alambique e a retorta como símbolos da química.

Notas

1 Para este capítulo, ver Guerlac, 1961; 1975.

2 A publicação de toda a obra de Lavoisier foi iniciada no século XIX sob a direção de Jean-Baptiste Dumas, e depois Édouard Grimaux (*Œuvres de Lavoisier*, Imprimerie Impériale, 6 vols., 1862-1879). A publicação da correspondência ainda está em andamento: quatro edições apareceram desde 1955 (Éditions Belin).

3 Essa função controversa de declarações epistemológicas, também visível na controvérsia entre Proust e Berthollet (ver acima), foi pela primeira vez enfatizada por Meyerson (1921).

4 "M. Lavoisier m'effrayait depuis longtemps par une grande découverte qu'il réservait *in petto*, et qui n'allait pas moins qu'à renverser de fond en comble toute la théorie du phlogistique ou feu combiné: son air de confiance me faisoit mourir de peur. Où en aurions nous été avec notre vieille Chymie, s'il avoit fallu rebâtir un édifice tout différent? Pour moi, je vous avoue que j'aurais abandonné la partie. Heureusement M. Lavoisier vient de mettre sa découverte au jour, dans un mémoire lu à la dernière assemblée publique; et je vous assure que depuis ce temps j'ai un grand poids de moins sur l'estomac. Suivant M. Lavoisier il n'y a point de matière du feu dans les corps combustibles; elle n'est qu'une des parties constituantes de l'air; c'est l'air et non ce que nous regardions comme corps combustible qui se décompose dans toute combustion; son principe igné se dégage et produit les phénomènes de la combustion, et il ne reste plus que ce qu'il nomme la base de l'air, substance qu'il avoue lui être entièrement inconnue. Jugez si j'avois sujet d'avoir une si grande peur" (Guyton de Morveau, 1786, p. 628).

5 Kirwan, 1780, pp. 232-233.

6 Alguns comentadores querem ver nessa teoria o núcleo duro da revolução química (Berthelot, 1890).

7 Uma concepção bastante próxima daquela que expõe J. A. Turgot nó artigo "Expansibilidade", da *Encyclopédie* de Diderot & D'Alembert.

8 "Si [...] nous attachons au nom d'éléments ou de principes des corps l'idée du dernier terme auquel parvient l'analyse, toutes les substances que nous n'aurons pu décomposer par aucun moyen sont pour nous des éléments: non que nous puissions assurer que ces corps, que nous regardons comme simples, ne soient pas eux-mêmes composés de deux ou même d'un plus grand nombre de principes, mais puisque ces principes ne se séparent jamais, ou plutôt, puisque nous n'avons aucun moyen de les séparer, ils agissent à notre égard à la manière des corps simples, et nous ne devons les supposer composés qu'au moment où l'expérience et l'observation nous en auront fourni la preuve" (Lavoisier, 1789, pp. xvii-xviii).

9 Crosland, 1962.

10 Vários químicos fizeram notar que talvez nem todos os ácidos contivessem oxigênio e que todos os gases, excetuando o oxigênio, eram "a-zoon", isto é, impróprios para a vida dos animais.

11 Nas palavras de Thomas Kuhn (2011 [1977], pp. 241-255), poderíamos falar de uma tensão essencial entre pesquisas divergentes e convergentes.

12 "La chimie, en soumettant à des expériences les différents corps de la nature, a pour objet de les décomposer. [...] Elle marche donc vers son but et vers sa perfection en divisant, subdivisant, et resubdivisant encore et nous ignorons quel sera le terme de ses succès" (Lavoisier, 1789, p. 194).

III
Uma ciência de professores

15

Enfim, uma profissão respeitada

Cavalheiro flamengo, de boa família, rico e desimpedido, cultivador da química, procura... o absoluto. Uma busca cara. Balthazar Claes equipa um laboratório pessoal com enormes custos. E busca solitário, noite e dia, torturado, possuído.

Em 1834, no romance *À procura do absoluto*,[1] Balzac atualizou uma figura arcaica, uma espécie de químico em extinção. Embora tenha estudado em sua juventude com Lavoisier, Balthazar Claes é desviado da química ordinária por um visitante misterioso e se envolve numa química demoníaca, louca paixão que devora seres humanos, devastando a sua família e arruinando o seu lar. Nas margens do século e da vida, Balthazar é uma estranha mistura entre a figura tradicional da alquimia e aquela, já obscura depois de algumas décadas, do químico "dos elementos". Em uma época que valoriza o sucesso material, todas as químicas do passado se confundem, todas igualmente descritas pela frase agora pejorativa: "a química é uma profissão de loucos", e Balzac descreveu complacentemente o abismo onde se enterrou uma fortuna debaixo dos "escombros esfumaçados de modas estúpidas".

Em contraponto, *À procura do absoluto* desenha a face da "ciência normal". Gabriel, filho mais velho de Balthazar Claes, entra na Escola Politécnica. "Será um sábio", diz seu pai. De fato, Gabriel apresenta o perfil de uma crescente geração de sábios. Aqueles que fazem carreira e prosperam em escolas e em altos cargos. Ao passo que a busca pelo absoluto isolava o químico, aniquilava a riqueza e decompunha o tecido familiar, a nova química é praticada em sociedade. Ela estabelece novos circuitos sociais e comerciais: sociedades eruditas e empresas industriais. Pela química e na química, são construídas grandes fortunas e carreiras brilhantes.

Um passar de olhos pelos cartões de visita de alguns químicos franceses do século XIX revela a impressionante variedade de oportunidades profissionais abertas aos químicos.

Louis Joseph Gay-Lussac (1778-1850), professor da Escola Politécnica, professor do Jardin des Plantes, acadêmico, diretor dos serviços de garantia da Administração Monetária, presidente da Compagnie de Saint-Gobain, deputado da Haute Vienne, membro do pariato da França.

O barão Louis Jacques Thénard (1777-1857), par de França, conselheiro da Educação Pública, cavaleiro da Legião de Honra, membro da Academia de Ciências, decano da Faculdade de Ciências de Paris, professor no Collège Royal de France, professor da Escola Politécnica, membro da Academia de Medicina, membro da Société Philomatique e de meia dúzia de academias estrangeiras, em Londres, Berlim etc.

Os títulos de Gay-Lussac e Thénard não têm nada de excepcional no século XIX. A acumulação é a regra, o cargo de senador, um "bico", e a pasta de ministro, a culminação para a carreira de um renomado químico. Cada regime tem seu químico. Se Thénard deve sua ascensão social à Restauração, Jean-Baptiste Dumas (1800-1884) floresceu durante o Segundo Império: professor na Escola de Medicina e na Sorbonne, professor no Collège de France, é primeiramente ministro da Agricultura e Comércio (1849-1851), e depois ministro da Educação no início do Segundo Império e secretário perpétuo da Academia de Ciências em 1868.

Marcellin Berthelot (1827-1907) é bem o químico da Terceira República: professor no Collège de France, na Escola de Farmácia, presidente da Sociedade Química da França, foi nomeado Inspetor-Geral do Ensino Superior em 1876, senador inamovível em 1881, ministro da Instrução Pública no final de 1886, secretário perpétuo da Academia de Ciências em 1889, ministro das Relações Exteriores em 1896. Funeral com todas as honrarias em 1907.[2]

Prestígio, autoridade e dignidade substituíram os preconceitos que desacreditavam a prática da química. Durante o século XIX, a química projeta a imagem de uma ciência exemplar, um modelo de positividade. Renunciando à busca das investigações absolutas e vãs sobre causas e, sabiamente, circunscrevendo seu domínio às leis dos fenômenos, está progredindo com saltos gigantescos. A alquimia fazia promessas. A química faz proezas. Parece dar à luz espontaneamente inúmeras aplicações. Espalha progresso, conforto e prosperidade. Antes da eletricidade, a química alimenta a literatura sobre as maravilhas da ciência e da indústria. Seu poder formidável, que faz sonhar e ao mesmo tempo atemoriza, inspira a figura do moderno Prometeu, *Frankenstein*. Em seu famoso romance, publicado em 1817, Mary Shelley encarna a química na pessoa do professor Walden, mestre de Frankenstein. Descreve os químicos como sábios modestos, de mãos sujas, debruçados sobre o microscópio ou a retorta, que penetram os segredos da natureza para realizar milagres todos os dias.

Mestre de um novo mundo, promessa de prosperidade, símbolo do progresso, o químico-professor pode atribuir-se o poder do alquimista, sem manter o lado sombrio e perturbador. Pelo contrário, trabalha sob a luz da razão. Simboliza aos olhos de todos o triunfo de uma ciência que, tendo abandonado os sonhos de poderes ilimitados, constrói, a cada descoberta assentada sobre uma fundação limitada mas sólida, um monumento à glória da ordem e do progresso.

Profissionalização

O químico finalmente ganhou o respeito e o reconhecimento público, e os conquistou por um meio inusitado, o da dinâmica das instituições. Uma interpretação corrente, mas um pouco preguiçosa, faz com que o processo de profissionalização seja uma consequência inevitável do progresso científico. Às vezes, a relação é invertida: a profissionalização é que daria o ritmo do progresso. O caso da química no século XIX escapa a essas duas interpretações. A criação de novos tipos de instituições de formação e de pesquisa garantiu o *status* e o reconhecimento social da disciplina, a disseminação do conhecimento e o treinamento de um exército de químicos. Mas esse conhecimento e esse exército de químicos produzem uma verdadeira mobilização de fenômenos pela abordagem científica. Se, no processo global de profissionalização das ciências, que, durante a primeira metade do século XIX, afeta todos os campos do conhecimento, a química esteve muitas vezes à frente, isso ocorre também porque o processo foi alimentado por uma transformação *efetiva*, e não apenas formal, das práticas químicas.

O movimento começou no final do século XVIII com a criação de revistas especializadas em quase toda a Europa. Ao mesmo tempo que garantem um fluxo rápido de informações, ajudam a forjar elos entre os químicos, a tecer redes de especialistas que enfraquecerão pouco a pouco a comunidade mais ampla das academias. A revolução química de Lavoisier marca o ponto de virada: foi protagonizada no palco da Academia Real das Ciências, mas leva Lavoisier e seus seguidores a criarem seu próprio órgão de difusão, os *Annales de chimie*, em 1789.[3] Seguiram quase imediatamente uma irmã italiana, os *Annali di Chimica*, criados em Pavia, em 1790, e uma irmã espanhola, os *Anales de química*, fundados por Proust em Segóvia, em 1791. Na Alemanha, onde apareceu a primeira revista de química, os *Annalen*, de Crell, seguidos pelo *Allgemeines Journal der Chemie*, fundados em 1798, são os *Annalen der Pharmazie* criados por Liebig, em 1832,[4] que garantem a difusão da química. Na Inglaterra, o *Chemical Journal*, fundado em 1798 por Nicholson, foi logo desafiado pela *Philosophical Magazine*, depois pelo *Quarterly Journal*, boletim da Sociedade de Química, que assume o título de *Journal of the Chemical Society* em 1867.

A criação das sociedades de química acelera esse processo, ao unir as comunidades nacionais: a Chemical Society é fundada em Londres em 1841; a Société chimique de Paris, em 1887; a Deutsche Chemische Gesellschaft zu Berlin, em 1867; a Sociedade Russa de Química, em 1868; e a American Chemical Society, em 1876.* Em cada caso cria-se, um ou dois anos depois, um novo periódico, órgão oficial da sociedade. Além disso, a química desempenha um papel pioneiro na organização das ciências, já que é a primeira disciplina a organizar um congresso internacional de especialistas, em 1860, em Karlsruhe.

Mas é especialmente sua promoção no ensino superior que transforma o *status* da química. Na Espanha, na Alemanha, na França, na Grã-Bretanha, nos Estados Unidos..., onde quer que o ensino das ciências experimentais esteja se desenvolvendo, as cátedras de química se multiplicam. A química vai ganhando terreno em vários estudos, não apenas nos médicos e farmacêuticos, mas também nos de engenharia e de agricultura.[5] O fenômeno é internacional, e seus efeitos são massivos. Enquanto, no final do século XVIII, a química só era cultivada na Europa por algumas dezenas de sábios, a maioria dos quais exercia ao mesmo tempo outras atividades, em meados do século XIX, era praticada em tempo integral por centenas de químicos bem formados.[6] Embora esse número pareça irrisório em comparação com a inflação da população estudantil em nosso tempo, isso leva a uma mutação: a química é exercida como profissão. Uma atividade remunerada, em tempo integral, que requer formação prévia e estudos sancionados por um diploma.

Na formação do químico, o trabalho experimental é reconhecido como uma necessidade. Não é mais uma questão de fazer algumas demonstrações espetaculares em frente a um público curioso, mas de treinar estudantes no trabalho de laboratório. Depois do teste pioneiro de um laboratório educacional na Hungria, a Escola Politécnica introduz aulas práticas obrigatórias

---

* A portuguesa é de 1911; e a primeira brasileira, de 1922. (N. da T.)

de química. E mais tarde Justus von Liebig (1803-1873) inventa uma fórmula original, o laboratório-escola.[7] Um bom químico, diz Liebig, é alguém que sabe ver, sentir, "pensar em termos de fenômenos; que sabe lembrar as sensações relacionadas às experiências e os produtos que manipulou no passado". Para cultivar essa faculdade, familiarizar-se com a química requer intenso treinamento diário em manipulações químicas, sob a orientação de um mestre. Mas o aprendizado que produz essa indispensável familiarização dura apenas quatro anos e não mais uma vida toda, como no tempo de Venel! Assim, em algumas cidades europeias, escolas de pesquisa são formadas em torno de um professor-chefe, que apresenta estilos e programas de investigação característicos.

Junto com os laboratórios, ao longo do século XIX, desenvolvem-se tarefas laboratoriais auxiliares ou preparatórias, que os chefes preferem designar a jovens pesquisadores que preparam suas teses, em vez de a pessoas sem diploma. Assim, a ascensão da química nos currículos do ensino superior encoraja duplamente a profissionalização, não apenas através da formação, mas também através da criação de empregos.

Dependendo do país, a conquista do território acadêmico por químicos tomará vários caminhos. Pois a química do século XIX é tanto europeia quanto profundamente imbuída de estilos nacionais. A dimensão europeia é o movimento de pessoas e ideias de um país para outro. Estágios estudantis de um ou dois anos no exterior parecem bastante comuns e desempenham um papel fundamental na evolução da química. Constroem relações humanas, criam alianças duradouras além das fronteiras e permitem o livre fluxo de ideias. Mas encorajam a competição entre os diferentes modos de organização institucional nacionais e entre os diferentes programas de pesquisas, que vão tensionar a química do século XIX.

Organizações e programas

Em 1800, pelo efeito combinado das duas revoluções, a química e a francesa, Paris é a metrópole da química europeia. Apesar das guerras, a nomenclatura francesa é traduzida, disseminada e adaptada em todos os países europeus. E a guerra favoreceu, na França, o surgimento de um novo personagem: o químico providencial, que salva a pátria. Guyton de Morveau, primeiro presidente do Comitê de Segurança Pública, em abril de 1793, e seu colega Claude-Antoine, Prieur de la Côte d'Or, conseguiram um feito espetacular ao criar um laboratório militar, em segredo, para fabricar aeróstatos.[8]

O Comitê de Segurança Pública ainda pede aos químicos que instruam seus concidadãos na arte do salitre. Monge, Berthollet, Guyton de Morveau e Chaptal, trazidos de Montpellier, ministraram durante um mês um curso revolucionário sobre a fabricação de salitre e de canhões. Finalmente, no Comitê de Instrução Pública da Convenção Nacional, Fourcroy cuida do ensino de química. Ocupa um lugar de destaque na efêmera Escola Normal do ano III, na Escola Politécnica, nos programas das escolas de saúde. Sob o Consulado, Chaptal, ministro do Interior, dedica-se ao desenvolvimento do ensino técnico. Em 1800, num *Ensaio sobre o aprimoramento das artes químicas*, sugeriu a criação de quatro faculdades que ensinem os ofícios da química.

Em suma, o episódio revolucionário foi bastante favorável aos químicos. Ganharam poder, credibilidade, cursos e posições. Claro, perderam Lavoisier, guilhotinado em 8 de maio de 1794, mas a comunidade química é recomposta, celebrando a memória de seu "fundador imortal", e prospera com as novas instituições. O novo ponto focal é a Société d'Arcueil, fundada em 1802 por Laplace e Berthollet, com o objetivo de desenvolver um programa newtoniano de pesquisas físico-químicas.[9] Recebe e impulsiona jovens alunos egressos da Polytechnique, como Arago e Gay-Lussac. O centro vital é agora a Escola Politécnica.[10] Acolhendo 120 estudantes por turma, opera durante todo o século XIX como o principal centro de treinamento e de pesquisa.

No entanto, a França não será por muito tempo um modelo de organização. Uma característica marcante na organização francesa da ciência no século XIX é a concentração na capital. Em meados do século, Paris possui mais da metade das cátedras de química. Quem vem estudar química encontrará cursos na Escola Politécnica, na Escola Normal Superior, na Escola das Minas, no Conservatório Nacional de Artes e Ofícios de 1819, na Escola Central de Artes e Manufaturas, inaugurada em 1829, no Museu de História Natural, no Collège de France, na Escola de Medicina ou na Escola Superior de Farmácia, e finalmente na Faculdade de Ciências. Na verdade, o aluno terá em todos os lugares os mesmos professores, porque uma dúzia de honrados mestres acumulam as várias cadeiras e as responsabilidades. No entanto, será possível notar grandes disparidades de acordo com cada estabelecimento, especialmente entre grandes escolas e faculdades. O ensino de laboratório não é regra geral. Nas faculdades, os professores oferecem um ensino mais comum e superficial: aulas muito brilhantes, embelezadas com algumas experiências espetaculares. Os professores, sobrecarregados de trabalho pela combinação de funções e pela enfadonha obrigação anual do *baccalauréat*,* são tão desmotivados para a pesquisa quanto desprovidos de recursos para equipar os laboratórios, cujo avanço depende muito de suas *performances* oratórias no púlpito.[11] Daí a segunda característica de Paris: é fora das faculdades que se treina na pesquisa, nas grandes escolas ou nos novos institutos.[12]

Com o prestígio de Paris, polo de atração para estudantes de todos os países durante a primeira metade do século XIX, o interior da França sofre. Há apenas sete cátedras de química espalhadas nas faculdades de ciências de Estrasburgo, Lyon, Montpellier, Toulouse, Dijon, Nancy e Caen, às quais se acrescentam três ou quatro cadeiras de química em medicina ou farmácia. Nesses locais os professores muitas vezes se encontram ou se sentem distantes: no meio do deserto. Assim, Montpellier, que foi, no tempo de Venel, um dinâmico centro universitário, competindo notoriamente com Paris, é encarada como terra de exílio por volta de 1840 pelo brilhante jovem Charles Gerhardt, para onde Dumas o enviou de Paris. Em 1854, sob o ministério de Fortoul, tem início um reequilíbrio entre Paris e o interior, e as faculdades provincianas muitas vezes se tornaram centros mais dinâmicos e inovadores do que Paris.[13] Contudo, um cargo em Paris continua a ser a única promoção digna para um químico cheio de futuro, como Louis Pasteur, que começou em Estrasburgo, e depois Lille. E Pierre Duhem definha em Bordeaux até o fim de seus dias, por causa da oposição às concepções termoquímicas do todo-poderoso Marcelin Berthelot. Em suma, centralismo e poder coronelista andam de mãos dadas.

O caso alemão é bastante contrastante e será um poderoso contra-modelo. A química se desenvolve na Alemanha antes de Bismarck em um cenário regional e descentralizado. É ensinada em instituições acadêmicas tradicionais, mas, como resultado da reforma do sistema educacional de Humboldt e Fichte, a universidade se tornou um foco de cultura e inovação. Enquanto Liebig foi a Paris para estudar com Gay-Lussac e Thenard, será ele quem atrairá estudantes durante toda a década de 1840, e sua pedagogia se tornará um modelo em outras universidades alemãs e em vários países estrangeiros.

A influência do modelo educacional criado por Liebig na Universidade de Giessen é sentida especialmente nos Estados Unidos, onde o ensino universitário de química é organizado por professores que estudaram com Liebig ou com Friedrich Wöhler (1800-1882). Enquanto a Escócia tem uma tradição de pesquisa própria – em Edimburgo, onde Joseph Black ensinou

* Semelhante aos nossos vestibulares ou ao nosso Exame Nacional do Ensino Médio (Enem). (N. da T.)

até morrer em 1799, e na Universidade de Glasgow, onde Thomas Thomson ministra de 1818 a 1852 aulas teóricas e práticas que atraem estudantes e industriais –, Londres escolhe o modelo alemão. O Royal College of Chemistry, fundado em 1845, será dirigido por August Wilhelm Hofmann (1818-1892), ex-assistente de Liebig, que troca Bonn por Londres.[14]

Na França, às vésperas do conflito franco-prussiano, o modelo alemão serve como referência obrigatória para exigir do governo laboratórios e fundos de pesquisa. Adolphe Wurtz, que estivera em Giessen como estudante, envia ao ministro da Educação Pública, Victor Duruy, em 1869, um relatório sobre os "Estudos práticos avançados nas universidades alemãs". Apresenta a criação de laboratórios como investimento nacional, "capital investido com alto grau de retorno". Enquanto, nos heroicos tempos de Scheele e Lavoisier, um humilde ateliê era suficiente para grandes descobertas, a química moderna exige, diz Wurtz, uma pesquisa coletiva em laboratórios modernos e bem equipados: "É um grupo de operários em torno do mestre. Todos se beneficiam de seu ensinamento e de seu exemplo, e cada um da experiência do vizinho [...]. Um laboratório é, portanto, não apenas um abrigo científico, mas também uma escola". Solidário na luta pelo orçamento da ciência, Louis Pasteur escolheu outra metáfora: "Fora de seus laboratórios, o físico e o químico são soldados desarmados no campo de batalha".[15] Se for para acreditar no que diz o relatório de Edmond Frémy (1814-1894), professor do Museu, em *Les laboratoires de chimie*, essas solicitações vibrantes foram ouvidas, porque ele descreve uma situação eufórica em 1881.

Embora o modelo do laboratório-escola seja amplamente distribuído, há outro aspecto do sistema alemão mais difícil de transplantar para outros países: a conexão entre universidade e indústria.[16] Nesse caso se toca num fenômeno cultural. Ora, é um ativo fundamental, porque a profissão de químico se desenvolve na encruzilhada do mundo acadêmico com o mundo da produção.

Química pura e química aplicada

No século XIX, a química não é mais vista como uma ciência auxiliar da medicina, da farmácia ou da geologia, mas como tendo um fim em si mesma. Essa mudança, defendida por Venel na época da *Encyclopédie*, tornou-se realidade na primeira metade do século XIX, sob a égide das categorias de "pura" e "aplicada". Instrumentos de reconhecimento acadêmico no século XVIII, essas categorias servem agora à expansão da química acadêmica. Embora a maioria das cátedras de química estejam nas faculdades de medicina, farmácia, escolas agrícolas, de minas etc., ali se ensina um curso de química geral, teórico: a química aplicada pressupõe química pura. É por isso que a promoção da química como uma ciência útil em benefício da indústria, da agricultura ou da saúde favorece tanto, se não mais, a comunidade acadêmica dos químicos quanto os empreendedores.

Além disso, para conseguir abertura a novos ensinamentos, os professores invocam argumentos úteis que precedem a demanda industrial por químicos qualificados. Na verdade, não há caso algum de industriais que tenham pressionado para direcionar o ensino universitário à formação industrial.[17] Além do mais, a aplicação é muitas vezes apenas um pretexto, porque, uma vez aberto o curso de química aplicada, a finalidade prática inicial é muitas vezes esquecida em favor da química teórica. Por exemplo, a Chemical Society, formalmente criada para "contribuir para o avanço geral da ciência química, tão intimamente ligada à prosperidade das manufaturas do Reino Unido", também se torna terreno fértil para acadêmicos e pesquisadores.[18]

Essa estratégia profissional baseia-se em uma concepção filosófica da tecnologia como uma simples aplicação da ciência pura. As propostas de Auguste Comte, fazendo da separação entre a ciência pura e a pesquisa com fins técnicos um critério de civilização,[19] são respondidas por Liebig, que denuncia o utilitarismo na ciência.[20] É um discurso eficaz. Gradualmente, a química dos "artesãos especialistas" é suprimida, em benefício de uma química profissional baseada no currículo universitário, em diplomas reconhecidos. A produção de químicos qualificados parece estar intimamente relacionada ao desenvolvimento industrial, e, em alguns casos, a demanda industrial parece seguir a oferta de mão de obra. Tal é o milagre realizado pelos professores de química no século XIX.

Isso significa que as práticas de produção química estão realmente sujeitas às normas do sistema teórico? Que a "indústria é filha da ciência", como diziam alguns químicos? Uma questão fundamental que subjaz toda a nossa apresentação da química do século XIX.

Ao perfil ascendente da química acadêmica, responde, na verdade, o da química industrial. Durante o século XIX, a química transformou a paisagem, as roupas, a saúde e a vida cotidiana. Gradualmente, os produtos naturais são suplantados por produtos artificiais, alternativos. Esse processo, ainda em andamento, começou no século XIX, ao preço de alguns dramas e de rápidas conquistas.

É preciso fazer a ligação entre os registros científico e industrial ou, ao contrário, dissociá-los? Mostraremos em vários casos uma estreita relação entre os dois. Não podemos entender a passagem do artesanato para a produção em massa de produtos padronizados sem métodos de análise, baterias de testes e protocolos de experimentos definidos em laboratório. Não se pode imaginar a síntese de corantes ou de medicamentos sem fórmulas bem desenvolvidas ou reagentes. Reciprocamente, as perspectivas e oportunidades técnicas estimularam programas de pesquisa e estilos de formação especializados. Enquanto, no início do século XIX, a aliança entre um químico e um engenheiro mecânico parecia suficiente para industrializar os processos, a necessidade de uma qualificação especial foi sentida na década de 1880: era a "engenharia química". A iniciativa de ministrar cursos apropriados para formar engenheiros químicos é tomada em vários países: George Davis, em Manchester, em 1880; em Paris, o químico alsaciano Charles Lauth e Paul Schützenberger (1829-1897) criaram, em 1882, a Escola Municipal de Física e Química Industrial inspirada num modelo pioneiro da química industrial, a escola de Mulhouse, perdida pela França na derrota de 1871 para a Alemanha. Foi principalmente nos Estados Unidos, com a introdução no MIT em 1888, na Universidade da Pensilvânia em 1892 e em Michigan em 1898, que a engenharia química progrediu. O treinamento é organizado em torno do conceito de operação unitária, *unit operation*, introduzido por Arthur D. Little: trata-se da subdivisão dos mecanismos complexos de uma produção em pequenas unidades ou sequências que são estudadas separadamente e que podem ser transpostas, sendo encontradas em diferentes processos.[21] Daí vem a possibilidade de racionalizar a produção química no modelo das produções mecânicas.

Além da engenharia química, no final do século XIX, foi criada outra profissão cujo objetivo era racionalizar a invenção: a pesquisa industrial. Enquanto na França o químico Henry Le Chatelier (1850-1936), membro da Sociedade Auxiliadora da Indústria Nacional, defende a industrialização da ciência, a racionalização da pesquisa inspirada no taylorismo, na Alemanha a pesquisa industrial assume a forma de laboratórios de pesquisa nas empresas. Assim, esboça-se o perfil de uma pesquisa com finalidade definida, na qual a invenção não é mais dada aos caprichos do acaso ou do gênio, mas cuidadosamente programada.

Se os químicos-professores e químicos-empreendedores se apoiarem mutuamente, a história industrial da química não se reduz, portanto, a uma história da química aplicada. Tanto quanto o conhecimento envolvido, o desenvolvimento e o sucesso de um processo ou de um material dependem de uma série de restrições tecnológicas, econômicas e políticas: a integração de processos, o mercado, a organização da educação técnica, a legislação e as patentes, as tensões e as guerras nacionalistas. Controle das reações, da produção, da invenção, final e especialmente o controle dos mercados. A química industrial se desenvolve num clima de guerra e conquista, num jogo de rivalidades muitas vezes exacerbadas: bloqueio comercial, barreiras alfandegárias, cartéis..., cada país lutando para dominar os mercados. No início do século XIX, a França estava na vanguarda das indústrias químicas; depois é a Grã-Bretanha que assume a liderança; em seguida, no último quartel do século, a Alemanha conquistou a supremacia; e, após a Primeira Guerra Mundial, os Estados Unidos tiveram uma ascensão espetacular.

Era, assim, necessário distanciar-se das categorias pura/aplicada que dominam o discurso dos químicos do século XIX. Ao decidir tratar separadamente, em duas partes sucessivas, a química científica e a química industrial, enfatizamos que o desenvolvimento industrial não está inteiramente sob a tutela do desenvolvimento científico. A história industrial mobiliza uma série de outros fatores – capitais, patentes, guerras – que escapam à lógica do professor de química. Apesar de seu poder, a combinação de química pura e química aplicada não pode governar o mundo da produção.

A separação dos gêneros também torna possível apresentar a química científica como um empreendimento original, organizado em torno do polo de formação. A ascensão do poder dos professores marca profundamente a evolução das doutrinas químicas, porque as preocupações pedagógicas guiam a pesquisa e as técnicas. Não se faz a mesma química quando se é um pesquisador solitário, dispondo de todo seu tempo, um laboratório pessoal, e quando se é um professor, sobrecarregado de horas de aulas, confrontado a cada ano com novos alunos e encarregado de organizar um trabalho coletivo. Enquanto o tempo gasto em obrigações universitárias pode dificultar o dinamismo da pesquisa, o desejo de organizar o conhecimento para transmiti-lo, treinar químicos qualificados, orienta a pesquisa e favorece algumas descobertas. Os desafios pedagógicos que inspiraram Lavoisier em seu *Tratado elementar de química* são constantemente renovados no século XIX. Com o objetivo de escrever tratados lógicos, claros, metódicos, essa obsessão de professores encontra-se particularmente em todas as pesquisas de uma classificação dos elementos e dos compostos.

Além disso, os manuais e os tratados universitários oferecem uma via de acesso privilegiada para a química do século XIX. Eles desempenham uma função dupla, de normalização e de mobilização. De um lado, surgem como produto da pesquisa, como um modo particular de relatar resultados que estabiliza o conhecimento e o ordena, de modo a facilitar o entendimento e a memorização. A esse respeito, permitem definir a identidade da disciplina como conhecimento organizado, padronizado e transmissível. Por essa razão, diz-se que a ciência dos livros didáticos está congelada ou estática: os caminhos tortuosos da pesquisa são apagados; são escamoteadas as batalhas travadas com os experimentos ou contra os colegas. Mas, precisamente, essa operação é criativa, porque institui uma dinâmica específica para a disciplina. Por seu propósito pedagógico, os livros didáticos são, por outro lado, destinados a preparar novos recrutas, exércitos de químicos, que, por sua vez, ocuparão os cargos da academia ou da indústria. Como tal, desempenham um papel de liderança no processo de profissionalização que resulta no perfil moderno do químico. O livro didático, com suas zonas de sombra e de luz, define o mundo no qual o destino do futuro químico profissional é delineado, como Primo Levi aponta (ver o "Prólogo").

A partir dos principais tratados acadêmicos, complementados por outras fontes – artigos e correspondência –, buscaremos identificar os temas que reúnem esses professores e que eles utilizam para aumentar o potencial e a população de químicos. Vamos chamá-los de programas de pesquisa coletiva que definem uma "escola de pesquisa" e planos de treinamento que definem os padrões de conhecimento requeridos para a prática profissional.

Basicamente, três perfis da química estão surgindo, três programas sucessivos – mas não exclusivos –, organizados em torno de uma operação, um feito: decompor, substituir, sintetizar.

No início do século XIX, a análise, que Lavoisier definiu como o objetivo da química, é o propósito essencial a serviço do qual são colocadas todas as inovações – técnicas experimentais, teorias, conceitos, leis... Consequência: uma multiplicação das substâncias simples e dos compostos e um problema de gestão de multidões, de classificação de substâncias e dos conhecimentos.

Em seguida, a partir da década de 1840, a substituição tornou-se o conceito organizador, em torno do qual se forma um novo ramo, a química orgânica, o que por sua vez transformou a química inorgânica, redobrou as dificuldades de gerenciamento e reviveu os esforços de classificação.

Por volta de 1860, a síntese desenha um programa que é tanto teórico quanto prático. Novos conceitos, novos debates, novos problemas característicos de formalização e otimização.

A imagem tradicional de uma ciência positiva, solidamente baseada nos alicerces da fundação lavoisiana, progredindo por saltos gigantescos e dando origem a uma série de aplicações, não resistirá. O progresso acumulado, livre de problemas, dá lugar a uma marcha menos linear e mais enredada. Certamente, cada programa ilumina e supera o anterior, não resolve todos os problemas e às vezes os reaviva. A cada passo, a cada avanço, tanto na teoria quanto nas técnicas experimentais, a química pós-lavoisiana retoma sua identidade.

Notas

1 Balzac, s.d.

2 Para esse grande homem, a França agradecida expressou sua admiração com uma decisão excepcional: deixar o corpo de Madame Berthelot junto ao dele no Panteão. Descansar ao lado de um cônjuge destacado até então era o único caminho para uma mulher chegar ao Panteão.

3 Tornam-se os *Annales de chimie et de physique* em 1815, e em 1914 serão subdivididos em dois periódicos: *Annales de chimie* e *Annales de physique*.

4 Renomeados *Annalen der Chemie und Pharmacie* em 1839, e depois *Justus Liebigs Annalen der Chemie*, em 1873.

5 Na Inglaterra, o *Apothecaries Act*, de 1815, torna a química obrigatória no currículo de medicina. Na França, a química é um componente essencial dos programas da Escola Politécnica no momento de sua criação, do Conservatório Nacional de Artes e Ofícios e da Escola Central de Artes e Manufaturas.

6 Na Universidade de Giessen, Liebig recebe de 10 a 15 estudantes por ano, por volta de 1830, e cerca de 30, por volta de 1850. Em meados do século XIX, o conjunto das 16 faculdades de ciências francesas recebia uma média de 111 alunos por ano.

7 Morrell, 1972, pp. 1-43; Fruton, 1990.

8 O centro de testes, instalado em Meudon em junho de 1793, é responsável pela produção de hidrogênio e de balões, bem como pelo treinamento de pilotos para o exército. O primeiro problema a ser resolvido é adaptar o processo de laboratório desenvolvido por Lavoisier e Meusnier para a produção industrial em larga escala. Em menos de um ano, graças à ação conjunta de uma equipe científica formada por Guyton de Morveau, Berthollet, Fourcroy e Monge, com dois oficiais, tudo foi resolvido, e, em junho de 1794, um balão assistiu à batalha de Fleurus.

9 Crosland, 1971.

10 O curso de química geral no primeiro ano é confiado a Fourcroy e Vauquelin; um curso de química vegetal e animal no segundo ano é confiado a Berthollet e Chaptal; no terceiro ano, Guyton leciona química dos minerais (Langins, 1987; Fourcy, 1828).

11 Fox, 1973, pp. 442-473; Shinn, 1979, pp. 271-333.

12 Em 1838, a Escola das Minas montou um laboratório para treinar estudantes em química analítica ou docimasia; em 1855, o colégio de farmácia desenvolve o ensino prático de química e toxicologia; Frémy inaugurou na década de 1860 um novo laboratório no Museu, que

oferece treinamento gratuito em quatro anos, com sistema de tutoria e, a partir de 1881, cerca de 20 bolsas de estudo para ajudar os alunos. Finalmente, em 1868, o ministro Victor Duruy cria a Escola Prática de Altos Estudos, para superar as inadequações da educação universitária (Weisz & Fox, 1980).

[13] Nye, 1986.

[14] Bud & Roberts, 1984.

[15] Pasteur, 1939 [1868], pp. 199-204.

[16] Fischer, 1978, pp. 73-113.

[17] Donnelly, 1991.

[18] Bud & Roberts, 1984.

[19] Comte, 1975 [1830-1842].

[20] Liebig, 1866 [1863].

[21] Guédon, 1983.

16

A análise, um programa mobilizador

"A química caminha em direção ao seu objetivo e em direção à perfeição, dividindo, subdividindo e ressubdividindo mais uma vez".[1] Formulado por Lavoisier em 1789 no *Tratado elementar de química*, esse programa torna-se mais relevante do que nunca no início do século XIX. É encorajado por duas novidades, uma instrumental, a pilha elétrica, e outra conceitual, o átomo. Decompor, identificar, nomear, classificar: essas atividades que constituem o "cartão de visita" da química científica passam a ter o elemento químico como noção básica e a balança como instrumento privilegiado. Melhor ainda, a balança deixa de ser apenas um meio e passa a impor ao químico o seu objetivo: caracterizar cada substância simples por um peso, a quantidade ponderal que entra na reação. Tal é o objetivo, a obsessão, que direciona e reorganiza a disciplina. A reação química já não é um objeto de estudo em si, mas sim um meio de análise para determinar a composição em peso dos produtos da reação.

A análise se desenvolve tanto como um conjunto de técnicas laboratoriais que permitem o controle dos produtos quanto como um programa de investigação que estrutura a teoria química ao redor do eixo diretor: simples/complexo. Indissociavelmente teórica e prática, a análise constitui, de 1800 até cerca de 1840, um campo de pesquisa em que se aliam os interesses cognitivos e comerciais, em que se forma a articulação entre química pura e química aplicada e em que nasce a profissão de químico.

Controles finos

Enquanto Lavoisier operou uma redefinição da química para colocar a análise numa posição central, seus colegas e sucessores aperfeiçoam e diversificam as *práticas* de análise.[2] Titular soluções, garantir a pureza das moedas, detectar fraudes são todas técnicas de controle essenciais para o desenvolvimento de indústrias químicas que exigem o desenvolvimento de processos laboratoriais seguros e quantitativos. Fourcroy difunde o uso de análise gravimétrica usando sulfeto de hidrogênio para identificar traços de chumbo no vinho ou na cidra clarificados. A bureta, inventada por François Descroizilles (1751-1825) em 1795 e chamada inicialmente bertholímetro, permite medir as quantidades de reagentes numa solução. A fim de desenvolver a indústria do branqueamento, Berthollet inicia a análise volumétrica para controlar a quantidade de cloro na água de Javel (solução de $NaClO$) e tenta desenvolver métodos de controle simples, acessíveis ao operário, sem recorrer a um especialista.[3] Para a análise de minerais, em particular para testar o teor de um metal em ouro ou em prata, o *Manuel complet de l'essayeur*, publicado por Nicolas Vauquelin em 1799 e reeditado até 1836, expõe métodos por via seca e via úmida que são ainda hoje utilizados no Bureau de Garantie des Monnaies. Gay-Lussac, que inventou o método de ensaio por via úmida, é o defensor da titulometria de todos os tipos: clorimétrica, alcalimétrica, sulfurométrica... para analisar sodas, potassas, cloretos de cálcio...

O caso de Gay-Lussac mostra bem como se articulam, em torno da análise, as químicas pura e aplicada. Ex-aluno de Berthollet na Escola Politécnica, membro da Société d'Arcueil, Gay-Lussac combina funções de ensino, responsabilidades administrativas e industriais. Seu biógrafo o apresenta como um representante típico da primeira geração de profissionais, exercendo a química em tempo integral com remunerações significativas.[4] Sua obra reflete a diversidade das ligações institucionais: mais de 150 artigos publicados nas *Mémoires de la Société d'Arcueil* e nos *Annales*, uma centena de *Instructions* práticas para empreendedores e inovações técnicas importantes. Durante suas atividades na Saint-Gobain, Gay-Lussac propõe técnicas de titulação fundamentais para garantir a qualidade dos seus produtos e fidelizar a clientela. Além disso, introduz uma melhoria significativa, uma torre que aumenta a rentabilidade na produção de ácido sulfúrico, componente essencial para a indústria química. Ora, tanto no laboratório como na fábrica, Gay-Lussac pratica uma única e mesma química. Seus objetivos são a análise, a medida, os controles finos. Seu método consiste em protocolos experimentais precisos e detalhados que garantem a confiabilidade dos métodos. O resultado é espetacular. Gay-Lussac contribui tanto para o progresso da ciência química, com a famosa lei sobre o volume dos gases ou os estudos sobre iodo e cianogênio, quanto para o progresso da indústria. Entretanto, tal exploração tem limites nos dois campos de atuação: a química cultivada por Gay-Lussac é puramente experimental, indiferente aos debates teóricos. E a aliança entre química pura e aplicada continua sendo um êxito individual que não conduz a uma verdadeira cooperação entre ciência e indústria.

Contudo, entre os alunos de Gay-Lussac, haverá um que, embora permanecendo no meio acadêmico, vai conseguir criar as condições para uma cooperação real entre o mundo do conhecimento e o mundo da produção: Justus von Liebig, professor em Giessen, compromete-se a estender o campo de análise aos compostos orgânicos. Aperfeiçoa ou constrói equipamentos, incluindo um aparelho de combustão, que simplificam os protocolos experimentais, reduzem o tempo necessário e, finalmente, transformam análises delicadas, até então reservadas a experimentadores experientes, em operações fáceis, operações de rotina para os estudantes que Liebig forma em Giessen. Liebig estabeleceu nessa universidade um sistema pedagógico original, um laboratório-escola, onde os alunos praticam cotidianamente, seis horas por dia e seis dias por semana, análises qualitativas e quantitativas. O método tem um duplo interesse: forma os estudantes através de trabalhos práticos intensivos, cujos resultados contribuem para a pesquisa e para as publicações do mestre.[5] O resultado é bastante fascinante. De 1824 a 1851, Liebig formou em Giessen centenas de químicos experimentados em todas as técnicas analíticas, habilidosos nas mais delicadas manipulações. Dessa coudelaria, ou "creche",[6] surge uma nova "raça" de químicos, especialistas na preparação de produtos puros e padrões tão necessários para garantir a transição de uma produção artesanal para uma fabricação industrial. Formados em química, os alunos de Liebig conhecem acima de tudo a química operacional, centrada na análise: são incapazes de falar essa "língua dual" evocada por Venel, isto é, entender os recônditos e os segredos das técnicas artesanais, mas serão perfeitamente adaptáveis à fabricação industrial que substituirá os modos tradicionais de produção.

A importância histórica do sistema educacional de Liebig reside no fato de ter formado tanto futuros professores – Wöhler, Bunsen, Kekulé, Wurtz, Regnault, Williamson, Playfair... – como também capitães de indústria, empresários. A transformação da análise em rotina conduz a uma diversificação das oportunidades profissionais na química universitária e possibilita a colocação no mercado de trabalho de químicos bem formados para criar indústrias.

A pilha de Volta

Embora a análise se torne um exercício de rotina, isso não significa que ela tenha se desenvolvido em meio a uma paisagem pacífica, desprovida de tentações "especulativas". Pelo contrário, a descoberta da pilha elétrica e a questão do efeito da corrente sobre os compostos químicos fizeram renascer a esperança de uma teoria explicativa na química.

Gaston Bachelard escreveu que um instrumento científico é uma "teoria materializada",[7] ou seja, é a implementação de princípios teóricos em um processo de laboratório. Para nós, a pilha materializa uma teoria eletroquímica. No entanto, não é esse o significado original da pilha feita por um professor do Real Ginnasio di Como, Alessandro Volta (1745-1827), e apresentada em 1800 à Royal Society de Londres por uma carta para Joseph Banks intitulada "Sobre a eletricidade excitada pelo simples contato de substâncias condutoras de diferentes tipos".[8] Desde o início, a pilha é um objeto abstrato/concreto, mas não a incorporação de uma teoria eletroquímica. A pilha é inicialmente concebida como um órgão elétrico artificial que imita a tremelga-de-olhos (*Torpedo torpedo*) e destinada a refutar a ideia de uma eletricidade de origem animal, defendida por Galvani como resultado de seus experimentos de contrações musculares em rãs.[9]

Volta é físico, formado na tradição laplaciana, incapaz de dissecar uma rã. Com a intenção de provar que existe apenas uma eletricidade, a dos físicos, ele substitui o músculo e o nervo da rã de Galvani, conectados entre ferro e cobre, por pedaços de papelão e trapos molhados. Esse *analogon* da montagem de Galvani se apresenta como uma coluna em que são empilhadas placas de cobre alternando com placas de estanho e, mais tarde, placas de prata com placas de zinco. Cada par é separado por pequenos pedaços de papelão ou couro embebidos em água ou outro líquido.

A sua pilha autorizará Volta a afirmar, contra Galvani, que a corrente elétrica se deve apenas ao contato entre os metais? A controvérsia entre os dois sábios italianos será julgada pela Royal Society de Londres em 1800. Termina com a vitória de Volta. Galvani perdeu, sua carreira está arruinada, e a eletrofisiologia vai hibernar algumas décadas. Quanto a Volta, é celebrado como um herói. Convidado para ir a Paris em 1801, apresenta sua invenção ao Institut de France, e Bonaparte, depois de lhe entregar uma medalha, oferece ao laboratório de química da Escola Politécnica uma enorme pilha de 600 elementos. A pilha desperta o interesse dos químicos, que se apoderam dela, relegando o debate fisiológico ao esquecimento. A invenção de um físico, pirateando uma observação fisiológica, abriu uma nova carreira para a química.

O famoso químico inglês *Sir* Humphry Davy (1778-1829) escreveu em 1810: "A pilha soou como um sinal de alerta para os experimentadores de toda a Europa".[10] Por que esse alarme entre os químicos? Já em 1800, dois outros ingleses, William Nicholson (1753-1815) e *Sir* Anthony Carlisle (1768-1840), exploraram a pilha a fim de desenvolver um método de análise, a eletrólise, para decompor substâncias que tinham até então resistido ao calor e à ação química. Mas a confusão foi grande após os primeiros experimentos de decomposição da água com a pilha. Embora a liberação de hidrogênio no polo negativo e a de oxigênio no polo positivo confirmassem as ideias de Lavoisier, faltava explicar a subsequente formação de um ácido e uma base. Eis assim um novo instrumento analítico para explorar e um novo campo de investigação.

Qual é a origem da corrente produzida pela pilha? Volta pensava que era um efeito do contato entre os metais. Essa opinião, desenvolvida por Davy, foi contestada por Michael Faraday (1791-1867), que propõe uma interpretação química. Faraday estabelece uma relação entre o grau de afinidade química de dois elementos e sua capacidade de se moverem para os polos opostos na decomposição eletrolítica, introduzindo os termos "ânodo" e "cátodo". É também Faraday que desenvolve um dispositivo para medir a quantidade de eletricidade, que chama de "voltímetro". Realiza experimentos de eletrólise da água, de vários hidrácidos e formula uma primeira lei: "O potencial químico da eletricidade é diretamente proporcional à quantidade absoluta de eletricidade que passa". Mais tarde, depois de ter passado a mesma quantidade de corrente em vários líquidos, água, cloreto de estanho, borato de chumbo e ácido clorídrico, forja a noção de "equivalente eletroquímico" correspondendo ao peso de vários corpos decompostos pela mesma quantidade de eletricidade. Assim começa a eletroquímica. É somente após os desenvolvimentos desse novo domínio que a pilha pode aparecer como uma teoria materializada e se tornar o equipamento experimental comum, constantemente aperfeiçoado, que conhecemos.

O dualismo eletroquímico

A esse novo equipamento experimental responde uma nova teoria, que explica a ação da pilha a partir de uma nova representação dos compostos que consegue decompor. Com base em experimentos de decomposição eletrolítica, o químico sueco Jons Jacob Berzelius (1779-1848) desenvolveu, na década de 1810, uma teoria eletroquímica da combinação. Berzelius caracteriza cada elemento e cada composto por uma polaridade elétrica positiva ou negativa, cuja intensidade varia de acordo com a natureza da substância. A pilha deixa de ser um instrumento simples, passando antes a ser um princípio de inteligibilidade: a carga elétrica é designada como a primeira causa de toda atividade química. Ao unir o positivo ao negativo, a carga elétrica determina o grau de afinidade dos elementos químicos. Duas forças opostas e nada mais: com base nisso, pode-se construir um método simples para prever reações químicas. Basta classificar esses elementos em uma escala do mais eletropositivo ao mais eletronegativo, do potássio ao oxigênio. O hidrogênio fica bem na junção entre o grupo eletropositivo e o grupo eletronegativo.

A eletricidade suscita o mistério da afinidade que Lavoisier não se atrevia a abordar e que ainda obscurecia a controvérsia entre Berthollet e Proust. Graças à teoria eletroquímica, a afinidade se encaixa muito bem no contexto de uma química dualista de combinação. Berzelius na verdade deu um golpe: rejuvenesceu o dualismo de Lavoisier no momento em que este começava a cambalear sob os ataques de Davy. Pois, já em 1810, descobrindo a natureza simples do cloro, até então definido como "ácido muriático oxigenado",[11] Davy levantara algumas dúvidas sobre a teoria lavoisiana dos ácidos e sais. Lavoisier só queria enxergar ácidos oxigenados. Davy mostra que existem hidrácidos, compostos de um radical e de hidrogênio, que pode ser substituído por um metal, por exemplo, para formar um sal. Quase que se chega à ideia de substituição, que inspirará a futura teoria unitária.

Mas, enquanto Berzelius, com sua autoridade e sua reputação internacional, reinou sobre a química europeia, pelo menos até 1840, um sal sempre será definido como a união de duas espécies, simples ou compostas, de cargas elétricas opostas. Os sais serão os objetos prediletos dos professores de química, a parte principal de seus ensinamentos. E sempre se vai aprender a química progredindo do simples para o complexo, estudando as diferentes combinações de acordo com a ordem da composição:

- em primeiro lugar, os compostos de primeira ordem formados diretamente pela união de duas substâncias simples. Assim, a combinação de oxigênio com um metal ou com um não metal forma óxidos básicos ou óxidos ácidos;
- depois, os compostos de segunda ordem, resultantes da união de um óxido básico e um óxido ácido para formar um sal neutro;
- em seguida, os compostos de terceira ordem, o sal duplo resultante de uma combinação de dois sais neutros;

– por último, os compostos de quarta ordem, formados pela adição de água a um sal neutro.

O dualismo eletroquímico de Berzelius preserva, pois, durante algum tempo, o ordenamento da química de Lavoisier. Fornece uma estrutura teórica geral e altamente explicativa para as análises de substâncias minerais.[12] Do mesmo modo que Black e Lavoisier haviam incorporado na química o estudo do calor, Davy, Berzelius e Faraday – que é considerado um químico por seus contemporâneos – acrescentam o estudo da eletricidade ao império da química.

A "explosão demográfica" das substâncias simples

Essa anexação cria, desde o início, outro problema para os químicos, porque a eletrólise provoca muito rapidamente uma multiplicação do número de substâncias simples. Assim que compreende o poder da pilha, Davy a utiliza para decompor substâncias até então resistentes à análise. Em 1807 e 1808, isolou sucessivamente o sódio, o potássio, o estrôncio, o boro, o cálcio, o magnésio e, por volta de 1810, o cloro, o iodo e o bromo. Com ele, compete o sueco Berzelius, de cujo laboratório saem o cério, o selênio, o silício, o zircônio, o tório, o lítio e o vanádio, juntamente com uma série de novos dispositivos que aperfeiçoam os métodos de análise quantitativa e qualitativa. Em suma, o número de substâncias simples é praticamente dobrado. A tabela elaborada por Lavoisier em 1789 tinha 33 substâncias simples. Em 1834, no tratado de Thénard já se contam 54 e, em 1869, Dmitri Mendeleev classifica 70.

Essa alta inflação do número de substâncias simples marca profundamente a química do século XIX. A impressão dominante entre os atores é a de fertilidade. De fato, o programa de análise definido por Lavoisier funcionou tão bem que colocou os químicos diante da necessidade de admitir que o número de substâncias simples é indefinido, indeterminável. Os professores de química se encontram, então, num grande incômodo. São obrigados a recitar a seus alunos as propriedades de uma lista interminável de substâncias simples e lhes repassar as várias combinações de cada elemento. A química iria se tornar uma coleção de monografias sobre substâncias, aproximando-se novamente da história natural, quando o advento da lógica da análise já havia dela se afastado? Será que vamos sacrificar a ordem clara de um sistema em proveito de um simples inventário de propriedades individuais que devem ser aprendidas sem nos esforçarmos em compreendê-las? Os livros didáticos da primeira metade do século XIX adotaram a divisão geral entre metaloides e metais. Embora aceitável do ponto de vista teórico, é inconveniente do ponto de vista pedagógico, porque a lista de metais é longa, e seus compostos são numerosos e particularmente importantes em aplicações industriais.

Surge assim uma tensão monótona entre duas tendências opostas, que se percebe em todos os livros de química do século XIX. De um lado, a tendência positiva da química analítica de penetrar no estudo do particular, para tratar substâncias químicas como individualidades. De outro, o desejo de formar e formular ideias gerais sobre transformações materiais, sobre a constituição de corpos. Ao invés de se atenuar, essa tensão vai crescendo à medida que a química se profissionaliza. Com efeito, o químico profissional, aquele que trabalha na pesquisa ou na indústria, às vezes dedica toda a sua vida a uma única substância, simples ou composta, que decide o sucesso ou o fracasso de sua carreira. Afinal de contas, é esse destino monográfico que o químico-romancista Primo Levi decifra, oculto nas páginas de seu manual de estudante. Pois o professor de química deve transformar essa soma de aventuras individuais num corpo de doutrina, num conhecimento assimilável.

Notas

1 "La chimie marche vers son but et vers sa perfection en divisant, subdivisant et resubdivisant encore" (Lavoisier, 1789, p. 194).

2 Szabadváry, 1966; Roth, 1988, pp. 1-27.

3 Berthollet, 1801.

4 Crosland, 1978.

5 Fruton, 1990, cap. 2.

6 Morrell, 1972, pp. 1-43.

7 "Or, les instruments ne sont que des théories matérialisées" (Bachelard, 1974 [1934], p. 254).

8 Volta, 1800, p. 403.

9 Para toda esta parte, seguimos a análise de Blondel (1994).

10 "The voltaic battery was an alarm bell for experimenters in every part of Europe" (Davy, 1840, p. 271).

11 O "ácido muriático oxigenado" (nosso cloro gasoso) parece, de fato, ser produzido pela oxidação do ácido muriático (nosso HCl), que supostamente conteria oxigênio, assim como todos os ácidos, pela teoria de Lavoisier.

12 Por outro lado, quando é aplicado a compostos orgânicos, o dualismo eletroquímico torna-se pesado e problemático, e em 1836 será atacado.

17

A análise em face dos átomos

Como gerir uma multiplicidade indefinida, como disciplinar a população galopante de substâncias? Para enfrentar os desafios da química experimental que acumula materiais, é preciso uma teoria. É tanto uma necessidade pedagógica quanto um preceito epistemológico. Para responder a essa pergunta, os químicos-professores inventam o conceito positivista de teoria científica como uma simples ordenação de fenômenos, ou como recurso para auxiliar a memória. Teorias e hipóteses são instrumentos preciosos, indispensáveis, mas com a condição de que não se acredite muito neles.[1] No entanto, uma estratégia teórica permite projetar um outro futuro epistemológico para a química, abrindo o acesso para uma realidade invisível, além dos fenômenos.

A hipótese de Dalton

Em 1804, John Dalton (1766-1844), professor em Manchester, formulou uma hipótese que vincula as substâncias simples a átomos. A noção inventada na Antiguidade, nas margens do Mediterrâneo, explorada em todos os aspectos pelos mecanicistas dos séculos XVII e XVIII, não é nova. Era preciso mesmo, como Dalton, não estar a par das complexidades da química newtoniana para poder ousar reativar de uma maneira quase ingênua uma noção tão carregada de história, conforme assinala Arnold Thackray.[2] Mas o átomo de Dalton não é herdeiro dos átomos antigos nem dos corpúsculos newtonianos. É inventado, e depois explorado, num outro contexto.

No início John Dalton estava interessado em meteorologia e nas propriedades físicas dos gases, e provavelmente foi para explicar as diferenças na solubilidade dos gases que começou a usar as noções de peso e de tamanho dos átomos. De fato, admitindo, assim como Lavoisier, que os gases são formados de corpúsculos que se repelem sob a ação do calórico, Dalton parece ter chegado à conclusão de que é necessário diferenciar os corpúsculos ou átomos de gases não apenas pelo tamanho ou pela forma, mas também pelo peso. Como determinar o peso relativo dos átomos? Essa é a questão que Dalton enfrenta ao se voltar para a química quantitativa ou estequiométrica desenvolvida por Wenzel e Richter no final do século XVIII na Alemanha.

Wenzel e Richter procuraram, como vimos no capítulo 12, caracterizar a afinidade relativa dos corpos a partir de tabelas de equivalentes de bases e de ácidos; as quantidades "equivalentes" de base são as quantidades respectivas de cada base necessárias para neutralizar uma dada quantidade de ácido, e vice-versa para as quantidades equivalentes de ácido. A "estequiometria" assumiu um significado diferente em 1802, quando, após várias experiências com o estanho, o antimônio e o ferro, Joseph Proust formulou uma lei geral: "As relações das massas segundo as quais dois ou mais elementos se combinam são fixas e não são sujeitas à variação contínua". Essa denominada lei das proporções definidas estendeu a todas as combinações a noção de equivalente, até então reservada a reações de neutralização entre ácidos e bases. Enquanto Berthollet se envolve, como vimos, em uma longa controvérsia sobre as proporções definidas nas combinações químicas, John Dalton faz da lei de Proust a base de uma nova hipótese atômica. Sugere que as combinações químicas se dão por unidades discretas, átomo por átomo, e que os átomos de cada elemento são idênticos. Dalton também complementa a lei de Proust com uma lei das proporções múltiplas: quando dois elementos em conjunto formam vários compostos, as massas de um deles, unindo-se a uma massa constante do outro, terão entre elas relações múltiplas inteiras e simples. Sem a hipótese atômica, essas leis, acrescenta Dalton, permanecem tão misteriosas quanto as leis de Kepler à espera das leis de Newton. Com a hipótese atômica e os símbolos ilustrativos com os quais Dalton resume seu sistema, essas leis adquirem um significado intuitivo imediato (ver tabela na próxima página).

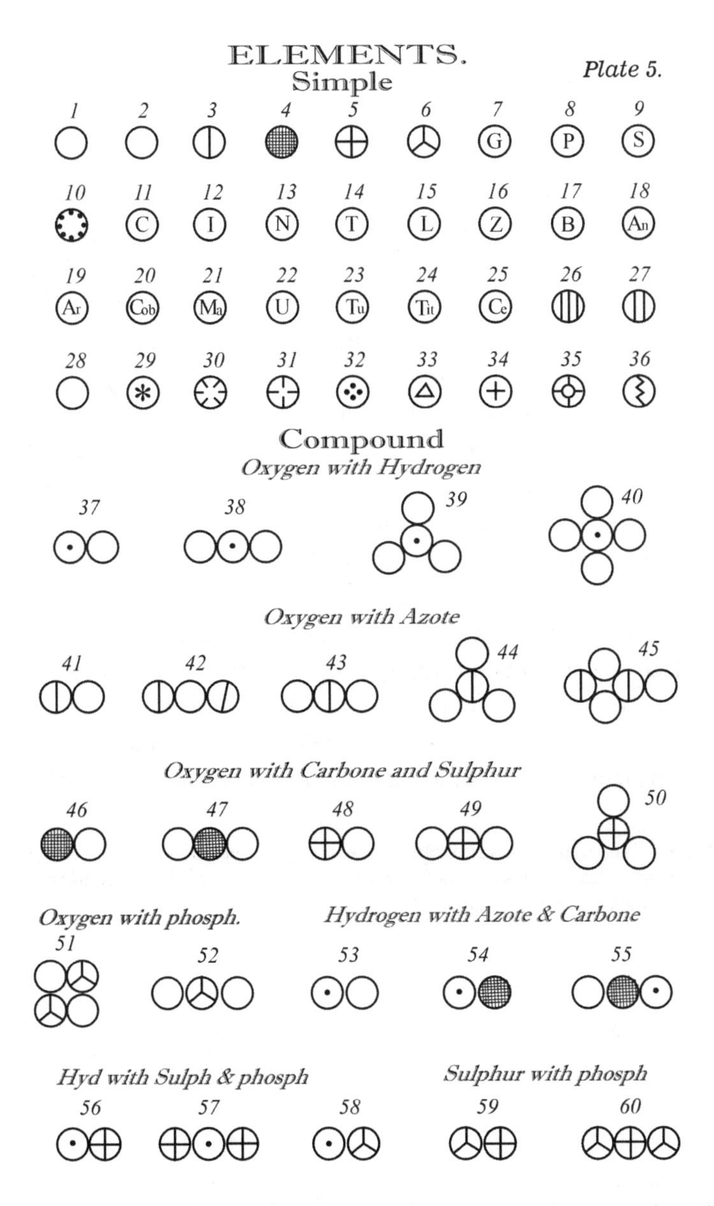

Elements: elementos; Simple: simples; Compound: compostos; Oxygen with Hydrogen: oxigênio com hidrogênio; Oxygen with Azote: oxigênio com nitrogênio; Oxygen with Carbone and Sulphur: oxigênio com carbono e enxofre; Oxygen with phosph.: oxigênio com fósforo; Hydrogen with Azote & Carbone: hidrogênio com nitrogênio e carbono; Hyd. with Sulph. & phosph.: hidrogênio com enxofre e fósforo; Sulphur with phosph.: enxofre com fósforo.

A hipótese de Dalton tem o efeito de tornar indiscutível a noção de proporção, de combinação em unidades discretas, mas desloca o debate para outro problema: qual é a fórmula correta? Enquanto os equivalentes permitem ficar nas relações entre as substâncias constituintes simples, os átomos exigem um número: quantos átomos há em um dado composto? Como determinar a proporção exata de hidrogênio que se une ao oxigênio para formar a água? Assim como Richter, Dalton confia nas relações ponderais de combinação e adota uma regra de simplicidade: quando dois elementos formam um único composto, ele é binário e combina um átomo de um com um átomo do outro. Quando formam dois compostos, um é binário, com um átomo de cada espécie, o outro ternário com dois átomos de um para um átomo do outro, e assim por diante.[3] Desse modo, a água é descrita como um composto binário de hidrogênio e oxigênio, e os pesos relativos dos dois átomos são aproximadamente 1 e 7. A amônia é um composto binário de hidrogênio e nitrogênio, cujos pesos relativos são aproximadamente 1 e 5. Graças a essa regra, Dalton pode então solicitar à experiência que enuncie os valores numéricos que lhe permitem fixar os pesos relativos dos átomos.

Diferentemente de Richter, que conseguia fixar o equivalente guiando-se pela neutralidade do composto, Dalton teve de determinar todos os pesos atômicos em relação a uma unidade definida por convenção. Então escolhe o hidrogênio como essa unidade: o peso atômico de cada elemento é a quantidade em peso que se une a um grama de hidrogênio para formar a combinação mais estável.

GRAVURA 5. Mostra os vários símbolos concebidos para representar os elementos simples e compostos; são quase os mesmos da Gravura 4, apenas ampliados e corrigidos; concordam com os resultados obtidos nas páginas anteriores.

Fig.	simples	Peso	Fig.			Peso
1.	Oxigênio	7	12.	Ferro		50
2.	Hidrogênio	1	13.	Níquel	25?	50?
3.	Azoto	5	14.	Estanho		50
4.	Carbono	5,4	15.	Chumbo		95
5.	Enxofre	13	16.	Zinco		56
6.	Fósforo	9	17.	Bismuto		68?
7.	Ouro	140	18.	Antimônio		40
8.	Platina	100?	19.	Arsênico		42?
9.	Prata	100?	20.	Cobalto		55?
10.	Mercúrio	167	21.	Manganês		40?
11.	Cobre	56	22.	Urânio		60?

Fig.		Peso	Fig.		Peso
23.	Tungstênio	56?	41.	Gás nitroso	12
24.	Titânio	40?	42.	Óxido nitroso	17
25.	Cério	45?	43.	Ácido nítrico	19
26.	Potassa	42	44.	Ácido oxinítrico	26
27.	Soda	28	45.	Ácido nitroso	31
28.	Cal	24	46.	Óxido carbônico	12,4
29.	Magnésia	17	47.	Ácido carbônico	19,4
30.	Baritas	68	48.	Óxido sulfuroso	20
31.	Estroncitas	46	49.	Ácido sulfuroso	27
32.	Alumina	13	50.	Ácido sulfúrico	34
33.	Sílex	45	51.	Ácido fosforoso	32
34.	Ítrio	53	52.	Ácido fosfórico	23
35.	Glucino	30	53.	Amônia	6
36.	Zircona	45	54.	Gás olefiante	6,4
			55.	Hidr. carburetado	7,4
	Composto:		56.	Hidr. sulfuretado	14
37.	Água	8	57.	Hidr. supersulf.	27
38.	Ácido fluórico	15	58.	Hidr. fosforetado	10
39.	Ácido muriático	22	59.	Súlfur fosforoso	22
40.	Ácido oximuriático	29	60.	Súlfur superfosf.	31

DALTON, J. *A new system of chemical philosophy*, 1808-1810, tomo 1.

Tal é, então, a hipótese atômica em sua versão primitiva.[4] Os átomos de Dalton têm apenas um vago parentesco com seus homônimos da Antiguidade. Diferem em sua definição: não são unidades mínimas de composição da matéria, mas sim unidades mínimas de combinação. Também diferem em sua função: não se trata de explicar o visível complicado pelo simples invisível, como Jean Perrin dirá mais tarde,[5] mas sim de resolver problemas de linguagem, de fórmulas e de classificação. Diferem também dos corpúsculos newtonianos, uma vez que não pressupõem nem o vácuo nem a atração e não têm a ambição de explicar as propriedades das substâncias simples em termos de uma arquitetura complexa, da qual os átomos seriam os constituintes finais.

Mas o peso atômico é de fato encantador. Em vez de determinar a composição de uma amostra em proporções centesimais, o químico poderia agora expressá-la em termos de átomos constituintes, estabelecendo uma ligação direta entre os dados experimentais e sua interpretação. O peso atômico chega para ajudar na tarefa enfrentada pelos químicos: caracterizar, nomear, escrever e classificar uma multidão cada vez maior de substâncias simples e compostas. Pode-se, portanto, prever seu futuro promissor.

A hipótese de Dalton foi bem recebida? Antes de Dalton publicar seu *New system of chemical philosophy*, Thomas Thomson, professor em Glasgow, faz propaganda da hipótese atômica e profere sua primeira explanação pública.[6] É pela tradução do seu *A system of chemistry* que o átomo é introduzido na França. Num longo prefácio à tradução, Berthollet denuncia a arbitrariedade das regras da simplicidade e adverte contra as seduções de tal hipótese. O casamento entre as ideias inglesas e a química francesa começa muito mal.

Em 31 de dezembro de 1808, logo após a publicação do *New system of chemical philosophy*, de Dalton, Gay-Lussac enunciou que "os volumes de gases que se combinam são sempre proporções simples, e o volume da combinação formada também será uma proporção simples em relação à soma dos volumes dos gases componentes". Aos nossos olhos, os resultados obtidos nos dois lados do Canal da Mancha convergem harmoniosamente. As proporções de volume parecem confirmar as proporções de peso. Mas Gay-Lussac rejeita a hipótese de Dalton. E, reciprocamente, Dalton contesta a lei de Gay-Lussac. Essa lei implicaria que o número de átomos em um determinado volume de gás fosse o mesmo que em um outro. No entanto, de acordo com a hipótese de Dalton, a formação de óxido de nitrogênio, uma vez que ocorre com volume constante, exige que o número de átomos de oxigênio e nitrogênio por unidade de volume antes da união seja igual, para o mesmo volume, à metade do volume dos átomos combinados de hidrogênio e nitrogênio. Essa dificuldade, insuperável antes da distinção entre o átomo individual e a molécula de uma substância simples, instala um mal-entendido por alguns anos, que é afastado por Berzelius em torno de 1819, quando explora conjuntamente a hipótese atômica de Dalton e a lei dos volumes de Gay-Lussac para determinar um novo sistema de pesos atômicos.

Mas, mesmo na Inglaterra, as opiniões sobre a teoria de Dalton não eram unânimes. Alguns químicos, rápidos em reconhecer os imensos serviços que o peso atômico pode prestar, não veem razão alguma para estabelecer a hipótese da existência de átomos. Por que se aventurar em um campo inacessível à experiência para estabelecer as proporções ponderais de combinação? Davy adere à expressão "peso proporcional". William H. Wollaston, que foi um dos primeiros discípulos de Dalton, optou por substituir a expressão "peso atômico" pelo termo "peso equivalente". Prefere determinar todos os seus "pesos equivalentes" em relação à unidade-base O = 100. Afinal, é apenas uma questão de convenção, e a conversão não é muito difícil. Basta multiplicar por 1,25 os valores admitidos na base H = 1. As duas palavras "equivalente" e "atômico" são ainda quase sinônimas. E, para as necessidades da química analítica, o equivalente já é suficiente. O átomo é supérfluo.

A situação é de fato extraordinariamente complexa, porque o átomo de Dalton não eliminou, com um passe de mágica, o corpuscularismo do século XVIII. Apesar de recusarem se pronunciar sobre a existência ou não dos átomos, os químicos admitem, contudo, na sua maioria, o átomo entre as noções fundamentais que são definidas nas introduções de suas obras. O consenso newtoniano sobre a estrutura corpuscular da matéria persiste.[7] Para Thénard, por exemplo, não há dúvida de que a matéria é formada por partículas, que são indistintamente chamadas de corpúsculos, átomos ou moléculas. Se forem conhecidos seu peso, seu tamanho e a força que governa suas combinações, todos os fenômenos químicos poderiam ser deduzidos por métodos da geometria. O programa de Buffon continua tão atual que parece uma evidência indiscutível, quase um axioma da física e da química.[8] Mas o átomo em si está fora desse programa. Fornece um horizonte filosófico para a química, sem, contudo, afetar o químico em sua prática cotidiana. J.-B. Dumas adota outra solução, que lembra sobretudo a distinção de Limburg entre os dois pontos de vista, o físico e o químico. Limbourg apresenta aos estudantes dois átomos: o átomo dos físicos, que corresponde a um ideal de ciência dedutiva, mecanicista, e o átomo dos químicos, que faz parte de um programa experimental de caracterização aritmética de cada substância.[9]

Quanto mais o átomo provoca discussões e debates, mais o peso equivalente ou atômico se torna uma noção inevitável, indispensável para todos os químicos. Em primeiro lugar, oferece um valor numérico que permite identificar de forma positiva e precisa os diferentes corpos simples e, assim, estabelecer comparações entre eles. Também fornece um meio de traduzir em fórmulas as análises feitas no laboratório. Por fim, fornece um teste relativamente seguro para os fabricantes controlarem as operações manufatureiras. Em poucos anos, todos os químicos concentram seus esforços nessa noção. Como se tivessem sido planejadas, as pesquisas convergem para um objetivo: determinar com precisão aceitável o valor do peso atômico, ou equivalente, de cada elemento conhecido.

A resposta à questão "quem define a precisão aceitável?" parece ser quase unânime: Berzelius. Seu *Ensaio sobre a teoria das proporções definidas e sobre a influência química da eletricidade*,[10] publicado em Estocolmo em 1818 e traduzido imediatamente para várias línguas, é o padrão adotado pela maioria dos professores de química. Os pesos atômicos de Berzelius impõem-se a ponto de fazer desaparecer todos que os precederam. Depois de Berzelius, os tratados irão apenas até Wenzel e Richter; quase não mencionam o nome de Dalton, mas todos copiarão Berzelius.

Como é que uma pequena monografia pôde assim marcar todo o conhecimento de uma época? Esse fenômeno de captura e apropriação, comparável àquele provocado pela reforma da nomenclatura em 1787, deve-se, primeiro, à nova representação escrita forjada por Berzelius. A notação de Dalton com círculos e pontos foi substituída por letras. A letra inicial, ou as duas primeiras, do nome em latim de cada substância simples representa o peso equivalente daquela substância, e Berzelius introduz números sobrescritos para indicar o número de vezes que a quantidade ponderal designada pelo símbolo está presente no composto. Esse sistema está em uso até hoje. As poucas modificações que sofreu consistem na supressão de certas convenções gráficas imaginadas por Berzelius para abreviar fórmulas e no deslocamento dos expoentes sobrescritos para a posição subscrita.[11]

A autoridade de Berzelius também deriva do programa que traça em 1818 e executa ao longo de toda a sua carreira: corrigir os pesos atômicos de Dalton. Realiza em quase 2 mil compostos – principalmente óxidos e sais – uma série de experimentos de análise, síntese, precipitação..., para determinar sua composição exata e seu peso equivalente. Sua "tabela de pesos atômicos", publicada em 1818, é constantemente revisada e atualizada pelo próprio Berzelius. Em seu *Tratado de química*,[12] publicado em Estocolmo em 1829 e logo traduzido para o francês, Berzelius se vangloria de nunca incluir um valor numérico que não tenha sido estabelecido ou pelo menos verificado por ele mesmo. As exigências de Berzelius desempenharam um papel duplo: funcionavam como um critério de garantia, pois sua tabela de pesos atômicos serve como padrão internacional até por volta de 1835-1840; desafiaram outros químicos, como Jean-Baptiste Dumas, Jean Servais Stas (1813-1891) e o suíço Jean-Charles Galissard de Marignac (1817-1894), que tentam aumentar a precisão e superar Berzelius, usando todos os meios possíveis.

Um arsenal de leis

Para a determinação de pesos atômicos, os químicos não se contentam em usar as leis das proporções. Utilizaram todos os recursos disponíveis, saberes e *savoir-faire*, do estudo dos gases à cristalografia, incluindo a teoria do calor, e várias técnicas de medição: gravimetria, volumetria, calorimetria, geometria e goniometria, e os recursos instrumentais disponíveis para determinar as densidades dos gases. Graças a essa mobilização geral do potencial científico em torno de um objetivo bem definido, a disciplina química abrange, na década de 1830, um vasto campo, que engloba a eletricidade, o calor e a cristalografia.

A primeira lei que permite organizar os dados experimentais resultantes de diferentes disciplinas foi formulada em 1811 por Amedeo Avogadro (1776-1856), físico de Turim, e depois, independentemente, por André Marie Ampère, em 1814. "Para explicar o fato descoberto pelo Sr. Gay-Lussac", Avogadro apresenta a hipótese de que, "sob as mesmas condições de temperatura e pressão, volumes iguais de diferentes gases contêm o mesmo número de moléculas". É, de fato, uma hipótese simples para explicar a conjunção das proporções ponderais e volumétricas. Mas essa hipótese leva a outra. De fato, no caso das combinações de gases, há uma contradição entre dois requisitos: por um lado, uma molécula composta de duas ou mais moléculas elementares deve ter uma massa igual à soma das moléculas; por outro lado, o número de moléculas compostas deve permanecer o mesmo que o das moléculas do primeiro gás. A dificuldade é explicada supondo-se

> [...] que as moléculas constituintes de um gás simples qualquer [...] não são formadas por uma única molécula elementar, mas resultam de um certo número dessas moléculas unidas numa só por atração e que, quando moléculas de outra substância precisam se juntar àquelas para formar moléculas compostas, a molécula integrante que delas deveria resultar se divide em duas ou mais partes.[13]

Por exemplo, a água seria formada por uma meia molécula de oxigênio e duas meias moléculas de hidrogênio.

Parece-nos um formidável avanço. Com a distinção entre átomo e molécula, sendo o átomo agente da combinação, e sendo a molécula o objeto da reação, estão estabelecidas as bases essenciais da teoria atômica na química. No entanto, essa lei, brilhante aos nossos olhos, é ignorada ou rejeitada pela maioria dos químicos até a década de 1860, e mesmo até mais tarde por alguns químicos. Como entender esse "esquecimento"? Cegueira? Inércia? Resistência à novidade? Esse atraso, escandaloso para o químico e uma questão palpitante para os historiadores, explica-se por várias considerações.[14] Apesar de solucionar a objeção de Dalton em relação a Gay-Lussac, a hipótese de gases diatômicos faz crescer a relutância entre os químicos. Parecia escandaloso supor moléculas compostas de duas moléculas elementares, ou átomos, de mesma natureza. Os químicos podiam facilmente pensar em construções moleculares formadas pela união atrativa ou pela afinidade entre dois átomos diferentes. Mas a união de dois átomos semelhantes numa molécula parece impossível, inconcebível, sobretudo no quadro da teoria eletroquímica de Berzelius, em que toda combinação é explicada por cargas elétricas opostas.

Além dos fenômenos de resistência teórica, essa hipótese, no momento de sua formulação, não é realmente indispensável. Para um químico ocupado em isolar e caracterizar novas substâncias ou aperfeiçoar esse ou aquele processo, a distinção entre moléculas elementares e integrantes das substâncias simples introduz uma complicação desnecessária. Os químicos estão um tanto menos propensos a acreditar que a hipótese de Avogadro não é muito cômoda para determinar os pesos atômicos, na medida em que somente uma pequena parte das substâncias conhecidas pode ser manipulada no estado de vapor ou gás. Finalmente, a lei de Avogadro é apenas uma lei entre muitas que também fornecem ferramentas para calcular pesos atômicos.

A segunda lei, de Dulong e Petit, sobre calores específicos, envolve outra área, já abordada por Lavoisier e Laplace, a calorimetria. Pierre Louis Dulong (1785-1838), embora aluno de Berthollet, realizou esse estudo sobre calor específico para confirmar a hipótese atômica através de uma propriedade individual das substâncias. Dulong e seu jovem colega Alexis Petit (1791--1820) medem, pelo método de resfriamento, o calor específico (isto é, a quantidade de calor necessária para elevar em um grau centígrado um grama de uma amostra) de 13 substâncias simples, tomando o calor específico da água como a unidade. Em seguida determinam a capacidade calorífica de cada átomo calculando o produto do peso atômico pelo calor específico e obtêm, para as 13 amostras examinadas, valores entre 0,3830 e 0,3675. Desses resultados, concluem em 1819: "Os átomos de todas as substâncias simples têm a mesma capacidade calorífica". Essa lei não pode constituir uma via direta para chegar ao peso atômico, uma vez que dele necessita. Mas fornece um método de verificação e permite escolher o melhor entre os diversos valores possíveis para um elemento. Com esse método, Dulong e Petit ajustaram vários dos pesos atômicos de Berzelius antes de Victor Regnault mostrar, em 1840, que essa lei é apenas uma aproximação e, além disso, corrigir um certo número de pesos atômicos.

Com a lei do isomorfismo de Mitscherlich, publicada entre 1819 e 1823, a cristalografia também foi colocada a serviço dos pesos atômicos.[15] Professor em Berlim, Eilhard Mitscherlich (1794-1863) estudou sólidos de diferentes composições químicas que cristalizam em formas idênticas ou bastante semelhantes, como o sulfeto de chumbo natural e o sal marinho, por exemplo, e os denominou isomorfos. Esses compostos podem-se substituir entre si num cristal sem alteração de forma (exceto por algumas variações nos ângulos) e podem cristalizar-se juntos em quaisquer proporções. Mitscherlich confronta imediatamente a questão da ligação entre essa propriedade e a hipótese atômica que ele designa, segundo Berzelius, como "a teoria das proporções químicas". Mitscherlich postula que a forma cristalina é determinada apenas pelo número de átomos e atribui as pequenas variações angulares à natureza dos átomos. Graças à analogia da composição química dos sólidos isomórficos, conhecendo o peso equivalente dos átomos constituintes de um composto, pode-se então determinar o peso dos átomos que compõem o outro. Assim, Mitscherlich, tendo demonstrado o isomorfismo dos sulfatos e selenatos, determinou o peso atômico do selênio a partir do peso do enxofre.

Ao contrário da lei de Avogadro, a de Mitscherlich não pressupõe qualquer hipótese sobre a constituição molecular da matéria. Mas também tem um campo de aplicação limitado às substâncias cristalizáveis. Como a de Dulong e Petit, a lei de Mitscherlich requer o conhecimento do peso atômico de pelo menos um componente da série isomórfica e não pode ser, portanto, um método exclusivo para determinar pesos atômicos. É, pois, uma combinação de leis, construída nos dez anos após a hipótese de Dalton, que fornece um conjunto de meios complementares para determinar os valores numéricos dos pesos atômicos.

Dúvidas e retrocessos

O drama começa quando a complementaridade se transforma em discordância. Dumas, um dos poucos químicos a usar a lei de Avogadro, encontrou uma divergência gritante em 1832. As densidades dos vapores de enxofre, fósforo, arsênico e mercúrio são duas ou três vezes maiores do que os valores indicados a partir dos calores específicos e das analogias químicas.[16] Qual valor escolher? Ou manter, de acordo com Avogadro, que os volumes iguais de gases ou vapores contêm o mesmo número de átomos e adotar fórmulas bárbaras do ponto de vista estritamente químico como $H_2S_{1/3}$ para sulfeto de hidrogênio ou Hg_2O, $H_3P_{1/2}$. Ou então adotar os pesos atômicos determinados por meio das analogias e dos calores específicos – 32 para o enxofre, 200 para o mercúrio –, admitindo-se, assim, que o vapor de mercúrio contém duas vezes menos átomos do que um volume igual de hidrogênio e o vapor de enxofre, três vezes mais.

Para escapar do dilema, J.-B. Dumas afirma que a proporcionalidade do peso atômico em relação à densidade gasosa parece ser falsa nos casos em que o gás é uma substância simples. Escolhe a lei do isomorfismo, que parece mais segura, e condena a lei de Avogadro, que cai no desprezo e depois no esquecimento. Por uma espécie de reação em cadeia, arrasta na sua desgraça a lei de Gay-Lussac e o átomo de Dalton. Ao enterrar Avogadro, Thénard ainda deixa uma chance ao átomo: "A química atômica seria uma ciência puramente conjectural se fosse para se limitar a esse tipo de consideração". Mas, em 1836, Jean-Baptiste Dumas elimina tudo de uma só vez. Conclui uma das suas *Lições em filosofia química* no Collège de France dizendo:

> O que resta da ambiciosa excursão que nos permitimos na região dos átomos? Nada, ou pelo menos nada de necessário. O que nos resta é a convicção de que a química fica perdida nessa altura, como sempre acontece quando, abandonando a experiência, quis caminhar sem guia pela escuridão. Com a experiência à mão, encontrareis os equivalentes de Wenzel, os equivalentes de Mitscherlich, mas procurareis em vão os átomos tal como a vossa imaginação os sonhou [...]. Se eu fosse o mestre, apagaria da ciência a palavra átomo, persuadido de que o átomo ultrapassa a experiência; e, na química, nunca devemos ir além da experiência.[17]

Seria Dumas o mestre? Em 1844, os equivalentes ofuscaram inteiramente a notação atômica nos *Annales de chimie*. A maioria dos químicos franceses adota a firme determinação de se ater aos equivalentes. Vários químicos influentes na Alemanha – Liebig, Wöhler – também recorrem a um sistema de equivalentes concebido por um químico alemão, autor de um tratado amplamente divulgado em toda a Europa, Leopold Gmelin (1788-1853). Esse sistema é construído exclusivamente a partir das relações ponderais de reação, sem referência a relações volumétricas. Enquanto alguns químicos, seguindo Berzelius, adotaram a fórmula H_2O para a água, Gmelin retorna a HO, em nome de um princípio sagaz, para não criar dúvidas: escolher a fórmula mais simples e mais elegante. O retrocesso sobre os equivalentes é acompanhado por uma desconfiança em relação aos métodos físicos e um abandono categórico de pretensões realistas na química. E o químico se orgulha de manter a heroica humildade de uma ciência positiva.

Especulações

Os químicos certamente fizeram voto de castidade em relação às especulações atômicas, mas isso não os impede de flertar com uma hipótese muito mais especulativa que os átomos, formulada no começo do século por um físico inglês, William Prout (1785-1850): a diversidade das substâncias simples, cada dia mais numerosas, derivaria de um único elemento originário, o hidrogênio. Essa hipótese recebeu uma ajuda inesperada quando Dalton escolhera o hidrogênio como unidade de seu sistema de pesos atômicos. Pode-se então esperar que essa hipótese seja submetida à experiência, mostrando que os pesos atômicos dos outros elementos são múltiplos inteiros do peso do hidrogênio. Esse programa é empreendido por Thomas Thomson, admirador de Dalton e Prout, no seu laboratório em Glasgow. Mas, quando publicados em 1825, seus pesos atômicos são questionados por Berzelius, que critica Thomson por ter eliminado casas decimais inoportunas. Daí surge uma vontade muito firme de levar cada vez mais longe a precisão dos pesos atômicos, a fim de derrubar a hipótese. Em 1831, a resposta de Prout foi que os pesos atômicos de todos os elementos devem ser múltiplos inteiros de uma fração do hidrogênio. Embora assim enunciada, a hipótese já não é falsificável, mas pelo menos não incentiva mais o arredondamento nos valores do peso atômico. É então que conhece um grande sucesso não só na Inglaterra, mas também no continente europeu, onde encontrou ilustres defensores nas pessoas de Jean-Baptiste Dumas e Jean-Charles Galissard de Marignac.

Como se pode explicar a atração por uma hipótese tão ousada quando se recusa a falar do átomo? Por que atribuir um significado especial aos pesos atômicos enquanto a unidade H = 1 é puramente convencional? O sucesso de Prout é o sintoma de um paradoxo oculto no programa analítico. Em certo sentido, o átomo complementa harmoniosamente a química da substância simples, o peso atômico reforçando a individualidade do elemento químico por um caráter positivo e preciso. Mas, por outro lado, nada impede de aplicar ao próprio átomo o programa de Lavoisier e de tentar dividi-lo e subdividi-lo. Melhor ainda, tudo encoraja a fazê-lo: a dúvida sobre a simplicidade das substâncias simples e seu número indefinido alimenta uma profunda incerteza sobre uma noção básica, aparentemente simples, que é a do elemento químico. O acordo unânime em torno da definição lavoisiana deixa pairar uma ambiguidade entre elemento e substância simples, que explora e reforça o sucesso do programa de análise, relançando a busca de um elemento originário último, além da multiplicidade das substâncias simples.

A hipótese de Prout encorajou não apenas a corrida pelos pesos atômicos, como também as tentativas de classificação em função dos pesos atômicos. Mostrar que às relações aritméticas entre pesos atômicos correspondem analogias entre propriedades não será descobrir relações de parentesco, indícios de filiação? Classificar os elementos equivale a constituir a árvore genealógica da matéria inerte.

Assim, o peso atômico impõe-se como critério de classificação desde 1817. Com base nos pesos atômicos de Berzelius, Johann Wolfgang Döbereiner (1780-1849), professor em Jena, estabelece uma série de "tríades" de elementos que já implementa o princípio da correlação entre a aritmética dos pesos atômicos e as analogias de propriedades químicas. Pouco tempo depois, Gmelin esboça sobre essa base um sistema mais geral.[18]

A mobilização em torno do peso atômico esconde profundas diferenças sobre o significado dessa noção. Enquanto um químico americano discípulo de Prout, Carey Lea, imagina um sistema de classificação com pesos atômicos negativos, Marc-Antoine Gaudin (1804-1880), atomista convicto, destaca em 1831 uma periodicidade de certas propriedades – volatilidade, fusibilidade –, com base no número relativo de átomos num mesmo volume. Num dos casos, o átomo é apenas um número desprovido de significado físico, um código para decifrar afinidades; no outro caso, é uma realidade espacial. Assim, longe de formar um sistema coerente e completo, o programa analítico iniciado por Lavoisier, impulsionado pelos pesos atômicos, abrange interpretações díspares.

Por volta de 1840, a análise, que se tornara prática rotineira e exercício profissional, deixará contudo de ser o programa no qual convergem os esforços dos químicos. Isso não significa o fim do período fértil da química analítica. Pelo contrário, ela será revitalizada na década de 1860, graças a um novo método, a análise espectral.[19] O princípio da análise espectral – cada conjunto de linhas no espectro é característico de um elemento – foi imediatamente utilizado por seus inventores, Gustav Kirchoff (1824-1887) e Robert Wilhelm Bunsen (1811-1899), para identificar dois novos metais alcalinos: césio e rubídio, que foram nomeados em razão da cor das linhas que se manifestam em seu espectro. Haverá em seguida uma onda de novos elementos na década de 1860, acentuando a urgência de uma classificação. Mas, em 1840, uma nova teoria química veio para competir com o dualismo de Berzelius e ao mesmo tempo abrir uma nova área de pesquisa, uma teoria centrada em torno de uma nova façanha dos químicos, a substituição.

Notas

[1] Berzelius (1819, pp. 18-19) ilustra bem essa epistemologia em sua exposição sobre a teoria atômica.

[2] Thackray, 1966, pp. 1-23; 1970; Cardwell, 1968.

[3] Dalton, 1808, cap. III.

[4] Rocke, 1984.

[5] Perrin, 1913.

[6] Thomson, 1809, vol. 5.

[7] Contrariamente a uma opinião generalizada, o positivismo não constitui um obstáculo à aceitação do atomismo na França. Auguste Comte declara, em 1835, no seu *Cours de philosophie positive*, que o atomismo está em harmonia com o conjunto das noções científicas de todos os gêneros e que generaliza ideias familiares, espontâneas. É certo que Comte considera bastante "feliz" e positiva a transformação da teoria atômica na teoria dos equivalentes, mas acrescenta logo que ela se reduz a um "simples artifício de linguagem, mantendo-se o pensamento real essencialmente idêntico" (Comte, 1975 [1830-1842]).

[8] Thénard, 1813-1816, vol. 1.

[9] "Lições VI e VII" (Dumas, [1837]).

[10] Berzelius, 1819.

[11] Berzelius às vezes designa os átomos de oxigênio por pontos acima do símbolo do elemento ao qual está associado; a partir de 1827, representa dois átomos de um mesmo elemento por um símbolo com uma barra horizontal a um terço da altura. Por exemplo, a água: 2H + O se escreve Ħ̇ e o dióxido de carbono C̈.

[12] Berzelius, 1829.

[13] Avogadro, 1811, pp. 58-79; p. 96: "que les molécules constituantes d'un gaz simple quelconque [...] ne sont pas formées d'une seule molécule élémentaire, mais résultent d'un certain nombre de ces molécules réunies en une seule par attraction et que lorsque des molécules d'une autre substance doivent se joindre à celles-là pour former des molécules composées, la molécule intégrante qui devrait en résulter se partage en deux ou plusieurs parties".

[14] Brooke, 1981, pp. 235-273; Fisher, 1982, pp. 77-102, 212-231.

[15] Mauskopf, 1976, pp. 5-82.

[16] Tomando O = 100 para a densidade do oxigênio, Dumas obtém H = 6,24 e N = 88,5. Pela analogia química entre a amônia NH_3 e a fosfina PH_3, Dumas prevê que a densidade de vapor do fósforo deveria ser 196, mas o resultado da experiência é 392 (Dumas, [1837], pp. 222--227). Essas contradições serão resolvidas quando se admitir que nem todas as substâncias simples mantêm a mesma composição no estado gasoso. Enquanto nitrogênio e oxigênio formam moléculas diatômicas, fósforo e arsênico formam moléculas tetratômicas, P_4 e As_4. Quanto ao mercúrio, deve ser tratado como uma espécie monoatômica.

[17] "Mais vous le voyez, messieurs, que nous reste-t-il de l'ambitieuse excursion que nous nous sommes permise dans la région des atomes? Rien, rien de nécessaire du moins. Ce qui nous reste, c'est la conviction que la chimie s'est egarée là, comme toujours, quand, abandonnant l'expérience, elle a voulu marcher sans guide au travers des ténèbres. L'expérience à la main, vous trouvez les équivalens de Wenzel, les équivalens de Mitscherlich, mais vous cherchez vainement les atomes tels que votre imagination a pu les rêver en accordant à ce mot consacré malheureusement dans la langue des chimistes une confiance qu'il ne mérite pas. Ma conviction, c'est que les équivalens des chimistes, ceux de Wenzel, de Mitscherlich, ce que nous

appelons atomes, ne sont autre chose que des groupes moléculaires. Si j'en étais le maître, j'effacerais le mot atome de la science, persuadé qu'il va plus loin que l'expérience; et jamais en chimie nous ne devons aller plus loin que l'expérience" (Dumas, [1837], p. 290).

18 Van Spronsen, 1969.

19 Essa técnica é um exemplo de trabalho que envolve várias disciplinas: a ótica e o espectroscópio de Fraunhofer usado para testar a qualidade das lentes, o estudo da radiação térmica por Kirchoff, o estudo das chamas e o uso do bico de Bunsen introduzido nos laboratórios de química no início dos anos 1860.

18

A substituição, motivo de controvérsias

Substituir um elemento por outro num composto, por exemplo, um átomo de hidrogênio ou um átomo de cloro num hidrocarboneto: tal façanha da substituição vai agitar todo o cenário da química na década de 1840. Pequena causa com grandes efeitos. A substituição abre um programa de pesquisas – identificar invariantes ao multiplicar as variações – que vai dar origem a uma nova disciplina, a química orgânica.

No início do século XIX, apesar do desaparecimento das categorias tradicionais de "química vegetal" e "química animal", os tratados químicos continuam a estudar compostos orgânicos de origem vegetal ou animal e, às vezes, a nutrição das plantas e a respiração dos animais, cujo pertencimento ao corpo da química analítica não é um problema. O próprio Lavoisier não estendera seu programa para incluir os compostos orgânicos? Depois de queimar carvão, álcool, óleos e açúcar com uma quantidade determinada de oxigênio, Lavoisier pesou e caracterizou os produtos formados. Com medidas e proporções, estudou a fermentação do vinho. Esse fenômeno fronteiriço – que se tornará objeto de disputas entre químicos e biólogos – está perfeitamente integrado à química de Lavoisier. Aliás, não é no capítulo sobre a fermentação do *Tratado elementar* que é formulado o famoso princípio da conservação e que são escritas as primeiras equações de reação? Fourcroy, colaborador de Lavoisier, descreve em seu *Système de chimie* (1800) um conjunto de oito técnicas analíticas para identificar e medir os constituintes das substâncias orgânicas. E relaciona então toda a diversidade de ácidos vegetais e animais com quatro constituintes fundamentais: carbono, hidrogênio, oxigênio e nitrogênio.

Como é que, por qual truque de prestidigitação, o rótulo "química orgânica", que então designava o estudo químico dos corpos organizados, passou a ter seu significado atual de química do carbono e de seus derivados? Seria isso uma segunda revolução química?

Em certo sentido, a reação de substituição, em torno da qual ocorre essa mudança semântica, tornou-se um acontecimento na história, por ter sido tão criadora de significado e de conhecimento quanto a revolução lavoisiana. O móbil da explicação química passa da substância simples ou do elemento para o conceito de grupo ou agregado molecular. Mas o acontecimento não se impôs como uma ruptura no tempo. Atua antes no espaço da química como motor de reorganização, de reajustamento. Uma redefinição de disciplina é realizada no curso cotidiano da ciência normal e é silenciosamente traduzida na distribuição interna dos cursos e dos tratados de química.

Química dos seres organizados

Com efeito, a substituição volta a colocar o problema da identidade e da unidade da química. No início do século XIX, a unidade da disciplina estava assegurada, porque a lógica da química inorgânica se estendia aos compostos produzidos pelos seres organizados. Mas, na década de 1850, a situação será invertida. É a química orgânica que fornece conceitos para pensar e classificar o mundo mineral. Em cerca de 20 ou 30 anos – ou seja, quase o tempo de uma carreira –, a teoria química é reorganizada sobre um novo tipo de coerência que não procede mais da lógica do simples e do complexo.

De fato, essa lógica é pouco adequada ao domínio orgânico. Pois é manifestamente impossível explicar as propriedades individuais do açúcar, do ácido acético etc., pela natureza e pela proporção dos quatro elementos – carbono, nitrogênio, oxigênio e hidrogênio – comuns a todos. As práticas ancestrais dos farmacêuticos ou perfumistas, que cuidadosamente extraem as essências dos perfumes, são aqui mais relevantes do que o estilo de análise defendido por Lavoisier. A análise elementar que leva a substâncias simples só pode julgar os corpos depois de destruí-los, enquanto a análise dos perfumistas, que se detêm nos "princípios imediatos", coloca o problema de sua rica multiplicidade e talvez do arranjo interno dos elementos que poderiam ser a sua causa.

O interesse de tal análise é ilustrado pelo trabalho de Michel Eugène Chevreul (1786-1889) sobre gorduras animais. Chevreul mostra que são todas compostas de três ácidos graxos – esteárico, "margárico" e oleico – em quantidades variáveis e, posteriormente, isola e caracteriza uma variedade de ácidos graxos.[1] Eis alguns dos produtos mais interessantes para a indústria, e o próprio Chevreul inventou a vela esteárica, a qual, quando outros trabalhos a tornarem lucrativamente viável, mudará a vida cotidiana no século XIX.[2] Separar os princípios imediatos de plantas e animais requer estratégias muito engenhosas. O método de Chevreul envolve a preparação de um sabão, que em seguida é separado num sólido e num líquido. A parte líquida é decomposta e destilada até obter um "ácido volátil" e glicerina.[3] Assim, de Fourcroy a Vauquelin, e depois Chevreul, desenvolve-se uma tradição de análise fina não só diferente da tradição lavoisiana como também de tanta importância para a indústria.

Como é que os tratados de química definem princípios imediatos ou radicais compostos? Para Chevreul, são substâncias isoláveis, com propriedades químicas e físicas bem definidas. Para Berzelius, os radicais encontram-se unidos dois a dois nos compostos, exatamente como os elementos e grupos de elementos que entram na formação dos sais inorgânicos e, tal como as substâncias simples, podem ser isolados por meio de uma análise. Os radicais orgânicos, portanto, estão de acordo com a lógica da química inorgânica. Aliás, Berzelius estende aos compostos orgânicos o dualismo e as categorias de ácido, base e sal. Baseando-se no modelo do óxido de amônio – escrito como N_2H_8O – produzido pela adição de um equivalente de amônia a um equivalente de água, ele define o éter como o óxido de um radical C_4H_{10} e o escreve como €_2H_5. Berzelius escreve a composição do ácido acético como $(C_4H_6)O_3 + H_2O$, usando como modelo o ácido sulfúrico $SO_3 + H_2O$.

Se, por um lado, a extensão das categorias da química inorgânica ao mundo organizado assegura uma certa coerência, por outro lado, ela atenua a demarcação entre a química inorgânica e a orgânica. O critério da origem animal ou vegetal dos compostos parece enfraquecer-se nos anos 1830, mas nenhum outro critério ocupa seu lugar. Nem o número nem a natureza dos constituintes são adotados por unanimidade. Em todo caso, o rótulo de química orgânica não inclui a química do carbono. Para Berzelius, a química orgânica continua sendo uma parte da fisiologia que descreve a composição dos corpos vivos e os processos químicos que neles ocorrem. As "combinações particulares formadas por carbono, nitrogênio, oxigênio e hidrogênio" aparecem num capítulo um tanto marginal de seu tratado, um apêndice da química inorgânica. De sua parte, Dumas chega a prever, em 1834, a rejeição da distinção entre química orgânica e química inorgânica. E em 1835, nas lições sobre a química de seu *Cours de philosophie positive*, Auguste Comte denunciou a falta de coerência da química orgânica: divide seu campo entre uma parte ligada por direito adquirido à química inorgânica, já que estuda compostos apenas de um grau mais elevado, e outra parte associada à fisiologia, já que estuda fenômenos relacionados aos seres vivos.[4]

A abordagem de um cristalógrafo

Mais do que pelas ciências dos seres vivos, a redefinição da química orgânica passará pela mediação de outra disciplina vizinha, a cristalografia. Desde o início do século, os cristalógrafos provocam os químicos a considerar a forma e o arranjo dos átomos, a focar na arquitetura dos edifícios moleculares. Ao caracterizar cada espécie mineral por uma forma poliédrica fixa, René Just Haüy (1743-1822) postulou uma correlação entre as propriedades macroscópicas de uma substância e suas propriedades microscópicas.[5] Haüy admitia que a forma da "molécula integrante" era determinada pelas "moléculas elementares que a compõem". Em suma, considerava a molécula como uma unidade estrutural subdividida em unidades mais básicas. Essa é a hipótese que os cristalógrafos vão entregar aos químicos, acompanhada de um instrumento precioso: cristais isomórficos que revelam a identidade de uma estrutura pela variação de seus elementos constituintes.

Alguns sábios franceses, influenciados pelos ensinamentos de Haüy, tentam aplicar essas noções cristalográficas da geometria molecular ao estudo da composição química. Foi por esse viés que Ampère havia chegado, em 1814, à mesma hipótese de Avogadro sobre o desdobramento das moléculas gasosas quando elas entram numa combinação. Marc-Antoine Gaudin, sugerindo a ideia de uma "arquitetura do mundo dos átomos", espera encontrar a chave dos fenômenos químicos no arranjo espacial dos átomos no interior da molécula,[6] e Alexandre Édouard Baudrimont tenta uma interpretação das combinações químicas em termos de rearranjo dos átomos.[7]

Um jovem doutorando, engenheiro da Escola das Minas, familiarizado com a cristalografia, Auguste Laurent (1807-1853), teve a ideia de opor essa abordagem cristaloquímica às interpretações eletroquímicas da combinação.[8] Em 1836, Laurent prepara no laboratório de Dumas seu doutorado em química, defendido no final de 1837, com uma tese intitulada *Recherches diverses de chimie organique*.[9] A partir de vários experimentos, conclui que certos átomos de hidrogênio são expulsos e substituídos por átomos de oxigênio ou de halogênios.

O resultado em si não é revolucionário, pois tinha sido bem estabelecido por Dumas. Numa ocasião, disse a um colega que, durante uma noite de trabalho nas Tulherias, na década de 1830, as velas soltavam uma fumaça particularmente irritante. Tendo sido solicitado por seu sogro, o químico Brongniart, a estudar o problema, Dumas mostra que os vapores liberados são de ácido clorídrico, oriundos da substituição do hidrogênio da cera por átomos de cloro durante o branqueamento da cera com cloro. Esse episódio apresenta, assim, um fenômeno de substituição que Dumas aproxima de outros casos já observados: em 1821, por Faraday acerca da ação do cloro sobre o etileno; em 1823, por Gay-Lussac sobre o cianogênio; em 1832, por Liebig e Wöhler sobre o benzaldeído e, finalmente, pelo próprio Dumas sobre a essência de terebintina, sobre o álcool e sobre o ácido acético. Considerando todas essas reações, Dumas enunciou, em 1834, uma "teoria ou lei empírica das substituições", às vezes chamada metalepse (troca, em grego), que pode ser resumida da seguinte forma: quando uma substância contendo hidrogênio é submetida à desidrogenação pela ação de cloro, bromo, iodo, oxigênio etc., para cada átomo de hidrogênio que perde, ganha um átomo de cloro, bromo, iodo ou metade de um átomo de oxigênio. Uma lei a mais, na mente de seu autor, não perturba a ordem estabelecida.

Mas o jovem químico, fazendo doutorado com Dumas, não descreve apenas o fenômeno. Publica nos *Annales de chimie* um artigo que, mesmo antes de apresentar resultados experimentais, lançava uma controvérsia teórica.[10] Laurent ataca abertamente o dualismo eletroquímico de Berzelius. Na verdade, de acordo com a interpretação eletroquímica da combinação, a substituição de um elemento eletropositivo, como o hidrogênio, por um elemento eletronegativo, como o cloro, deveria alterar completamente a natureza da substância, o que não acontece, pois o composto de partida e o composto resultante da substituição têm propriedades semelhantes. Além disso, o dualismo também é pego em flagrante delito: é impossível pensar a combinação como uma adição de dois radicais que a análise seja capaz de restaurar.

Para Laurent, que raciocina como um cristalógrafo, em termos do arranjo espacial dos átomos nas moléculas,[11] um composto não é uma simples justaposição, mas sim um edifício unitário, construído por substituições progressivas a partir de um módulo básico, uma forma primitiva. Essa nova representação leva a uma mudança no foco de interesse da química: a molécula, e não mais o átomo, torna-se a unidade relevante no estudo das reações químicas, o que será confirmado pelas definições propostas mais tarde por

Laurent no livro *Méthode de chimie*: o átomo representa a menor quantidade de uma substância simples que pode existir em combinação; e a molécula representa a menor quantidade de uma substância simples que pode ser usada para efetuar uma reação química.

Aos ataques desse obscuro estudante, o grande Berzelius responde com o desdém. Publicando todos os anos um relatório sobre o conjunto dos progressos da química, lido por todo mundo, traduzido em vários idiomas, em 1837, resume a publicação de Laurent e conclui: "Acho inútil que os *Rapports* levem em consideração o futuro de tais teorias". Efetivamente, no ano seguinte, nada diz sobre a teoria do "núcleo" esboçada por Laurent para generalizar o fenômeno da substituição. De acordo com essa teoria, todos os compostos orgânicos são derivados por substituição progressiva de um núcleo de base C_8H_{12} (para C = 6). Ao modo dos cristalógrafos, Laurent considera o núcleo como um prisma de 4 lados, com 8 vértices ocupados pelo carbono e 12 átomos de hidrogênio no centro das 12 arestas. Segundo Laurent, os haletos derivam da substituição do hidrogênio por cloro; e os aldeídos e ácidos, da adição de oxigênio.

Embora autor da lei das substituições, Dumas, que é profundamente químico, recusa as especulações geometrizantes ilustradas por formas rígidas de seu jovem assistente. Desde 1836 lhe dirige uma repreensão publicamente em suas *Leçons* no Collège de France. É fato que o cloro toma o lugar do hidrogênio, mas isso não implica o abandono de radicais binários em favor de fórmulas vagas, menos ou mais prováveis.[12] Imediata réplica de Laurent: invocando o artigo de Berthollet, proclama o direito de ir além dos fatos. Dumas insinua então que Laurent é um pouco instável, arrebatado e o desautoriza: "Nunca disse que a novo substância formada por substituição tenha o mesmo radical e a mesma fórmula racional que o primeiro. Disse mil vezes exatamente o contrário. Quem quiser sustentar essa opinião que a defenda; ela não me diz respeito".[13]

Enquanto proclama seu apego ao dualismo, Dumas prossegue, entretanto, suas experiências nas reações de substituição. Em agosto de 1838, obteve cristais de ácido cloracético, fazendo reagir 1 l de cloro gasoso com 0,9 mg de ácido acético glacial num frasco exposto à luz solar. Após ter analisado e caracterizado esse produto, que possui propriedades muito próximas ao ácido acético, Dumas escreve a reação: $C_4H_4O_2 + Cl_6 = C_4HCl_3O_2 + 3HCl$ (para C = 6). Ao admitir que o ácido cloracético tem uma fórmula próxima à do ácido acético, Dumas, por sua vez, rompe com o dualismo eletroquímico. Abandonando a imagem do "núcleo" de Laurent, Dumas avança a ideia de "tipos" a partir dos quais compostos são formados, e propõe uma classificação dos "tipos". Quanto a Laurent, enviado para Bordeaux, sem apoio e sem laboratório, enfastia-se e proclama em vão que previra a existência do ácido cloracético. É eclipsado na cena internacional, enquanto Dumas se impõe como defensor da teoria das substituições. Foi somente após sua morte, em 1853, que Laurent alcançaria reconhecimento graças à publicação, por Jean-Baptiste Biot, do seu *Méthode de chimie*.

Embate de gigantes

Nesse ínterim, o destino da teoria unitária, isto é, antidualista, desenrola-se numa luta impiedosa entre os três grandes mestres da química da época.[14] Entre Dumas e Liebig, houve alguns confrontos sobre a natureza do radical benzoílo identificado por Liebig e Wöhler e sobre a composição dos éteres. De Estocolmo, Berzelius era o árbitro soberano do jogo. Mas, quando Dumas publica seu estudo sobre o ácido cloracético, Liebig e Berzelius se unem contra ele. Berzelius defende sua teoria dos radicais binários, escrevendo a reação de formação do ácido cloracético como uma adição de cloreto de carbono e ácido oxálico $C_2Cl_6 + (C_2H_3 + H_2O)$. Deixando de lado a dificuldade eletroquímica, Berzelius consegue assim salvar o dualismo na última edição de seu *Tratado*, mas à custa de uma redefinição de todos os compostos produzidos por substituição. Com fórmulas incrivelmente complexas e radicais bizarros, essa tentativa desesperada não convencerá os leitores. Nenhum químico adota as últimas fórmulas de Berzelius, e o dualismo morre com ele em 1848.

Liebig, mais ofensivo, denuncia a arrogância de "Dumas *et al.*" e jura censurar seus trabalhos na sua revista. Entretanto, publica um relato caricatural do artigo de Dumas sobre o ácido cloracético sob um pseudônimo ofensivo, S. C. H. Windler (*Schwindler* é charlatão em alemão). Contudo, apesar da violência da polêmica, a disputa entre Liebig e Dumas parece sobretudo uma guerra de palavras, já que o "tipo" de Dumas muito se assemelha à definição de radical, proposta por Liebig em 1838, nos seus *Annalen der Chemie*. De acordo com essa definição, um radical deve ter pelo menos duas das três características seguintes: ser o constituinte invariante de uma série de compostos; poder ser substituído nesses compostos por uma substância simples; poder combinar-se com uma substância simples ou seus equivalentes. Após cinco anos de luta, Liebig acaba por concordar com as ideias de Dumas. Em 1845, chegou a lhe dedicar a tradução francesa de sua obra *Cartas sobre a química*.[15]

Em retrospecto, parece óbvio que a substituição do hidrogênio pelo cloro condenava objetivamente o dualismo eletroquímico, e essa impressão não é puramente retroativa: provavelmente explica o ardor e a imprudência com que o jovem Laurent confrontou os mais velhos. Não contava Laurent com "os fenômenos" do seu lado? Mas essa concordância entre a forma como Laurent avalia a dimensão do fenômeno e a que hoje lhe é reconhecida não permite dispensar os outros ingredientes dessa "revolução", tal como Laurent queria realizar. A formação básica, a posição acadêmica, a autoridade e o prestígio dos protagonistas de uma controvérsia são parte integrante duma "revolução".[16] Que a aliança entre um fenômeno curioso, talvez marginal, e um jovem doutor recentemente formado pudesse "reverter" um esquema interpretativo respeitado, lançando a química numa aventura mais ou menos especulativa, foi um evento de grande significado no que concerne a essa disciplina. Ao contrário, a proposta mais modesta de Dumas, a morte de Berzelius e a discreta mudança de atitude de Liebig fazem do fim do dualismo eletroquímico um "não evento", no apagar de um programa de pesquisas em degenerescência, no sentido de Lakatos.

A teoria dos tipos

No final dessa confrontação aparece um novo personagem, muitas vezes designado como líder de uma escola francesa. Charles Gerhardt (1816-1856), ex-aluno e tradutor francês de Liebig, membro do laboratório de Dumas, estava numa posição pouco confortável durante a batalha. Mas, na década de 1850, ultrapassando o conflito dos mestres, escreve um *Traité de chimie organique* que marca o começo da disciplina no sentido moderno e coloca um problema aberto pelo grande feito inovador da substituição, o do *status* dado à escrita.[17]

Até aqui, a reação de substituição aparece-nos através das polêmicas que despertou. De 1835 a 1845, o debate centrava-se sobre a natureza das combinações químicas: seja a adição de dois elementos, ou de dois radicais, unidos por cargas elétricas, seja a substituição de átomos com base num "núcleo" ou num "tipo". Com referência a essas práticas de análise ou substituição, decide-se outra questão fundamental: o que é um radical? Será um resíduo de análise imediata ou na verdade uma estrutura, um arranjo molecular, invariante?

Para os professores de química, essas questões fundamentais se traduzem em termos concretos e cotidianos: como nomear, escrever e classificar os compostos? O carbono é o principal responsável pela inflação do número de compostos. Em meados do século XIX, de sete a oito mil compostos já estão identificados. Aos alcoóis cada vez mais numerosos, juntaram-se os éteres e aldeídos. São necessárias fórmulas racionais e coerentes e um princípio de ordenação para guiar o estudante nesse labirinto.

Gerhardt, em seu *Traité de chimie organique*, tem como objetivo central estabelecer um sistema de classificação dos compostos com base na teoria das substituições. Para isso, adotou a noção de "tipo" químico, definida em 1850 por Alexander William Williamson, professor em Londres, ex-aluno de Liebig em Giessen e depois aluno de Auguste Comte em Paris. Segundo Williamson, todos os compostos são derivados de substituições sucessivas de um tipo fundamental: a água. Com base no tipo água, Williamson propõe uma nova escrita para os radicais:[18]

Tipo água	Radical álcool	Radical éter
$\left.\begin{matrix}H\\H\end{matrix}\right\}O$	$\left.\begin{matrix}C^2H^5\\H\end{matrix}\right\}O$, alcool	$\left.\begin{matrix}C^2H^5\\C^2H^5\end{matrix}\right\}O$, éther

A fórmula dos ácidos é derivada da água pela substituição do hidrogênio por radicais. Para os chamados ácidos "polibásicos", que podem formar vários sais com uma única espécie, Williamson considera que o tipo "água" é condensado várias vezes. E caracteriza cada radical pela sua "basicidade", isto é, pelo número de átomos que pode substituir, uma espécie de equivalente de substituição.

Em vez de referir todos os compostos a um único tipo, condensado de diversas formas, Charles Gerhardt prefere usar três tipos. Adota o tipo amoníaco definido em 1849 por Hofmann, o tipo água de Williamson e acrescenta, em 1853, o tipo hidrogênio e o ácido clorídrico.

Tipo hidrogênio	Tipo água	Tipo amoníaco
$\left.\begin{matrix}H\\H\end{matrix}\right\}$	$\left.\begin{matrix}H\\H\end{matrix}\right\}O$	$\left.\begin{matrix}H\\H\\H\end{matrix}\right\}N$

Com esses três tipos, Gerhardt interpreta um grande número de reações, especialmente aquelas em que os radicais são substituídos por dupla decomposição. Classifica compostos orgânicos sob três rubricas e até mesmo prevê compostos desconhecidos formados pela substituição de hidrogênio por radicais em cada um dos tipos. Gerhardt evita propor qualquer representação realista da arquitetura interna dos compostos e se recusa a pensar nos radicais como espécies isoláveis, existentes e permanentes. O radical é simplesmente "a relação segundo a qual se substituem ou se transportam de um corpo para outro, na dupla decomposição, certos elementos ou grupos de elementos".[19]

A ideia de relação atualiza, em pleno século XIX, uma noção que fez sucesso no século XVIII, em outro projeto de tabelamento e de ordenação. Além do triunfo da química das substâncias simples, isoláveis, Gerhardt, como aliás também Geoffroy, baseia-se na relação entre as substâncias para construir uma classificação. Mas essa noção se torna completamente abstrata. Já não se refere mais à afinidade de uma substância por outra, identificada através de milhares de reações empíricas. O radical ou a relação de Gerhardt é apenas um esquema taxonômico, que manifesta analogias e homologias. Ele não representa um grupo estável de átomos, mas apenas um grupo de compostos, um grau de classificação. Como as fórmulas que permitem escrever não têm nenhum alcance ontológico, Gerhardt as chama de "fórmulas racionais" e admite que uma mesma substância possa ser representada por diversas fórmulas. Gerhardt declara que, sobre a constituição real das substâncias, nada se pode saber. O que leva ao paradoxo: a química estrutural começa a se organizar, a se constituir como disciplina, ao professar agnosticismo sobre estruturas moleculares.

Contudo, as estruturas desempenham, apesar de sua abstração, um papel bem real na teoria de Gerhardt. Os "tipos" ou radicais atuam como um bloco que é transportado de uma substância para outra. Cada um deles pode ser caracterizado por um valor de substituição. Comportam-se como unidades, ou elementos. Melhor, ao fazer do hidrogênio um "tipo", Gerhardt nos convida a considerar as substâncias simples como "radicais" ou relações de substituição, e não mais como resíduos de análise, substâncias concretas que podem ser isoladas. Em suma, os "tipos" questionam o papel explicativo tradicionalmente atribuído às substâncias simples.

Discórdias

A recusa de qualquer ambição teórica e realista, que contrasta com a atitude de Laurent, não impediu, no entanto, que Gerhardt assumisse posições teóricas e provocasse um longo debate.[20] Ao estudar um grande número de compostos de carbono, Gerhardt identificou disparidades entre as fórmulas geralmente aceitas com base no peso equivalente e as quantidades obtidas nas reações. O declínio geral dos equivalentes na década de 1840, motivado pelas dificuldades encontradas no uso das densidades gasosas, eliminou totalmente daquele cenário as considerações volumétricas. Os equivalentes adotados correspondiam, segundo as substâncias, às vezes a dois volumes (hidrogênio, nitrogênio, cloro...) às vezes a um (oxigênio). Daí algumas inconsistências reveladas por Gerhardt, porque levava em conta os volumes. Ao admitir, como Berzelius, que a água contém dois átomos de hidrogênio para um átomo de oxigênio, e o ácido carbônico, um átomo de carbono para dois de oxigênio, Gerhardt observa que as quantidades obtidas na reação correspondem sempre ao dobro das fórmulas. Formam-se no mínimo H_4O_2 e C_2O_4. Gerhardt deduz que as fórmulas aceitas são duas vezes mais robustas e que isso complica desnecessariamente a representação escrita. Propõe, então, dobrar os pesos atômicos do carbono (12 em vez de 6), do oxigênio (16 em vez de 8) e reduzir pela metade o peso atômico de certos metais. Essa alteração torna possível simplificar um grande número de fórmulas, dividindo-as por dois, em particular as do ácido acético, dos alcoóis, dos aldeídos e dos hidrocarbonetos. Essas fórmulas simplificadas se opõem a qualquer escrita dualista e se prestam, pelo contrário, a uma interpretação em termos de tipos. Por exemplo, o ácido sulfúrico H_2SO_4 e o ácido acético $C_2H_4O_2$ podem ser escritos nas seguintes formas:

Ácido sulfúrico

$$\left.\begin{matrix} SO_2 \\ H_2 \end{matrix}\right\} O_2$$

Ácido acético

$$\left.\begin{matrix} C^2H^3O \\ H \end{matrix}\right\} O$$

Para convencer os químicos da necessidade da sua reforma, Gerhardt anuncia na introdução do seu *Traité* que vai utilizar os equivalentes de Gmelin para provar sua irracionalidade. Terá sido essa demonstração, por *reductio ad absurdum*, mais decisiva do que a autoridade adquirida por Gerhardt graças à sua descoberta dos anidridos e dos cloretos de ácidos graxos? Qualquer que seja o caso, a simplicidade das fórmulas "típicas" seduziu numerosos químicos. Depois de Laurent, o primeiro a aderir, vieram Chancel e Wurtz na França; Frankland, Hofmann, Williamson, Brodie, Odling e Gladstone, na Grã-Bretanha; Kekulé e Baeyer na Alemanha.

A partir de então, a questão das notações atômicas se torna dramática, sendo impossível um acordo. Até aqui, apesar dos conflitos, tinha-se sempre conseguido formar amplos consensos: sobre o sistema de Berzelius na década de 1830, o de Gmelin na década de 1840. Mas, na década de 1850, a comunidade química é uma torre de Babel. Não apenas o conflito entre equivalentes e atomistas está aberto, mas, no interior de cada campo, existem sérias diferenças. Os equivalentistas podem escolher entre equivalentes baseados unicamente nas relações ponderais de combinação, ou nas relações volumétricas, ou nos equivalentes de substituição, ou podem ainda optar por um sistema misto, adotando sempre a fórmula mais simples. Do lado dos atomistas, também não há acordo perfeito. Embora tenha constituído um sinal de união, a notação de Gerhardt é logo revisada e corrigida por alguns de seus seguidores. Em 1858, Stanislao Cannizzaro propôs novamente duplicar os pesos atômicos de um grande número de metais, e Adolphe Wurtz também introduziu algumas modificações. Em suma, uma cacofonia de números e de fórmulas. Uma mesma fórmula pode designar várias substâncias: por exemplo, HO designa água para alguns e para outros peróxido de hidrogênio; C_2H_4 é metano para alguns, etileno para outros. Inversamente, uma mesma substância pode ser escrita de várias maneiras, dependendo do sistema: o exemplo mais conhecido é o ácido acético, para o qual Kekulé identificou 19 fórmulas.[21] Decididamente, a marcha triunfal da química do século XIX está cheia de armadilhas. Setenta anos depois da reforma da nomenclatura, encontramo-nos diante de uma selva de fórmulas, com diferenças de escrita que tornam a comunicação difícil, quase impossível. Foi então que o químico August Kekulé decidiu pôr fim à desordem das fórmulas e tomou a iniciativa de reunir seus colegas num congresso.

Notas

1 Chevreul, 1823.
2 Emptoz, 1991, pp. 32-45.
3 Chevreul, 1824.
4 Comte, 1975 [1830-1842], vol. I, pp. 637-649.
5 Metzger, 1969a [1918]; Mauskopf, 1976, pp. 5-82.
6 Gaudin, 1873.
7 Baudrimont, 1833.
8 Aliás, mais tarde, Laurent redigirá um *Précis de cristallographie*, que Louis Pasteur lerá com proveito (*vide* próximo capítulo).
9 Jacques, 1954, pp. 31-39.

[10] Laurent, 1836, pp. 125-146.

[11] A distinção entre átomo e molécula é para ele tão evidente que se contenta em mencioná-la de passagem, numa nota de pé de página.

[12] Dumas, 1839, p. 299.

[13] "Je n'ai jamais dit que le nouveau corps formé par substitution eût le même radical, la même formule rationnelle que le premier. J'ai dit tout le contraire en cent occasions. Que celui qui voudra revendiquer cette opinion la soutienne; elle ne me concerne pas" (Dumas, 1838, p. 647).

[14] Leprieur, 1977.

[15] *Lettres sur la chimie*.

[16] Latour, 1989.

[17] Gerhardt, 1853-1856.

[18] *Idem*, vol. 1, p. 132.

[19] *Idem*, vol. 4, pp. 568-569.

[20] Wurtz, 1879, pp. 59-65.

[21] Kekulé, 1861, vol. 1, p. 58.

19

Reorganizar a química

No início de setembro de 1860, 140 químicos dos mais diferentes países, atendendo ao chamado de um colega, dirigem-se a Karlsruhe para discutir a notação atômica. Será o primeiro congresso internacional de química.[1]

Os químicos se reúnem em congresso

A questão é claramente definida na circular escrita por Kekulé e Wurtz: pôr fim às "profundas divergências sobre palavras e símbolos, que são prejudiciais para a comunicação e a discussão, fontes essenciais do progresso científico". Esse programa atribui uma dupla dimensão ao congresso de Karlsruhe.[2] Por um lado, concretiza a existência de uma comunidade química internacional e define as regras do seu funcionamento: comunicação e necessidade de um consenso. Por outro lado, trata de um problema teórico fundamental, pois o acordo sobre números e fórmulas está subordinado a um entendimento sobre as definições dos conceitos básicos: átomo, molécula e equivalente.

A natureza dos átomos e das moléculas poderá ser decidida por uma convenção, por um voto em assembleia? De fato, três dias de discussão não levaram a um acordo sobre essas questões. A única medida votada foi a adoção dos símbolos tachados de Berzelius. Em outros pontos, as diferenças são evidentes. Dumas expressa sua saudade do tempo em que a notação de Berzelius era um guia infalível. Kekulé afirma que o único imperativo é escolher uma notação, pouco importa qual, e a ela se ater. No entanto, confessa sua preferência por uma notação baseada apenas em considerações químicas. As propriedades físicas – volumes e densidades dos gases – não devem ter prioridade. Mas o químico italiano

Stanislao Cannizzaro (1826-1910) se esforça para reabilitar a lei de Avogadro. Pressiona seus colegas a admitirem a distinção entre átomo e molécula e a adotar o sistema de pesos atômicos de Gerhardt, corrigindo-o em alguns pontos.

Embora o congresso tenha terminado sem acordo unânime, a argumentação de Cannizzaro convenceu a maioria dos participantes. Por toda a Europa, em publicações e tratados, começa-se a usar a notação de Gerhardt, revisada por Cannizzaro, e a se definirem molécula e átomo como Wurtz, em seu *Dictionnaire de chimie*: "o átomo sendo a menor massa capaz de existir numa combinação, a molécula sendo a menor quantidade capaz de existir no estado livre".[3] Aparentemente, a ideia de uma molécula composta de dois átomos da mesma natureza já não choca tanto quanto por volta de 1820; em todo caso, parece já não mais constituir obstáculo para a utilização da lei de Avogadro. Como foi removido esse obstáculo? Por que mistério nos acostumamos à ideia de uma ligação entre átomos de mesma natureza? Essa foi outra descoberta contemporânea, crucial para a química sintética, que será mostrada no próximo capítulo.

Mas o congresso de Karlsruhe foi também o ponto de partida para outra história, pois, entre os químicos entusiasmados com os argumentos de Cannizzaro, estão dois jovens professores de química, Julius Lothar Meyer (1830-1895), da Universidade de Breslávia, então na Alemanha, e Dmitri Ivanovich Mendeleev (1834-1907), de São Petersburgo. Nos anos seguintes, os dois vão desenvolver um sistema periódico de elementos baseado nos pesos atômicos recomendados por Cannizzaro.

Mendeleev sempre disse que o congresso de Karlsruhe foi o primeiro passo para a descoberta da lei periódica.[4] Como compreender esse fato? Será que os novos pesos atômicos deram a Mendeleev e Meyer a intuição da periodicidade? De fato, os dois se interessaram inicialmente em classificar os elementos por razões pedagógicas, para organizar o conjunto dos conhecimentos num livro de química. Foi no âmbito de um tratado publicado em 1862, *Die Modernen Theorien der Chemie*,[5] que Meyer construiu um primeiro sistema de classificação. Quanto a Mendeleev, não encontrando outro livro-texto aceitável que não fosse o tratado de Gerhardt sobre química orgânica, decidiu escrever o próprio tratado sobre química geral para seus alunos. Foi durante a redação dos *Princípios de química* que Mendeleev descobriu, em março de 1869, a famosa lei periódica que lhe permitiu classificar todos os elementos conhecidos e prever a existência de outros. Essa classificação não foi a única nem foi a primeira.[6] Mendeleev se beneficiou enormemente de muitas tentativas anteriores, que evidenciaram relações numéricas entre pesos atômicos de famílias de elementos análogos. Mais ou menos na mesma época, outros – Meyer, Newlands, Odling – conceberam sistemas periódicos muito semelhantes e até deixaram espaços vazios para elementos desconhecidos. À custa de algumas disputas de prioridade, notadamente com Meyer, a classificação de Mendeleev finalmente eclipsou as outras. Como explicar o seu sucesso?

Vamos reconsiderar a situação. Por volta da metade do século, a química orgânica nascente abalava a teoria, as noções básicas e a notação química. Tal reviravolta exigia uma redefinição da relação entre a química inorgânica e a química orgânica. A teoria dualista foi formada localmente no estudo dos sais inorgânicos, antes de ser estendida a compostos orgânicos. A teoria unitária, elaborada no estudo de compostos orgânicos, por sua vez, será estendida à química inorgânica? Consequência previsível, mas surgem vários caminhos. Para bem evidenciar duas formas possíveis de coordenar as noções resultantes da química orgânica e da química inorgânica, apenas os sistemas de classificação desenvolvidos por Dumas e por Mendeleev serão apresentados aqui.

O sistema proposto por Dumas consiste em expandir a noção de radical para a química inorgânica, seguindo o exemplo de Gerhardt, que tratava o hidrogênio como um "tipo". Será que o enxofre não poderia ser redefinido como um radical "sulfurilo"; o nitrogênio, como um radical "nitrilo"; o fósforo, como "fosforilo"...? Estender o conceito de radicais à química inorgânica apresenta muitas vantagens. Unifica a química, ao eliminar uma barreira arbitrária entre a química inorgânica e a orgânica: por que a química do carbono obedeceria a leis diferentes daquelas dos outros elementos? Permite considerar o problema da classificação em sua máxima generalidade, tratando globalmente as substâncias simples e os compostos. Finalmente, analogias entre as famílias de substâncias simples (ou radicais) da química inorgânica e os radicais da química orgânica podem constituir uma prova robusta em favor da complexidade das substâncias consideradas simples, ou seja, um argumento poderoso em apoio à hipótese de Prout. Tal é a conclusão de Dumas em 1858 numa monografia intitulada *Sobre os equivalentes das substâncias simples*,[7] na qual mostra que a progressão aritmética observada na série dos radicais de éteres é a mesma que se observa entre os pesos equivalentes de várias famílias de substâncias simples (do lítio, do oxigênio e do magnésio), e o mesmo se verifica para a série dos amônios e para a família dos halogênios.

A tabela de Mendeleev

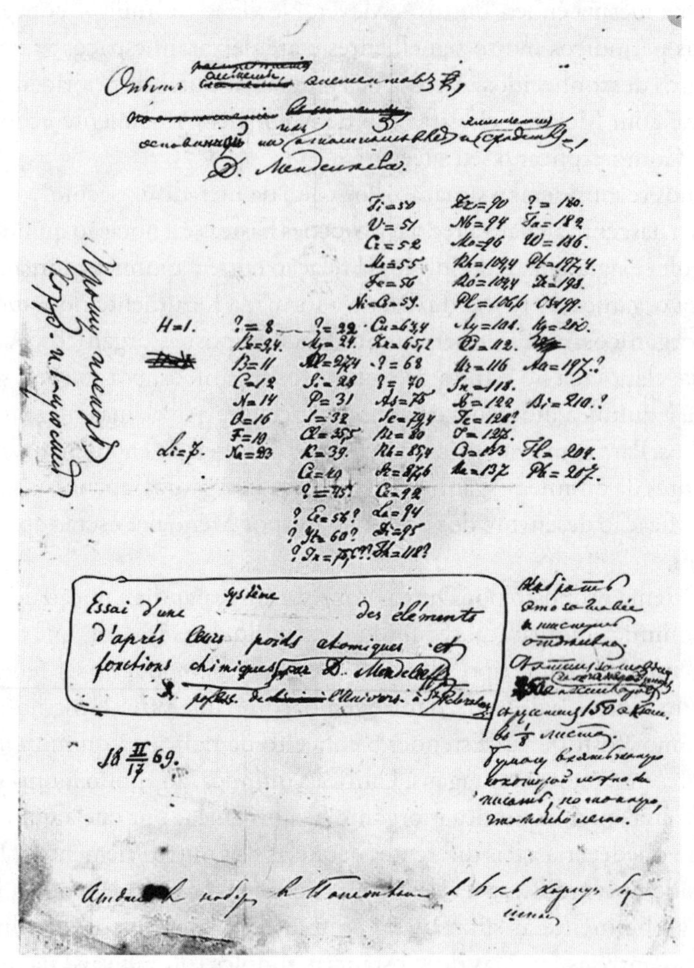

Manuscrito da primeira tabela de Mendeleev, de 1869 (Museu D. Mendeleev, São Petersburgo).

Para integrar as inovações da química orgânica na química inorgânica, Mendeleev segue outro caminho, também inspirado por Gerhardt. O artigo em que anuncia sua descoberta perante a Sociedade de Química da Rússia começa nestes termos:

> Assim como, antes de Laurent e Gerhardt, empregavam-se indistintamente as palavras molécula, átomo e equivalente, também hoje em dia muitas vezes se

> confundem as expressões elemento e substância simples. Cada uma delas, no entanto, tem um significado distinto, que deve ser esclarecido para evitar confusão nos termos da filosofia química. Uma substância simples é algo material, um metal ou metaloide, dotado de propriedades físicas e químicas. A expressão substância simples corresponde à ideia de molécula [...]. Por outro lado, deve-se reservar o nome de elemento para caracterizar as partículas materiais que formam substâncias simples e compostos e que determinam o modo como se comportam do ponto de vista físico e químico. A palavra elemento corresponde à ideia de átomo.[8]

Mendeleev ilustra a diferença entre elemento e substância simples com o caso do carbono, elemento que se apresenta na forma de três substâncias simples – grafite, diamante e carvão –, ou do nitrogênio, inerte no estado livre, mas bastante ativo quando em combinação.

Introduzir – ou reintroduzir – na química inorgânica a distinção entre átomo e molécula esboçada por Avogadro, reatualizada por Gerhardt e Cannizzaro, foi a primeira lição que Mendeleev parece ter aprendido no congresso de Karlsruhe. De início, a distinção que ele faz entre elemento e substância simples pode parecer um pouco trivial. No entanto, essa distinção nunca havia sido feita antes dele; a maioria dos químicos permanecia na ambiguidade substância simples/elemento, sem especificar o que classificavam. Ora, a distinção elaborada por Mendeleev, a partir da de Gerhardt, implica uma completa reorganização do panorama conceitual da química.

No início de seu livro *Princípios de química*,[9] Mendeleev atribui à química um novo programa: aprofundar as relações entre substâncias simples e compostos por um lado e, por outro lado, entre os elementos que neles estão contidos. Objetivo cumprido pela lei periódica que define precisamente uma função entre elementos e substâncias simples ou compostos:

> As propriedades das substâncias simples e dos compostos dependem de uma função periódica dos pesos atômicos dos elementos, pela simples razão de que essas propriedades são elas mesmas as propriedades dos elementos dos quais derivam aquelas substâncias.[10]

Mendeleev substitui o programa lavoisiano, que prescrevia um vaivém entre substância simples e composto, pelo vaivém entre elemento e substância simples ou composto. A noção de substância simples, central numa química baseada na análise, torna-se secundária numa química modelada pela substituição. A substância simples deixa de ser o princípio explicativo, sendo remetida para o lado dos fenômenos e das aparências. Apenas o elemento pode explicar as propriedades das substâncias simples, bem como as das combinações. Sempre oculto nas substâncias simples e nos compostos, o elemento subsiste, preserva a matéria nas reações químicas, circula e é trocado.

O deslocamento da substância simples, concreta, para essa realidade abstrata do elemento aparece como uma condição essencial para formar um sistema geral dos elementos. Mendeleev, querendo se distanciar de seus precursores ou rivais, enfatiza que antes dele, "uma vez que o fato bruto sempre ocupava o primeiro lugar", no melhor dos casos, era possível formar e agrupar famílias, mas não submeter a multiplicidade das substâncias a uma lei *geral*, e muito menos prever elementos desconhecidos. Embora seja um pouco injusta em relação a certos colegas, essa afirmação destaca um aspecto importante da abordagem de Mendeleev: seu desejo de alcançar uma lei natural e geral, em que não houvesse exceções. O seu modelo, analisado em profundidade no seu livro *Princípios*, foi a lei que designou de Avogadro-Gerhardt.

Para chegar a uma tal lei geral, as exceções devem ser removidas. Assim que vislumbra a relação periódica, Mendeleev se permite ir contra os resultados experimentais e inverte o iodo e o telúrio de suas posições na tabela, apesar de seus pesos atômicos sucessivos, corrige o peso atômico do índio, duplica o peso do urânio etc. Além disso, para respeitar a função periódica, Mendeleev – assim como Newlands, Odling e Meyer já haviam feito antes – não se contenta em deixar espaços vazios para três elementos desconhecidos aos quais dá os nomes de eka-alumínio, eka-boro, eka-silício; Mendeleev também deduz as propriedades dos elementos previstos, a partir das propriedades dos quatro elementos vizinhos na tabela. A precisão dessas antecipações em relação às descobertas experimentais ilustra o novo *status* dos elementos: já não são uma singularidade isolada no final de um experimento, mas sim uma individualidade definida por suas relações, por seu lugar em uma rede.

Tão abstrato quanto o "tipo" de Gerhardt, o conceito de elemento químico, que é ao mesmo tempo condição e resultado da classificação periódica, tem uma existência bem real e não apenas teórica. A individualidade dos elementos químicos é, para Mendeleev, uma característica objetiva da natureza, tão fundamental quanto a gravitação de Newton. Quanto mais se recusa a entrar nos debates sobre a realidade dos átomos – pois se interessa especialmente pela relação entre átomo e molécula –, mais se posiciona como defensor da individualidade e da pluralidade dos elementos químicos, e combate ferozmente a hipótese de Prout, que considera como uma regressão aos sonhos alquímicos.

Ironia da história. A classificação periódica de Mendeleev foi percebida por muitos contemporâneos como um argumento decisivo em favor da redução dos elementos a um elemento originário. É por essa razão que Marcelin Berthelot a critica no seu livro sobre *As origens da alquimia*,[11] ou que os defensores da hipótese de um único elemento originário acolhem a classificação periódica com entusiasmo. Durante anos, Mendeleev indigna-se, protesta contra tal uso de sua descoberta e continua a proclamar sua fé na individualidade dos elementos. Quando conhece, no final de sua vida, as descobertas da radiatividade e do elétron, tenta o impossível para salvar seu conceito de elemento. Num curto ensaio, aventura-se a uma explicação da radiatividade em termos de turbulência do éter ao redor dos átomos mais pesados.[12] O éter é tratado por Mendeleev como um elemento químico e colocado no topo da coluna dos gases nobres. Hipótese grandiosa, mas infeliz. Não só se podia esperar salvar a individualidade dos elementos químicos, mas também unificar, através de um novo conceito de éter, o eletromagnetismo, a mecânica e a química.

Entretanto, esse erro, ao qual Mendeleev acabou por renunciar, é rico em ensinamentos, pois dá ao químico moderno uma visão incomum sobre a classificação periódica. Mostra que a tabela periódica pertence à química do século XIX, enquanto nos cursos e livros didáticos de química se aprende hoje em dia a classificação periódica como uma expressão da estrutura eletrônica dos átomos e se apresenta Mendeleev, quando mencionado, como precursor das teorias eletrônicas formuladas no início do século XX. Mas, longe de profetizar, Mendeleev reúne a química do seu tempo, extrai lições da química das reações de substituição para reorganizar o conjunto dos conhecimentos em torno dos elementos e já não mais de substâncias simples.

Assim, a unidade da química, por um momento contestada, e depois ameaçada pela teoria baseada nas reações de substituição, parece reformulada sobre novas bases. A lógica analítica, soberana na química do começo do século, deu lugar à lógica taxonômica da elaboração de tabelas. Orgânica ou inorgânica, a química obedece às mesmas leis, e as substâncias são ordenadas numa mesma tabela. A distinção entre os dois ramos parece justificada não pela natureza das coisas, mas por considerações pedagógicas. Correlativamente, a substituição perde seu *status* subversivo: é apenas uma operação de combinação entre outras, específica apenas na medida em que destaca a diferença entre o que é trocado e o que circula durante uma reação química, e o que pode subsistir no estado livre, a substância simples ou composto. No entanto, entre os químicos reunidos em Karlsruhe, alguns, como Kekulé, já estavam envolvidos num novo problema: a questão do arranjo dos átomos que formam as moléculas, que vai criar condições para uma nova façanha, a da síntese.

Notas

[1] Nye, 1983.
[2] Bensaude-Vincent, 1990, pp. 149-169.
[3] "L'atome étant la plus petite masse capable d'exister dans une combinaison, la molécule étant la plus petite quantité capable d'exister à l'état libre" (Wurtz, 1873, vol. 1, p. 461).
[4] Mendeleev, 1879, pp. 691-737.
[5] Meyer, 1888.
[6] Van Spronsen, 1969.
[7] *Sur les équivalents des corps simples*. Dumas, 1859, pp. 129-210.
[8] Mendeleev, 1879, p. 693.
[9] *Idem*, 1869-1871.
[10] *Idem*, vol. 2, p. 470.
[11] Berthelot, 1885.
[12] Mendeleev, 1904.

20

Escrever sínteses

"A química cria seu objeto. Essa faculdade criativa, semelhante àquela da própria arte, distingue-a essencialmente das ciências naturais e históricas".[1] Essa frase famosa revela uma nova identidade para a química. No século XVIII, depois de terem feito tudo para subordinar o fazer ao saber, as artes químicas à ciência, os químicos agora distinguem o seu saber por uma "faculdade criativa semelhante àquela da arte". A expressão pode ser entendida de duas maneiras, na prática e na teoria. A química pura gera aplicações, produz objetos artificiais que imitam ou suplantam a natureza. Esse é o sentido que lhe atribui Berthelot. Mas também se pode lhe dar, como Bachelard, um sentido epistemológico: o objeto da química não é dado pela natureza, mas construído pela mente. Estruturas, radicais e tipos são, antes de tudo, objetos do pensamento, de modo que as substâncias artificiais, produzidas com base nessas estruturas, são "conceitos materializados".[2] A ambiguidade abstrato/concreto da palavra "objeto" revela a dupla natureza da síntese: façanha tanto prática quanto teórica.

Mesmo que, na primeira metade do século XIX, sínteses bastante complexas tenham sido realizadas – como a da ureia ou a do ácido acético por Hermann Kolbe (1818-1884)[3] –, foi apenas na década de 1860 que a síntese se tornou um programa sistemático de pesquisas, no qual teorização e produção avançam no mesmo ritmo. Uma vez adquiridas certas noções de estrutura essenciais para o lançamento dessa grande tarefa, a síntese torna-se ao mesmo tempo um meio de produção de novas substâncias, fonte de lucros para a indústria e uma ferramenta de exploração da arquitetura molecular, notável instrumento de investigação, que substitui a análise.

O que é exatamente a síntese para os químicos do século XIX? Com base numa ideia geral da construção ou da composição de uma substância, esse termo abrange vários significados muito diferentes.[4] Tem-se o costume de distinguir as sínteses de acordo com a natureza do produto – seja uma substância natural reproduzida no laboratório ou um produto artificial –, e se combina esse parâmetro com a natureza dos elementos de partida: sejam substâncias artificiais, sejam elementos ou compostos encontrados na natureza. Essas distinções, hoje em dia primordiais e incluídas nas legislações, são menos frequentes na literatura química do século XIX do que as diferenças na natureza da operação. A maioria dos químicos situa seu trabalho em relação a duas categorias: sínteses total e parcial.[5] No primeiro caso, as substâncias são produzidas a partir dos elementos – carbono, hidrogênio etc. –, no segundo, as substâncias são produzidas a partir de outros compostos mais simples. A síntese parcial ou indireta tem sido praticada com sucesso desde a década de 1820, mas o objetivo, e a ambição de muitos químicos do século XIX, é a síntese total ou direta. Entre as duas, há apenas uma diferença de exploração. A identidade da química está novamente sendo questionada. Enquanto a teoria da substituição tinha ameaçado a química com uma clivagem interna, a síntese levanta sobretudo problemas de fronteira. O químico tem o poder de fabricar a vida? Uma questão candente, tão repleta de implicações filosóficas nos debates do século XIX, que suscitou uma bela lenda.

A síntese da ureia

A síntese da ureia por Wöhler em 1828 é celebrada como um evento sem precedentes. Sendo a primeira síntese artificial de uma substância produzida por organismos vivos, diz-se que demonstrou a inexistência da "força vital". Essa interpretação é uma reconstrução retrospectiva dos acontecimentos, forjada por Hofmann.[6]

Na realidade, a hipótese da força vital não é abalada pela síntese da ureia. Para um Berzelius, basta dizer que não é uma síntese direta a partir dos elementos, mas sim a formação de ureia a partir de um cianato. O próprio cianato não havia sido preparado a partir dos elementos, mas pela oxidação de um cianeto obtido a partir de chifres e cascos de animais. Tanto antes como depois de 1828, Berzelius acredita firmemente na existência de uma força vital "que provavelmente atua na formação das combinações orgânicas e tem sido pouco observada até agora".[7] Se Berzelius baseia sua crença na força vital sobre a impossibilidade de realizar uma síntese direta de compostos orgânicos, nem todos os químicos pensam como ele.

Liebig proclama incessantemente que o principal objetivo da química é a produção artificial de compostos orgânicos. Mesmo que uma síntese direta de açúcar, de morfina... ainda seja impossível, já lhe parecia provável, num futuro próximo. É por isso que, em 1840, Liebig concebeu um programa ambicioso de extensão da química ao campo da fisiologia. Mas ele não baseia esse projeto na negação da força vital, como ilustraria a síntese da ureia por seu amigo Wöhler. Liebig admite naturalmente a existência de uma força vital, que caracteriza pelos seus efeitos na *Química aplicada à fisiologia animal e à patologia*.[8] A intervenção do químico na fisiologia não implica uma posição reducionista. "A química nunca será capaz de produzir um olho, um cabelo, uma folha."[9] Liebig, tal como seu amigo Wöhler e os contemporâneos deles, aqueles milhares de leitores de suas *Cartas sobre a química*, cuidadosamente distinguem duas questões que se confundem nas lendas sobre a síntese da ureia: a especificidade dos compostos orgânicos eventualmente objetos de uma síntese artificial e a especificidade de organismos vivos capazes de realizar tais sínteses sem disporem do conhecimento ou dos instrumentos do químico.

A síntese da ureia como uma experiência crucial que derruba um dogma metafísico é, portanto, um mito elaborado sobre um vago esquema positivista para exaltar o poder da síntese química. Longe de arruinar a força vital, a experiência deu origem a um novo argumento, retomado por Claude Bernard, para diferenciar entre o inerte e o vivo: o químico pode sintetizar produtos da natureza viva, mas não pode imitar seus processos.[10]

Vamos então seguir o discurso desses atores. Como foi que Wöhler e seus contemporâneos receberam a síntese da ureia? Na conclusão do artigo em que descreve sua síntese, Wöhler não discute a força vital, mas sim o problema que será chamado de "isomeria". De fato, a ureia é obtida dos mesmos componentes que o cianato de amônio e, ainda assim, não possui as propriedades desse sal. O que torna essa experiência um acontecimento importante e extraordinário aos olhos de Berzelius e de Liebig é que ela coloca abertamente o problema da organização dos átomos.

Em 1832, o relatório anual de Berzelius afirma que se deve questionar a ideia, até então aceita como um axioma, de que substâncias compostas dos mesmos constituintes nas mesmas proporções devem necessariamente ter as mesmas propriedades químicas. De fato, o cianato de amônio e a ureia não são os únicos compostos que têm a mesma fórmula, mas propriedades químicas diferentes. O mesmo acontece com o ácido fulmínico estudado por Liebig e o ácido ciânico estudado por Wöhler; ou com os ácidos tartárico e racêmico,[11] como estabeleceu o próprio Berzelius. Assim, já não basta caracterizar um composto pela natureza e pela proporção de seus constituintes, ou seja, as fórmulas empíricas são insuficientes. Comparando com os casos em que substâncias compostas por diferentes elementos se cristalizam nas mesmas formas, ou seja, com o isomorfismo descoberto por Mitscherlich, Berzelius destaca em primeiro lugar a simetria entre os dois fenômenos, chamando "heteromorfos" os corpos que têm o mesmo número de átomos dos mesmos elementos, mas têm propriedades químicas e formas cristalinas diferentes. Finalmente, para estabelecer um termo mais apropriado, inventa a palavra "isômeros", do grego *isos-méros*, partes iguais. Esse termo genérico é rapidamente subdividido em subespécies: Berzelius chama de "polímeros" as substâncias que têm os mesmos átomos constituintes, em igual número relativo, mas diferentes números absolutos, e dá como exemplos o etileno ou gás olefiante, que escreve como CH_2, e um óleo chamado *Weinöl* C_4H_8. Chama de "metâmeros" as substâncias que têm os mesmos átomos constituintes com os mesmos números relativos e absolutos, mas com arranjos diferentes entre os dois "átomos compostos" que formam essas substâncias. Dá como exemplos o sulfato e o sulfito de estanho, que escreve respectivamente como $SnO.SO_3$ e $SnO_2.SO_2$. Embora essa terminologia não seja seguida à risca, os químicos geram uma nova classe de substâncias e de fenômenos que os obrigam a ultrapassar as "fórmulas brutas" para levar diretamente em conta a organização dos átomos no "átomo composto".

Isômeros ópticos

A família variegada de isômeros é enriquecida por uma nova espécie, os isômeros ópticos. Louis Pasteur (1822-1895), jovem químico formado na Escola Normal, definiu seu tema de tese a partir de uma nota, publicada por Mitscherlich em 1844, sobre o tartarato e o paratartarato.* [12] Esses dois sais têm a mesma composição, a mesma natureza e o mesmo número de átomos, as mesmas propriedades químicas, e cristalizam formando os mesmos ângulos. São idênticos em todos os testes químicos e até mesmo para o goniômetro dos cristalógrafos, com exceção de um teste: o polarímetro. Diferem,

* De sódio e amônio. (N. da T.)

então, por uma propriedade física: o tartarato polariza a luz, o paratartarato não tem atividade óptica.

Em 1848, Pasteur resolve o enigma estabelecendo relações entre os estudos do físico Jean-Baptiste Biot sobre o poder rotatório de certas substâncias cristalizadas e o trabalho dos cristalógrafos sobre a hemiedria de certos cristais. Se um cristal hemiédrico como o quartzo (com metade das faces orientadas para a direita e a outra metade para a esquerda) tem atividade óptica, o tartarato deve também apresentar hemiedria. Isso Pasteur verifica na prática. O paratartarato, que não tem atividade óptica, não deveria apresentar hemiedria. Porém, Pasteur constata o contrário. Mas também verifica que o tartarato cristalizado é, na verdade, uma mistura de microcristais de simetrias inversas. Ele separa manualmente as "facetas direita e esquerda" e descobre que os dois conjuntos de microcristais separados são opticamente ativos. É, portanto, a mistura deles que deve neutralizar a atividade óptica.[13]

Fiel à tradição de Haüy, Pasteur atribui essas diferenças de comportamento à forma das moléculas. Esses dois cristais devem apresentar moléculas assimétricas, que não podem ser superpostas à sua imagem especular e que mais tarde serão chamadas de "quirais" (da palavra grega que significa mão) ou enantiômeros.[14]

Para uma primeira tentativa, foi um golpe de mestre! Quando Pasteur publica sua tese, Jean-Baptiste Biot o abraça emocionado, declarando que "essa descoberta faz meu coração disparar". Deve-se dizer que Pasteur teve sorte, porque os casos de enantiômeros que se dividem espontaneamente nas condições comuns de laboratório, e que podem ser separados manualmente, são extremamente raros.[15] Em todo caso, essa variedade de isômeros testemunha uma possível ligação entre as propriedades físicas e químicas de uma substância e a configuração espacial dos átomos na molécula. Pasteur, portanto, pressupõe necessariamente uma distinção entre átomos e moléculas, quando expõe sua lição à Sociedade Química de Paris, em 1860. Mas Pasteur não vai a Karlsruhe em setembro para discutir com seus colegas as respectivas definições desses termos. Como veremos mais adiante, Pasteur está interessado mais no uso da assimetria molecular como critério de distinção entre o inerte e o vivo do que na investigação da estrutura molecular. Outros, trabalhando nesse campo de pesquisa por ele abandonado, inventarão a estereoquímica, que vai multiplicar as possibilidades de síntese. Mas, antes de entrar nesse novo espaço, vamos primeiro ver como o programa da síntese se tornou possível.

Do tipo à atomicidade

Esse programa só poderia ser concebido com base nas "fórmulas desenvolvidas", distintas das "fórmulas brutas" resultantes da análise. A multiplicação dos casos de isomeria exigiu o abandono das fórmulas brutas, substituídas por uma nova forma de escrita que indica o arranjo dos átomos na molécula, que se organizou em torno de uma noção forjada nos anos 1850-1860: a valência ou atomicidade.[16]

Em 1847, Edward Frankland (1825-1899), químico experiente nas operações analíticas que aprendera com Liebig em Giessen e que pratica quotidianamente no Geological Survey em Londres, lança-se no projeto de isolar o radical etilo, durante um estágio com Bunsen, em Marburgo. Tenta primeiro isolá-lo com potássio a partir do cianeto de etila, mas, em vez do radical desejado, obtém produtos estranhos e complexos. Tenta em seguida extraí-lo a partir do iodeto de etilo, sempre com potássio, resultando em vários hidrocarbonetos numa reação muito violenta. Utiliza então um metal menos reativo, o zinco, que causa uma explosão com uma abundante liberação de gás, na qual encontra iodeto de etil-zinco (EtZnI) e dietil-zinco (Et_2Zn). Acabava assim de descobrir uma nova classe de substâncias, os compostos organometálicos, que constituíam um argumento concreto a favor de uma união das químicas orgânica e inorgânica no momento em que a separação era evidente. Esse foi também o ponto de partida da teoria de valência: tudo acontece, escreve Frankland, como se os átomos de zinco, ou estanho, ou antimônio tivessem espaço suficiente para se ligar a um número fixo e definido de átomos de outros elementos. E introduz o termo "valência" em 1852.

Trata-se de explicar por que razão os diferentes elementos se combinam preferencialmente em certas proporções e não em outras. É nesses termos que Kekulé formula o problema. Sendo seus átomos definidos pelo peso atômico, Dalton não fornece uma resposta. Para explicar esse comportamento dos elementos, é necessário atribuir aos átomos outra propriedade individual e intrínseca: uma capacidade de combinação. É por isso que Kekulé substitui o termo "valência" por "atomicidade".

Adolphe Wurtz (1817-1884), professor em Paris, elabora e difunde essa noção. Para Wurtz, ela se aplica tanto a radicais quanto a elementos: o "tipo" hidrogênio de Gerhardt é monoatômico, o "tipo" água é diatômico, e o "tipo" amoníaco, triatômico. E sobretudo, sob o termo atomicidade, Wurtz identifica o valor de substituição, que Williamson chamou de "basicidade", e o valor de combinação, chamado "valência". Por exemplo, o etileno pode substituir dois átomos de hidrogênio em duas moléculas de ácido clorídrico e se combinar com os dois átomos de cloro restantes. Essa capacidade de substituição e combinação permite caracterizar uma substância e prever seu comportamento de acordo com o número de valências livres e saturadas.

A atomicidade é, portanto, um instrumento de previsão, mas também de planejamento para pesquisas, como ilustra a descoberta dos glicóis por Wurtz, em 1856. Tendo notado uma lacuna entre o radical monoatômico dos álcoois e o radical triatômico da glicerina, Wurtz se pergunta se não existiria um radical diatômico. Ele o identifica e mostra que, saponificando-o com óxido de prata, é obtida uma série de compostos intermediários entre o álcool e a glicerina, que chama de glicóis.

É para expressar a atomicidade que se adota uma fórmula chamada "desenvolvida", indicando o número de valências que os diferentes átomos constituintes trocam entre si. A água, por exemplo, é escrita agora como $H^2{=}O$. Enquanto as fórmulas de Gerhardt classificam os compostos de acordo com uma estrutura básica arbitrariamente escolhida como um "tipo" ou modelo, a "fórmula desenvolvida" destaca todas as possibilidades de troca ou combinação. Em vez de indicar um modo hipotético de formação, indica as maneiras pelas quais uma síntese pode ser feita.

O caminho que leva do "tipo" à atomicidade também corresponde a uma mudança de interesse pelos radicais em direção aos elementos. Enquanto Gerhardt construía todo o seu sistema sobre agrupamentos atômicos típicos, e até concebia os elementos tendo como modelo os "tipos", Kekulé sinaliza um retorno aos elementos. O programa a que se dedica é explicar as propriedades dos compostos pela natureza dos elementos e não por radicais. O carbono é ao mesmo tempo o motivo e o ator principal. A descoberta de sua tetravalência, em 1858, vai enquadrar toda a química de síntese.

Antes de inaugurar a era das sínteses, August Kekulé reuniu todos os conhecimentos e técnicas disponíveis durante a sua formação. Em Giessen, com Liebig, adquiriu o domínio das técnicas analíticas; vem então para Paris, onde convive com Gerhardt e se familiariza com a teoria dos tipos, que aprofunda ainda mais, graças a uma estadia em Londres com Williamson. Finalmente termina sua jornada como *Privatdozent* em Heidelberg, com Robert Wilhelm Bunsen, mestre na arte da experimentação e na invenção de equipamentos.

Ao considerar a série de derivados do metano, então chamado de gás dos pântanos, Kekulé postula a tetravalência do carbono ou a equivalência dos quatro átomos de hidrogênio. Depois, examinando o etano e seus homólogos, observa que o número de átomos de hidrogênio nunca excede o limite indicado na fórmula geral C_nH_{2n+2} e postula que os átomos de carbono podem trocar entre si uma valência, isto é, combinar-se uns com os outros.

Afinidade entre dois átoms iguais é uma noção estranha, que parecia bárbara nos dias de Berzelius, como mostrou a hostilidade à hipótese de Avogadro. Entretanto, a ideia é muito interessante, porque vários fenômenos são explicados ao mesmo tempo: o limite do número de átomos de carbono nos chamados hidrocarbonetos saturados; o fato de os átomos de hidrogênio estarem sempre em número par nos hidrocarbonetos; a estabilidade e a variedade infinita das combinações do carbono. Eis finalmente a razão de ser da química orgânica! A separação e a relativa autonomia da química do carbono que se impôs *de fato* com a teoria das substituições encontram uma justificativa. E, ao mesmo tempo, como benefício colateral da afinidade do carbono por si mesmo, a hipótese das moléculas diatômicas de gases parece menos chocante. Agora se compreende por que, em 1860, no Congresso de Karlsruhe, o brilhante Cannizzaro foi capaz de convencer a maioria do público presente. Após a morte do dualismo eletroquímico e com a ideia da "autoafinidade" de um elemento, caíram os principais obstáculos à aceitação da hipótese de Avogadro. Assim, a partir da década de 1860, vai-se falar da "lei" de Avogadro.

Ao mesmo tempo que Kekulé, o jovem químico escocês Archibald Scott Couper (1831-1892), trabalhando no laboratório de Wurtz na Faculdade de Medicina de Paris, postulava também a tetravalência do carbono. E Alexander Butlerov (1828-1886), um químico russo, estando igualmente em Paris em 1858, propõe também uma hipótese semelhante. Essa simultaneidade prova como as propriedades específicas subitamente atribuídas ao carbono resultam do conjunto das noções adquiridas na década de 1850. Mas será exatamente a mesma ideia que seria proposta em 1858? Kekulé e Couper apresentam a mesma hipótese com base em duas filosofias muito distintas. Para Kekulé, fiel discípulo de Gerhardt, os símbolos dos elementos não representam os átomos, mas apenas o valor de sua valência. As suas fórmulas racionais – desenhadas como cordas de salsichas ou pãezinhos – expressam reações e não a constituição real das moléculas. Kekulé explora o conceito de atomicidade sem acreditar na existência real dos átomos. Pelo contrário, Couper declara, contra Gerhardt, a quem critica severamente, que já é hora de parar de raciocinar sobre fórmulas ideais e afirma descrever de modo realista a maneira como se estabelecem as ligações químicas. Wurtz, mestre de Couper, provavelmente preferindo a atitude de Kekulé, não defende seu aluno. O artigo do jovem Couper aparece com atraso no *Comptes rendus de l'Academie des sciences*, e a sua carreira parece comprometida.

Essa disputa de prioridade mostra, portanto, uma divergência sobre os significados atribuídos à atomicidade do carbono. Há diferenças ainda mais profundas quando se trata de explicar por que alguns elementos não têm sempre a mesma capacidade de combinação, ou seja, a mesma valência. O próprio carbono deixa de ser tetravalente no monóxido de carbono CO, e também no etileno C_2H_4. Couper relaciona essa variabilidade de valência a dois tipos de afinidades entre os átomos: grau de afinidade e afinidade eletiva. Frankland propõe outra distinção entre atomicidade latente e atomicidade ativa. Wurtz desenvolve uma concepção relativa da atomicidade: como a afinidade, trata-se de uma propriedade relativa dos átomos, isto é, a capacidade de saturação dos átomos é uma ação recíproca, uma espécie de acomodação entre os átomos. Kekulé, pelo contrário, considera escandalosa uma tal variabilidade. Já que é uma propriedade fundamental dos elementos, a valência deve ser invariável, assim como o peso atômico.[17] Sem isso, essa noção seria confundida com a de equivalente. Mendeleev chega ao ponto de proclamar a "falência da atomicidade" e declara que sua lei periódica a substitui com vantagem na construção de uma teoria da combinação química. Para Berthelot, equivalentes ou atomicidade, os dois sistemas se assemelham, cada um tendo vantagens e desvantagens. Assim, a discórdia sobre as notações, por um momento pacificada pelo congresso de Karlsruhe, é reavivada pelo debate sobre a variação das atomicidades.

O "milagre" da tabela de Mendeleev não se reproduziu no caso da atomicidade. Esta, contrariamente às esperanças de Kekulé, permaneceu escandalosamente variável, e será preciso esperar pela explicação quântica da classificação dos elementos para que tal variabilidade seja relacionada com a configuração eletrônica dos átomos. Porém, por mais que a atomicidade possa ser decepcionante do ponto de vista teórico, ou filosófico, ela fornece ao químico uma linguagem que vai lhe abrir sua nova prática: identificar o arranjo dos átomos numa molécula e construir moléculas com arranjos específicos.

Notas

1 Berthelot, 1876, p. 275.

2 Bachelard, 2009 [1930], pp. 63-78.

3 Professor em Marburgo e Leipzig, Kolbe cunhou o termo "síntese" e contribuiu para o fim do vitalismo, através da síntese do ácido acético a partir do dissulfeto de carbono, e para o desenvolvimento da teoria estrutural.

4 Russell, 1987, pp. 169-180.

[5] Brooke, 1971, pp. 363-392.

[6] *Idem*, 1968, pp. 84-114.

[7] Berzelius, 1838, p. 295.

[8] Liebig, 1842.

[9] "Jamais le chimiste ne sera capable de créer un oeil un cheveu, une feuille" (Liebig, 1847, p. 23).

[10] Bernard, 1865; Bud, 1994.

[11] O termo "racêmico", que designou primeiro o ácido paratartárico, caracteriza daqui em diante misturas de isômeros ópticos (ver mais à frente) que não são capazes de desviar a luz polarizada, entre as quais o paratartarato foi o primeiro exemplo conhecido.

[12] O tartarato, que forma um depósito no fundo dos barris de vinho, é usado na preparação dos tecidos para receberem corantes. Em 1820, Philippe Kestner, industrial de Mulhouse, tendo descoberto em seus barris um tartarato um tanto estranho, pediu aos químicos uma análise. Gay-Lussac, em 1826, acha que é um sal formado a partir de um ácido diferente do ácido tartárico, que chama de "ácido racêmico" (das uvas), enquanto Berzelius o chama de "ácido paratartárico".

[13] Pasteur, 1861; Pasteur; Van't Hoff & Werner, 1986.

[14] Geison & Secord (1988, pp. 6-36) chamam atenção para a diferença entre a maneira como Pasteur apresentou sua pesquisa em 1860 e a realidade de seu trabalho feito em 1848, sob a influência direta de Laurent. Ver também Dagognet (1967) e Jacques (1992).

[15] Jacques, 1992.

[16] Russell, 1987, pp. 169-180.

[17] Kekulé, 1864, pp. 510-514; Hafner, 1979, pp. 641-706.

21

Construir moléculas

Como definir a síntese química? Para Marcelin Berthelot, oponente da atomicidade, a síntese é a operação inversa da análise; uma recomposição a partir dos elementos. E esse vaivém entre o simples e o composto resume toda a química.[1] Depois de Lavoisier, fundador da química baseada na análise, vem Berthelot, defensor do programa de síntese.

Berthelot apresenta um programa ambicioso de sínteses progressivas aproximadamente nestes termos: primeiro, combinar carbono e hidrogênio para formar hidrocarbonetos, "que, estritamente falando, constituem a pedra fundamental do edifício científico". Em seguida, sintetizar os alcoóis, substâncias ternárias formadas de carbono, hidrogênio e oxigênio, que são, por sua vez, o ponto de partida de uma terceira etapa: combinar os alcoóis e os ácidos para formar os éteres ou combinar os alcoóis e o amoníaco para formar "álcalis artificiais" (estricnina, morfina, quinino, nicotina e corantes derivados do alcatrão de hulha).* Finalmente, segunda parte da terceira etapa, oxidar os alcoóis. Oxidai suavemente, e obtereis os aldeídos que trazem os mais variados aromas (hortelã, canela, cominho, cravo...). Oxidai sem cautela, e obtereis ácidos orgânicos, que, por sua vez, são a base de novas sínteses: combinados com alcoóis, dão os ésteres e, com amônia, as amidas. Eis aqui a ureia, as fronteiras do mundo vivo. E eis o que era preciso demonstrar. Apenas com a ajuda dos elementos, pode-se reconstruir toda a cadeia de compostos. A química pode criar tudo, sem dificuldades, sem surpresas. "Basta que", repete Berthelot em cada nível do edifício grandioso que constrói página a página em várias obras, convidando o leitor a sonhar com os poderes imensos da ciência.[2]

---

* Mistura de hidrocarbonetos aromáticos, tais como benzeno, fenóis, naftaleno, cresóis, antraceno e piche, é obtido pela coqueificação ou pirólise do carvão. (N. da T.)

Em 50 anos, Berthelot, no entanto, realiza apenas uma parte ínfima desse programa miraculoso.[3] Sintetiza o álcool do vinho em 1854 a partir do etileno – e não dos elementos; obtém ácido fórmico, combinando carbono e soda. Recombina um ácido graxo com glicerina para preparar gorduras que havia previamente analisado. Na verdade, apenas assentava o primeiro tijolo do edifício planejado: a síntese dos hidrocarbonetos. Em 1863, produz acetileno, combinando diretamente carbono e hidrogênio em seu "ovo elétrico". Em 1867, Berthelot se dedica aos polímeros de acetileno, que escreve como C_2H_2. Objetivo: sintetizar o benzeno, porque é "a pedra angular do edifício aromático".

Benzeno ou triacetileno?

O benzeno, assim chamado por Mitscherlich, que o preparou e caracterizou em 1831, é um caso em que a tetravalência do carbono parece não ser cumprida. Esse fato só confirma a decisão de Berthelot de ignorar as fórmulas desenvolvidas para se ater às fórmulas brutas e aos equivalentes. No benzeno (que chamava de benzina), a relação de peso entre o carbono e o hidrogênio é a mesma que no acetileno. Essa relação de 12:1 é característica de todos os compostos aromáticos. A diferença entre os dois deve resultar de diferentes condensações. Em outras palavras, um litro de benzeno contém os mesmos elementos que três litros de acetileno. Berthelot aquece então o acetileno numa redoma a 550-600 °C e obtém, após várias manipulações, um líquido amarelado contendo diversos polímeros, que separa por destilação fracionada: metade benzeno, estireno... Berthelot resume todo o processo com duas fórmulas:

$$2\,C + 2\,H \rightarrow C_2H_2$$
$$3\,C_2H_2 \rightarrow C_6H_6$$

De acordo com a síntese feita por Berthelot, o benzeno é triacetileno. A única fórmula desenvolvida aceitável, expressão do modo de geração de uma substância e não de uma estrutura hipotética, será (C_2H_2).

Para os partidários da atomicidade, como Kekulé, a representação do benzeno é completamente diferente. Durante anos, Kekulé pensa como seria a estrutura desse composto para que as quatro valências do carbono fossem satisfeitas. Hesita indeciso antes de chegar à figura do hexágono com as ligações simples e duplas. No início de 1865, Kekulé apresenta à Sociedade Francesa de Química uma primeira concepção da estrutura dos compostos aromáticos: um "núcleo" de seis átomos de carbono formando uma cadeia fechada, com cadeias laterais tornando possível a formação de derivados. A figura inclui as ligações simples e duplas e marca com um ponto as valências não saturadas (ver figura abaixo).[4]

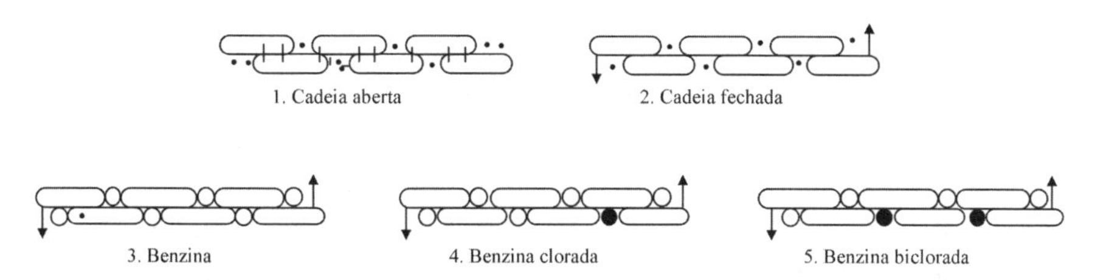

Primeira concepção de Kekulé da estrutura dos aromáticos.

Num segundo artigo, Kekulé apresenta um hexágono, mas sem localizar as ligações. Enfim, num terceiro artigo, publicado em 1866, propõe um modelo espacial na forma de um hexágono, alternando ligações simples e duplas. A partir de tal figura, uma multidão de derivados pode ser prevista. A síntese de compostos aromáticos deixará de ser, como dizia Berthelot, uma condensação de acetileno, passando a ser uma substituição de átomos de hidrogênio por elementos ou por radicais.

Construída ou sonhada? Essa estrutura, tão importante para o futuro da química, terá sido pacientemente elaborada ou visualizada numa intuição fulgurante? Em 1890, tomando a palavra numa cerimônia em sua honra, Kekulé conta que deve sua carreira a duas visões: a primeira, em 1854, dentro de um ônibus em Londres, teria lhe revelado, sob a forma de uma dança de átomos, a ligação carbono-carbono; a outra, em 1861-1862, diante do fogo de uma lareira na cidade belga de Gante, revelou-lhe a estrutura cíclica do benzeno, sob a forma de uma cobra que mordia a própria cauda.[5] Essa pretensa visão não apenas oculta o laborioso trabalho de tentativas e erros sobre a estrutura do benzeno, mas também apaga a possível influência do hexágono imaginado por Laurent e bem conhecido de Kekulé, que se propunha a traduzir o *Méthode de chimie*. Além disso, a lenda da serpente mordendo a cauda rejeita elegantemente qualquer alegação dos rivais indesejáveis, como Joseph Loschmidt (1821-1895) ou Archibald Couper, que tinham também se aproximado da estrutura do benzeno. Num período de tensões nacionalistas extremas, essa lenda é muito conveniente, porque coloca o berço de toda a química sintética num cérebro alemão e, além de tudo, sonhador!

"A química no espaço"

De qualquer modo, os alunos de Kekulé saberão como explorar as visões do mestre. Esquecendo suas reservas sobre o significado das fórmulas e a realidade dos átomos, eles explicam os isômeros do benzeno, que Kekulé apenas havia mencionado, a partir de uma concepção realista do arranjo espacial dos átomos. Wilhelm Körner (1839-1925), assistente de Kekulé em Gante, desenvolve um método para determinar as posições relativas dos radicais nos produtos de substituição. Foi assim que, em 1874, definiu a distinção entre isômeros "orto" (os dois vértices adjacentes do hexágono do benzeno ocupados por radicais que substituíram hidrogênios), "meta" (os dois vértices ocupados por radicais estão separados por um hidrogênio) e "para" (as duas posições ocupadas pelos radicais são os vértices opostos no hexágono). Tendo distinguido nesses termos os três isômeros do dibromobenzeno, Körner procedeu à substituição em cada isômero de um dos quatro átomos de hidrogênio restantes por um radical NO_2. A partir de um desses três isômeros, obteve três novos isômeros distintos e concluiu que se tratava da forma "meta"; do segundo obtém dois isômeros, sendo por isso o isômero "orto"; finalmente do terceiro, que só poderia ser a forma "para", obtém apenas um isômero. Foram assim simultaneamente confirmadas as hipóteses do hexágono de Kekulé e de Körner sobre os isômeros do benzeno. A síntese pode, por si só, constituir um instrumento de análise, fornecendo novos meios de identificação e de diferenciação. Mas constitui também um programa autônomo de pesquisas: Körner conseguiu preparar 126 novos derivados do benzeno. A química dos derivados aromáticos torna-se assim um campo programado de pesquisas sistemáticas.

Em 1874, outro aluno de Kekulé, o holandês Jacobus Henricus van't Hoff (1852-1911), dá o salto para o espaço tridimensional, propondo que as quatro valências do carbono ocupam os vértices de um tetraedro regular, cujo centro seria ocupado pelo carbono.[6] A mesma hipótese foi anunciada, no mesmo ano, por um jovem químico francês, Achille Le Bel (1847-1930). Embora nos livros didáticos de química apareçam sempre associados, Le Bel e Van't Hoff chegaram ao mesmo resultado seguindo maneiras muito diferentes de raciocínio.[7]

O ponto de partida de Le Bel foi um problema inscrito na linha de Biot e Pasteur. Le Bel procura uma regra geral para prever se uma substância em solução terá ou não poder rotatório, ou seja, se causará ou não a rotação do plano de polarização da luz. Mas, ao contrário de Pasteur, que não queria fazer nenhuma hipótese sobre a forma das moléculas, Le Bel se debruça sobre sua geometria. Considera um corpo MA_4, onde M é o radical simples ou complexo – não necessariamente carbono – combinado com quatro átomos A substituíveis. Para compostos derivados contendo três, dois e um substituintes, prevê quantas moléculas assimétricas devem teoricamente ser obtidas. No caso do carbono, como se obtém de fato apenas um isômero óptico depois de duas ou mesmo de três substituições, conclui que os quatro átomos A ocupam os vértices de um tetraedro regular.[8]

Van't Hoff, um bom discípulo de Kekulé, concentra no carbono toda a sua investigação e batiza sua teoria como "o carbono assimétrico". Começa a partir da teoria atômica e mostra que essa é insuficiente para interpretar certos casos de isomeria. Introduz então a hipótese do tetraedro que permite a previsão de isômeros desconhecidos. Considerando o desenvolvimento da química do carbono como resultado da descoberta da estrutura do benzeno, o ponto de vista de Van't Hoff prevaleceu. Em menos de dez anos, a teoria do carbono assimétrico foi incorporada nos livros de química da Alemanha, apesar da teimosa oposição de Hermann Kolbe, professor de Marburgo, que trata Van't Hoff como um "pégaso que voa no espaço desonrado da especulação". Na França, por outro lado, a aceitação e a difusão dessa teoria – que obviamente encontra a oposição de Berthelot – serão mais tardias. Como resultado, na Alemanha, a realidade do átomo será geralmente aceita como um postulado, enquanto na França essa realidade ainda será contestada no início do século XX, e a maioria dos estudantes continuará a aprender química pelo sistema dos equivalentes.

A arte das sínteses

Enquanto Berthelot escreve livros para exaltar os poderes da ciência, outros químicos, partindo do hexágono do benzeno, esforçam-se pacientemente, meticulosamente, por tentativa e erro, para obter novos compostos.

No mundo aprazível da síntese, no qual Berthelot é o herói, "basta" combinar metódica e gradualmente. Mas Berthelot nunca foi muito longe no desenvolvimento de processos industriais. De fato, para obter hidrocarbonetos homólogos do benzeno, não basta aquecer e destilar, ao modo de Berthelot. Em 1877, o químico alsaciano Charles Friedel (1832-1899) e James Manson Crafts (1839-1917), professor no Instituto de Tecnologia de Massachusetts, desenvolveram a reação de um cloreto ou brometo alcoólico com benzeno, utilizando um catalisador – cloreto de alumínio anidro. O radical alcoólico substitui um hidrogênio do benzeno, enquanto é eliminado o ácido clorídrico ou o ácido bromídrico. Por exemplo, cloreto de metila permite obter o metilbenzeno (tolueno). Inicia-se assim toda uma série aromática, graças a uma nova façanha, que é a do químico sintético ciente de que um catalisador específico lhe permite operar uma determinada transformação a partir de dois tipos específicos de moléculas.

A realização do programa de síntese dos derivados previstos a partir das representações teóricas requer, de fato, muito mais que o diagrama estrutural simples ou a fórmula desenvolvida. Uma vez estabelecido o projeto ou a ideia de uma molécula, começa uma perigosa aventura evocada por Roald Hoffmann, Prêmio Nobel de Química em 1981. Hoffmann mostra que a produção de uma dada molécula é um trabalho que exige uma verdadeira estratégia, comparável a jogar xadrez com a natureza.[9] A característica essencial do jogo a que o químico se entrega é que ele deve operar por meio de um intermediário sobre a matéria, por meio de moléculas interpostas, colocadas para trabalhar num frasco. Deve-se controlar sua ação, direcioná-la para um local específico na estrutura molecular: quebrar uma ligação aqui, formar outra ali, o que requer tentativas e estratagemas, porque, cada vez que intervém um ator, um reagente, ele tende a operar em qualquer lugar indiscriminadamente. Por exemplo, se um reagente tiver que adicionar um átomo de bromo ou de cloro, ou quebrar uma ligação dupla por oxidação, ele o fará em todos os locais onde essa operação for possível. É, pois, necessário delinear métodos para limitar a sua ação, traçar um caminho e conduzir a sequência reacional de acordo com os reagentes disponíveis. É também preciso estabelecer a ordem em que os diferentes atores-reagentes entram em cena, gerir etapas, criar intermediários com grupos de proteção, que são espécies de andaimes construídos para manter intactas algumas partes da estrutura, enquanto se opera sobre as outras. É toda uma arte em que se conjugam o ato de delegar – deixando-se agir um reagente – e o de manipular – consegue-se que ele aja no local que se quer e da forma como se deseja.

Além disso, para controlar o que acontece na síntese, é preciso testar variadas condições de reação: alterar a temperatura, o pH, o tempo de mistura... Mais uma vez, é passo a passo que se procede. Sem esquecer, em cada etapa, de testar os produtos intermediários obtidos, para garantir a correta composição: dissolver, cristalizar, tirar espectros, em resumo, mobilizar toda a artilharia analítica para garantir o controle em cada fase. Isso significa que cada etapa intermediária deve ser cuidadosamente preparada, premeditada antes da implementação de todo o processo. O fato de hoje em dia essas estratégias passarem por simulação computacional não altera essencialmente a natureza do jogo. O químico avança seus peões no tabuleiro de xadrez e busca obter o resultado esperado: o xeque-mate.

A esses parâmetros já numerosos e difíceis de controlar, a síntese industrial acrescenta ainda restrições relacionadas à segurança das manipulações e dos produtos, ao rendimento e ao preço de custo do processo e às patentes detidas pelos concorrentes no mercado.

Pode-se agora apreciar o contraste entre a química de análise e a química de síntese. No sistema de Lavoisier, o controle da reação se realizava nas entradas e nas saídas, graças à balança. Na síntese, o controle dos produtos permanece importante, mas também é necessário controlar os processos. A uma abordagem do tipo contábil ou judicial, acrescenta-se a arte dos estratagemas, ou a invenção de novos caminhos. Assim como o matemático, que, para conseguir integrar uma nova equação, deve ter em mente a tabela de todas as integrais, o químico, para encontrar um caminho elegante, deve conhecer todos os processos já dominados e todos os reagentes disponíveis. Cada reagente – e frequentemente cada catalisador que permite a uma molécula adquirir o *status* de reagente – define uma possibilidade de passagem e, portanto, também um objetivo intermediário – criar a molécula sobre a qual esse reagente pode atuar e com a qual se pode contar –, uma etapa adicional que é possível ultrapassar para projetar a rota de síntese. É por isso que o desenvolvimento de um novo reagente específico constitui um evento tão importante na química sintética que justifica ganhar um prêmio Nobel, tal como o concedido a Victor Grignard em 1912, por aquilo que agora é chamado de reação de Grignard ou, mais simplesmente, "um Grignard": "Você faz um Grignard e...".

Os manuais de química orgânica apresentam as grandes rotas reacionais clássicas. Mas, para o estudante, ou para o pesquisador, resta a tarefa de domesticar a fauna dos possíveis atores e de criar as situações que eles necessitam para executar o ato de escolha. Cabe a ele criar uma "história" mais ou menos original em um espaço de possibilidades, vias de transformações que podem ser realizadas. Assim descrita, a fabricação de moléculas é um ato de criação que mobiliza todas as faculdades – raciocínio, intuição, gosto estético. É uma prática difícil, que exige maturidade, longa experiência, obstinação e dinheiro. Em suma, uma arte, uma cultura, uma paixão.

Notas

[1] Berthelot, 1860.
[2] *Idem*, 1860; 1876.
[3] Jacques, 1987.
[4] Kekulé, 1865, pp. 98-110.
[5] Wotiz & Rudofsky, 1987, pp. 21-34.
[6] Van't Hoff, 1887.
[7] Compain, 1992, pp. 285-310.
[8] Le Bel, 1874.
[9] Hoffmann, 1991, pp. 65-76.

IV

A expansão industrial

22

Química pesada: de Leblanc a Solvay

Ao longe, o ar é tingido de poeira e vapores avermelhados, depois se torna acre, nauseante, irritante. As habitações da cidade, mais numerosas a cada ano, são espremidas umas contra as outras, como se quisessem dar as costas à fábrica de soda. Mas como não lembrar do enorme complexo industrial no fundo do vale, que aspira todas as manhãs uma procissão de trabalhadores doentes? Essa paisagem estereotipada tornou-se hoje tão comum que é fácil esquecer o choque e os transtornos causados pela química no início do século XIX.

Ouçamos o relato de um viajante pela Provença francesa, em torno de 1820.

> Logo chegamos ao desfiladeiro de Septèmes, onde, num dos mais áridos cantões da árida Provença, várias fábricas de óxido e de soda artificial foram construídas. Os vapores exalados desses laboratórios escurecem e queimam todo o ambiente; é como estar à beira de um vulcão. Eu questionei o negociante sobre os resultados dessa descoberta notável. "Boa pergunta", exclamou o porta-cruz, "queimar e destruir, esse é o objetivo e os meios de todas as suas inovações", e daí, para fulminar um anátema burlesco contra qualquer melhoria que remonta a menos de meio século, ele desencadeia um discurso contra a soda artificial, a vacina e especialmente contra o ensino mútuo [...]. Está aberta a caixa de Pandora da qual todas as pragas escapam, e, como se não bastasse esse viveiro de corrupção, ameaçam-nos estabelecer outro com o nome de cátedra química; mas os religiosos estão aí; rejeitaram essa proposta insidiosa e recusaram o dinheiro que pediam para um uso tão perverso.[1]

Decididamente, a química cheira a enxofre! A soda artificial envenena mais ainda a Provença, porque está associada aos episódios do ano II e, portanto, é percebida como um resíduo do Terror, um efeito perverso da Revolução Francesa.

Descrições das fundações

Tal como outras comunidades, a dos químicos criou mitos sobre as suas origens. Lavoisier é frequentemente celebrado como o fundador da química moderna. A indústria química também tem um fundador, contemporâneo de Lavoisier, Nicolas Leblanc (1742-1806), inventor de um processo para fabricar a soda a partir do sal marinho. Dois heróis fundadores que compartilham um destino trágico, marcado pela turbulência revolucionária, Lavoisier morrendo na guilhotina em 1794 e Leblanc suicidando-se em 1806.

De onde vem a importância histórica do processo Leblanc? No século XVIII, produzia-se a soda, necessária para a operação de fábricas de sabão, fábricas de vidro, fábricas de papel e para a tinturaria, a partir da queima de matéria vegetal, de algas, de plantas do gênero *Salicornia* e, principalmente, da "barilla" (gênero *Salsola*) da Espanha, cujas cinzas continham de 20% a 33% de carbonato de sódio. A França dependia amplamente de países estrangeiros, uma vez que importava dois terços da matéria-prima necessária para a produção de álcalis. A ideia de produzir soda a partir de uma substância tão comum quanto o sal marinho foi desenvolvida em 1737 por Henri Louis Duhamel du Monceau (1700-1782), e vários testes de fabricação foram realizados na Grã-Bretanha e na França na década de 1770. Em 1781, a Académie Royale des Sciences lançou uma competição, que Nicolas Leblanc finalmente venceu em 1789, bem no momento em que começavam os abalos da Revolução Francesa.[2] Ele obteve, em 25 de setembro de 1791, uma das primeiras patentes emitidas sob a legislação de propriedade industrial aprovada pela Assembleia Constituinte: essa patente descreve como fazer o sal marinho reagir com o ácido sulfúrico num grande recipiente de chumbo, cuja tampa é perfurada por um tubo para liberar o ácido clorídrico; em seguida, descreve como misturar o sulfato de sódio assim obtido com carvão e calcário e aquecê-los em um forno refratário para produzir soda bruta.[3] A originalidade do processo Leblanc em comparação com outros processos que também passam pelo sulfato de sódio e depois o convertem em carbonato usando carvão é a adição de calcário, com uma indicação precisa das proporções (1:1:1/2). Foi isso que permitiu a transição para uma produção em grande escala. Bastou juntar um terceiro passo para refinar a soda bruta, que continha apenas de 34% a 43% de carbonato de sódio. Filtragem, lixiviação, evaporação, cristalização: dependendo da natureza da operação, obtêm-se o "sal de soda" ou "sal negro", "cristais de soda" e "soda cáustica". Ao final, partindo de duas substâncias inorgânicas, sal marinho e ácido sulfúrico, produzia-se por "uma sequência ordenada de reações químicas" o que foi então chamado de "álcali mineral". A inovação reside na própria natureza das transformações realizadas. Leblanc não "extraiu" a soda, mas sim fabricou "soda artificial". O processo Leblanc pode, com razão, ser considerado um marco inaugural: assim como Lavoisier é considerado o fundador da química experimental, de laboratório, Leblanc marca o início de uma nova época – a era dos produtos de substituição.

Entretanto, na saga dos químicos, o inventor fica muito atrás do cientista no pódio da glória. Enquanto os colaboradores de Lavoisier forjaram, após sua morte, a imagem do gênio iluminado tornado mártir de um poder político cego, os colaboradores de Leblanc, em particular Jean-Jérôme Dizé, tentaram, pelo contrário, diminuí-lo, procurando fazer valer os seus direitos. E a posteridade, longe de celebrar a genialidade do inventor, tende a menosprezar seus méritos, enfatizando a importância das necessidades provocadas pelas guerras revolucionárias, o bloqueio continental imposto a Napoleão... que impedia as importações. Assim, duas lógicas contraditórias coexistem na história da química: por um lado, as circunstâncias políticas revolucionárias são descritas como uma força brutal que dificulta o progresso da ciência, tendo guilhotinado Lavoisier; por outro, as mesmas circunstâncias parecem atuar como motor de inovação técnica.

O que essa contradição tenta ocultar? Além da diversidade de interpretação de todos os episódios relativos à história revolucionária, o contraste das duas narrativas fundadoras revela uma profunda dificuldade em compreender os elos entre a química como ciência e a química industrial.

Em primeiro lugar, a vida de Leblanc continua sendo uma questão controversa. Na biografia escrita por seu bisneto Auguste Anastasi, Leblanc aparece como um inventor solitário, vítima dos decretos revolucionários. Leblanc teria sido espoliado pelo Comitê de Saúde Pública revolucionário da próspera fábrica que construíra em Saint-Denis com o apoio financeiro do duque de Orleans. Tendo o governo decidido tornar público seu processo para colocá-lo à disposição do país em todas as fábricas para atender às necessidades da guerra, Leblanc teria sido privado dos direitos sobre sua invenção, de sua fábrica, tornada "bem nacional", e do apoio de seu protetor guilhotinado; teria sido traído pelos colegas, arruinado por concorrentes e finalmente levado ao suicídio, após anos de tentativas fúteis perante as autoridades públicas, de ouvidos moucos a todas as suas súplicas.

Essa é a história vivida, forjada pelo próprio Leblanc, durante os anos de reclamações e protestos, e embelezada por seu biógrafo.[4] Os historiadores contemporâneos propõem uma versão menos patética dos eventos.[5] Por um lado, a fábrica de Saint-Denis, rebatizada como Franciade, não foi brutalmente fechada por um decreto, uma vez que sua produção já estava quase parada desde o verão de 1793. Parece, de fato, que nunca chegou ao estágio de plena produção, por falta de suprimento de ácido sulfúrico ou falta de recursos financeiros. Por outro lado, Leblanc parece ter sido mais bem considerado e bem tratado por seus colegas do Comitê de Saúde Pública que tentaram encontrar soluções, gerindo da melhor forma os seus interesses e os da República. A fábrica de Saint-Denis lhe foi devolvida em 1800, mas ele não foi capaz de administrá-la. Finalmente, e acima de tudo, o processo Leblanc não era nem o único nem o primeiro que permitia produzir soda a partir do sal marinho, e sua superioridade não era evidente aos olhos dos contemporâneos, especialmente para os consumidores que reclamavam do cheiro de ovo podre da soda Leblanc, devido à presença de sulfeto de hidrogênio. O relatório da Comissão, encomendado pelo governo em junho de 1794 para propor maneiras de obter soda, ao passo que enfatiza o interesse do processo Leblanc, defende uma variedade de técnicas diferentes que podem ser usadas dependendo das circunstâncias de cada local. O processo Leblanc torna-se verdadeiramente competitivo em relação à soda natural apenas depois de uma série de medidas: abolição dos impostos sobre o sal em 1807 e manutenção das barreiras alfandegárias.

Lenda de um herói mártir ou retrato de um inventor desmistificado pelo historiador profissional, apesar do contraste, essas duas versões têm um ponto em comum: a independência entre essa história e a da revolução química. Embora contemporâneos e unidos por um destino trágico, Lavoisier e Leblanc parecem começar duas histórias separadas. Nem a invenção nem a exploração do processo revolucionário resultam da "revolução" química. Nem Leblanc nem seus sucessores puderam explicar por que o calcário era tão eficaz. No início do século XIX, os avanços da ciência química permitiriam pelo menos conhecer a composição exata do calcário e da soda, os produtos de partida e de chegada, mas o processo em si poderá ser explicado somente com o estudo das reações químicas no final do século XIX, quando serão fechadas as últimas fábricas de soda que utilizavam o processo Leblanc. Como a coruja de Minerva, a ciência acadêmica levanta voo ao cair da noite.

Esse fosso entre a história industrial e a história das ciências é simbolizado pelo próprio nome do produto fabricado. Foi uma das primeiras manifestações do divórcio entre a linguagem popular e a acadêmica, porque para os químicos a soda é carbonato de sódio (Na_2CO_3), e a palavra "soda" fica reservada para o hidróxido de sódio (NaOH), que os farmacêuticos e industriais chamam de "soda cáustica". Alguns químicos empreendedores, como Chaptal, preocupados em manter laços estreitos entre o laboratório e o chão de fábrica, vão se esforçar para falar as duas línguas, mas a diferença é acentuada, apesar da proliferação de trabalhos de difusão da química durante o século XIX.

Em torno da fábrica de soda

Por fim e de maior importância, a dimensão fundadora do processo Leblanc resulta do fato de que ele produz um verdadeiro sistema técnico em torno da fábrica de soda, o começo de uma história industrial complexa, cuja lógica está muito distante da história da química acadêmica. Na verdade, esse processo, adotado em todos os países, continuamente aprimorado, vai regular o ritmo da indústria química por quase um século. No início do século XIX, o primeiro cliente da empresa de Saint-Denis foi a fábrica de vidros de Saint-Gobain, que em 1806 consumia três quartos da soda produzida. Mas gradualmente, com base no ciclo de reações do processo Leblanc, vão se implantando outras indústrias. Das quatro matérias-primas utilizadas, sal marinho, ácido sulfúrico, carvão e calcário, recupera-se o enxofre na forma de sulfeto de hidrogênio, que pode ser reutilizado para preparar o ácido sulfúrico; e, finalmente, obtém-se, no fim da primeira fase, um subproduto interessante, o ácido clorídrico. Esse ciclo permitiu a integração e a mecanização das indústrias químicas. A montante da fábrica de soda de Leblanc, instalou-se uma vitriolaria. E depois, a jusante, para usar o ácido clorídrico que é liberado na atmosfera com grande risco para os habitantes, para o gado e para a agricultura, montou-se uma fábrica de produtos de branqueamento, muito necessária à indústria têxtil.

Ora, acontece que esses dois ramos também passaram por inovações técnicas no final do século XVIII. Por um lado, a produção de ácido sulfúrico mudou de escala após a introdução, em 1746, por John Roebuck, da "câmara de chumbo": um enorme recinto fechado de vários metros cúbicos, no qual se queima enxofre misturado com salitre, resultando, após condensação num recipiente de água colocado no fundo, numa água acidificada, que é removida e concentrada para produzir ácido sulfúrico. Embora os dois fenômenos que ocorrem no recinto – combustão e liberação de gases – correspondam aos pontos de interesse da teoria química, no final do século XVIII, a câmara de chumbo mantinha todo o seu mistério. Passou-se muito tempo, depois de ela já ter se tornado um aparato comum, até que Clément e Desormes propuseram uma interpretação teórica das reações que nela ocorrem.[6] Essa interpretação teórica não provocou de imediato melhorias técnicas espetaculares; por outro lado, teve um impacto científico considerável, porque descrevia pela primeira vez o que será chamado de ação catalítica.[7]

Para a indústria do branqueamento, a configuração é oposta, uma vez que o impulso vem da ciência. Em 1774, o sueco Scheele, o primeiro a isolar o oxigênio, ao estudar a ação de diversos reagentes sobre o manganês, incluindo o ácido muriático, descobre e caracteriza um novo gás, que chama de "ácido marinho desflogisticado". Dez anos depois, Berthollet realiza uma série de experimentos com esse novo gás. Rebatiza-o como "ácido muriático oxigenado", porque era o momento de sua conversão às ideias lavoisianas, e publica em 1786 um estudo sobre sua capacidade alvejante. Os comerciantes de tecidos de Rouen, preocupados em remediar a lentidão do branqueamento solar e evitar a violência dos ácidos, ficam muito interessados.

Mas, sendo o novo gás perigoso de manusear e de transportar, procuram-se produtos menos perigosos: uma mistura de ácido marinho e álcool, sugere Baumé; um líquido alvejante produzido pela dissolução de gás muriático oxigenado em uma solução de potassa cáustica, propõe uma grande fábrica de ácidos e sais minerais fundada por Léonard Alban em 1776 em Javel, perto de Paris. Batizado como "água de Javel", o líquido é fabricado, comercializado e amplamente distribuído na década de 1790. Mas a busca continua, porque a água de Javel continua cara. As fábricas têxteis da Escócia ou de Lancashire preferem outro produto, fabricado por Charles Macintosh e patenteado em 1797 pela empresa de Charles Tennant: o "pó branqueador". É esse produto que alimentará a prosperidade da indústria têxtil inglesa, reduzindo para uma semana o tempo de branqueamento do algodão, por volta de 1830. Na França, embora o saldo pareça muito favorável, de acordo com o relatório de Chaptal intitulado *Les industries françoises*, em 1819, após medidas políticas de muito estímulo, como a isenção do imposto sobre o sal em 1809 e a proteção do mercado pela proibição de importações, a adoção do branqueamento com cloro foi mais lenta do que na Inglaterra.

Os efeitos da política do Imperador são mais visíveis na indústria do açúcar de beterraba. O caso é um pouco análogo ao da soda artificial, já que as pesquisas foram feitas muito antes do bloqueio continental. Desde o início do século XVIII, Olivier de Serres havia notado a presença de açúcar na beterraba. Após um trabalho intensivo realizado na Alemanha entre 1777 e 1796 por Franz Karl Achard, uma primeira fábrica experimental foi aberta em 1796 em Steinau an der Oder. Ensaio conclusivo. Outras fábricas começam a operar na Alemanha e na Boêmia. Napoleão, por sua vez, incentiva esse novo setor, mobiliza os químicos Chaptal, Payen e empresários. Em 1812, Benjamin Delessert ergueu uma primeira usina de açúcar em Passy; e Chaptal, outra em sua propriedade de Chanteloup. Mas é principalmente no Norte que as usinas açucareiras proliferam, formando uma rede agroindustrial integrada.

Esse é o nicho em que cresce a empresa de Kuhlmann. Muito modesta quando foi fundada em 1825 em Lille, produz ácido sulfúrico com duas câmaras de chumbo. A partir do ano seguinte, junta-se-lhe uma fábrica de soda Leblanc, para fornecer esse produto às indústrias têxteis de Lille, Roubaix, Tourcoing e, adicionalmente, ácido clorídrico para produtores de esterco. Mas, como existe um mercado em expansão com a intensa cultura da beterraba, Kuhlmann aproveita a oportunidade e constrói uma fábrica de fertilizantes para produzir superfosfatos. Alguns anos depois, a ferrovia lhe abre o caminho para a Bélgica, e Kuhlmann expande seu mercado. Esse desenvolvimento integrado lhe sugere inovações que aumentam a produção de açúcar: para extrair do suco de beterraba os ácidos que ele contém, utiliza-se a cal e o "negro animal" (carvão animal). Em 1834, Kuhlmann recupera o ácido clorídrico das fábricas de soda para regenerar o "negro animal"; depois, em 1838, propõe o uso maciço de cal para formar "sacarato de cálcio", que é eliminado com todas as impurezas. Posteriormente, outras melhorias resultantes de tecnologias tão variadas quanto a montagem de caldeiras para evaporação ou a seleção dos tipos de beterraba, sugeridas por Louis de Vilmorin em 1856, garantiram a prosperidade das fábricas de açúcar e das indústrias conexas.

A combinação de tecnologias e a ação das autoridades públicas, esses dois componentes essenciais para o início da indústria química na França interferem em um terceiro componente: o papel dos sábios na indústria. Embora atualmente não existam dados suficientes para apreciar o fenômeno como um todo, parece que, em certos setores industriais, onde a aplicação do processo Leblanc levou a um aumento e à diversificação de produtos químicos, os empresários recorreram aos químicos para inovar ou aperfeiçoar os sistemas de produção. Assim, por exemplo, a empresa Saint-Gobain, criada no século XVII, faz um convite a Gay-Lussac. Iniciando como "censor", responsável por visitar instituições e monitorar a produção, Gay-Lussac sugere uma inovação na fabricação do ácido sulfúrico, que desenvolve com o diretor da fábrica de Chauny durante quase dez anos: uma torre para recuperar os gases nitrosos que escapam da câmara de chumbo e possibilitar sua reutilização na oxidação do dióxido de enxofre para produzir ácido sulfúrico. O processo, conhecido como "torre de Gay-Lussac" e implementado em 1842, é muito lucrativo, pois permite economizar no consumo de nitratos. Gay-Lussac, que ingressou no conselho de administração em 1839, tornou-se presidente em 1844. Embora ocupasse uma posição de poder, Gay-Lussac deve renunciar a todos os direitos de suas patentes à empresa, que mantém o monopólio na França e negocia a patente com Charles Tennant na Inglaterra.

Nessa aliança entre sábios e industriais, os químicos trazem muito mais do que sua ciência, porque sua esfera de intervenção não se limita ao espaço da empresa. A ação das autoridades públicas parece responder, de fato, a uma pressão dos cientistas e industriais sobre as decisões políticas. Essa pressão é manifestada várias vezes: o barão Dupin e depois Gay-Lussac exigem a abolição dos impostos sobre o sal para a fabricação da soda; Gay-Lussac e Thénard pedem na Câmara a assimilação da propriedade industrial à propriedade intelectual. Quanto à lei do trabalho infantil, foi solicitada pela Sociedade Industrial de Mulhouse, que tinha reduzido o dia útil das crianças para oito ou dez horas e desejava a generalização dessa medida para estimular a concorrência. Da posição de Par de França, Gay-Lussac intervém na discussão do projeto de lei sobre trabalho infantil, aprovado em 1841.[8]

Rede técnica de processos de solidariedade e de indústrias integradas, rede humana de alianças políticas e de interesses conjuntos, tais são as bases para o início da indústria química na França no início do século XIX. No entanto, a partir de 1850, não é mais a França, mas sim a Inglaterra, o país que mais produz a soda Leblanc. As regiões de Lancashire e Tyneside estão repletas de fábricas de soda. Os pequenos e tranquilos vilarejos se tornaram grandes centros industriais, onde é abundante a mão de obra. Esse desenvolvimento se deve ao tecido industrial da Inglaterra: em primeiro lugar os têxteis, o vidro, o sabão e depois o papel e os fertilizantes consomem grandes quantidades de ácido e de pó branqueador. À demanda doméstica que não para de crescer junta-se o mercado externo, graças ao progresso dos transportes, de um lado, e à redução de tarifas, de outro. As dificuldades de suprimento e as flutuações dos preços do enxofre importado da Sicília estimulam os ingleses a procurarem novos processos de fabricação do ácido sulfúrico e a explorarem as piritas da Irlanda e da Noruega. A legislação também contribui para esse desenvolvimento industrial em torno da soda Leblanc. Em 1863, a Lei dos Álcalis obriga os fabricantes de soda a recuperarem 95% do ácido clorídrico. Vários procedimentos (Weldon em 1866, Deacon em 1868) são utilizados para produzir cloro destinado ao pó branqueador por transformação, na presença de um catalisador, do ácido clorídrico, sob a ação do oxigênio do ar. Apesar desses esforços, a indústria inglesa não consegue consumir todo o ácido clorídrico produzido por suas fábricas de soda. Na década de 1860, os tratados comerciais estabelecem um decréscimo de 15% no preço da soda britânica.[9]

Esse é o sinal do fim para os produtores de soda do sul da França: 22 fábricas em Marselha em 1830, 7 em 1880. Esses pequenos fabricantes não conseguem mais competir: não têm capital para modernizar e precisam somar o transporte ao preço de custo de seus produtos, porque a maioria dos mercados fica ao norte e ao leste.

Inventores obstinados

Eis aqui, para estimular as rivalidades franco-britânicas, a história verdadeira e triste de um infeliz inventor. Philippe Lebon (1767-1804), jovem engenheiro formado na École des Ponts et Chaussées, conhecedor do trabalho de Lavoisier sobre o hidrogênio e apaixonado por máquinas a vapor, teve a ideia de usar, para iluminação e aquecimento, o gás que escapa da combustão da madeira. Depois de multiplicar os experimentos, registrou várias patentes em 1799 e 1801 para "termolâmpadas ou salamandras que aquecem com economia e oferecem vários produtos valiosos, uma força motriz aplicável a qualquer tipo de máquina". Sonhando em iluminar a cidade com esse gás, Philippe Lebon oferece sua invenção e seus aparelhos ao governo. Nada de resposta. Confiante e determinado a vencer, Lebon tenta uma gigantesca campanha publicitária: aluga uma mansão em Paris para demonstrar sua grandiosa iluminação: quartos, salas, vestíbulos, salões, fachadas, o pátio e a gruta no fundo do jardim... ficam regularmente iluminados por vários meses em 1801. Apesar do sucesso desse espetáculo e dos experimentos realizados na presença de Guyton de Morveau, Fourcroy e Chaptal, Lebon não consegue comercializar sua invenção. Os industriais não lhe dão crédito, e o público é cauteloso. Clément-Desormes considera(m) a invenção de Lebon uma piada, e Charles Nodier usa sua caneta e seu talento para ridicularizá-la. Tendo consumido toda a fortuna herdada de sua família em seus experimentos e iluminações, Philippe Lebon morreu, aos 37 anos, arruinado, amargo e decepcionado. Senhores ingleses, iluminem primeiro![10]

Do outro lado do canal da Mancha, os projetos de iluminação a gás parecem menos fantasiosos. No país do carvão, William Murdoch propõe queimar hulha em vez de carvão. Em 1798, fez um teste de iluminação para a fundição de Boulton e Watt. E, em 1805, a iluminação é permanentemente instalada tanto no edifício como na fiação de algodão de Philips e Lee. Graças ao entusiasmo e à colaboração de um industrial alemão, Winsor, Murdoch funda em 1810 a Chartered Gas Light and Coke Co. O diretor Christian Friedrich Accum (1769-1838), já famoso por sua escola particular de química, espalha a nova tecnologia através de um manual, *Tratado sobre iluminação a gás*, publicado em 1815. Enquanto isso, Winsor realiza em Paris o sonho de Lebon. Ilumina a passagem dos Panoramas e o Palais-Royal e, em 1819, a Place du Carrousel. Na década de 1820, serão criadas várias empresas que se fundem em 1855 na Companhia parisiense de iluminação e aquecimento a gás.

Proliferam então, perto das grandes cidades, usinas de gás que despejam nos rios resíduos altamente poluentes, águas amoniacais e alcatrão de hulha. A Gas Light and Coke Co. constrói uma destilaria para produzir revestimentos para telhado e cordames com o alcatrão e o piche, mas nem todos os navios da Marinha inglesa juntos com todos os telhados da Inglaterra dão conta de consumir tanto piche. E o que fazer com as águas residuais, cheias de amoníaco que correm diretamente para o rio Tâmisa? Aparecem regularmente nas colunas da *Gas Gazette* pequenos anúncios que oferecem resíduos de amônia a quem oferecer mais.

Muitos sonharam em usar esses resíduos para fazer soda. A reação, que segue as leis de Berthollet, é conhecida desde o início do século.[11] Mas há um longo caminho entre conhecer a reação e colocá-la em prática, sobretudo durante o período de produção plena pelo processo Leblanc. James Muspratt e, depois, Henry Deacon na Inglaterra tentaram, mas desistiram por causa de algumas dificuldades técnicas. Na França, um químico, Jean-Jacques-Théophile Schloesing, e um engenheiro, E. Rolland, fabricaram soda a partir de amônia durante quatro anos, de 1854 a 1858, numa fábrica em Puteaux, perto de Paris, mas também abandonaram o projeto, porque o imposto sobre o sal aumentava bastante o custo do processo.

Nesse processo que devorou o capital de tantos químicos astutos, o filho de uma família industrial belga vai construir uma fortuna. Por razões de saúde, o jovem Ernest Solvay (1838-1922) não estudou na universidade, nem frequentou os principais laboratórios europeus da Alemanha nem de outros países. Mas conhecia as leis de Berthollet e o tratamento dos sais, porque seu pai administrava uma fábrica de sal. Além disso, era sensível ao desperdício das águas amoniacais na empresa de gás de seu tio, onde trabalhou a partir de seus 21 anos. Teve a mesma ideia brilhante que uma quinzena de químicos antes dele e registrou uma patente em 1861. Cheio de confiança, pois ignora os problemas que tiveram seus antecessores, deixa a companhia de gás e, com seu irmão Alfred, monta uma fábrica de soda a partir da amônia, perto de Bruxelas. Em 1863, encorajados pelos primeiros testes, ajudados financeiramente pela família, os dois irmãos construíram uma fábrica em Couillet, perto de Charleroi. Quando a fábrica começa a funcionar, em 1865, os problemas aparecem. Os incidentes se acumulam: a cal começa a faltar, a temperatura tem de ser constantemente controlada e, por fim, o carbonatador explode. A empresa é extinta. Mas, em julho de 1866, Ernest Solvay recomeça e, em abril de 1867, produz um quilo de soda por dia! Em cada etapa do processo, encontra uma dificuldade técnica que deve ser resolvida antes de prosseguir para a próxima etapa. Mas, longe de se desencorajar, persiste. A carbonatação da salmoura amoniacal apresentava duas dificuldades importantes, resolvidas em 1868. Para obter uma absorção efetiva do gás amônia pelo cloreto de sódio em solução, é necessário garantir um bom contato gás-líquido e dissipar o calor liberado pela absorção. Ernest Solvay inventa uma coluna de resfriamento de cem pratos com peneiras e chicanas para aumentar o contato dos reagentes e feixes tubulares em diferentes alturas. Também introduz um forno a carvão para recuperar as águas amoniacais e os subprodutos da destilação do alcatrão.

Entre os problemas e suas soluções, Solvay progride e consegue registrar patentes em vários países sobre cada fase do processo, assim que é desenvolvido. Em dezembro de 1872, já produzia 12 toneladas por dia. Construiu uma fábrica de soda em Dombasle, perto de Nancy, e Ludwig Mond, ex-aluno de Bunsen, comprou as patentes de Solvay para introduzi-las na Grã-Bretanha, onde montou uma fábrica em Cheshire. No entanto, o processo Solvay não conquista facilmente o solo inglês. As prósperas e bem estabelecidas fábricas de soda Leblanc resistem por muito tempo: 48 delas se juntam em 1890, e a United Alkali sobrevive à competição por mais alguns anos. Só vai realmente desaparecer sob o ataque combinado da soda Solvay e da soda produzida por eletrólise a partir de 1886. Na França, onde os fabricantes de soda Leblanc começaram a declinar, as fábricas Solvay são implantadas pouco a pouco e asseguram dois terços da produção em 1913. Na Alemanha e nos Estados Unidos, onde havia poucas fábricas Leblanc, o processo Solvay é adotado diretamente, sobretudo porque a demanda doméstica aumenta com o crescimento das indústrias de produtos da química orgânica na Alemanha. No total, em 1913, o processo Solvay fornece dois milhões de toneladas, ou 90% da produção mundial.

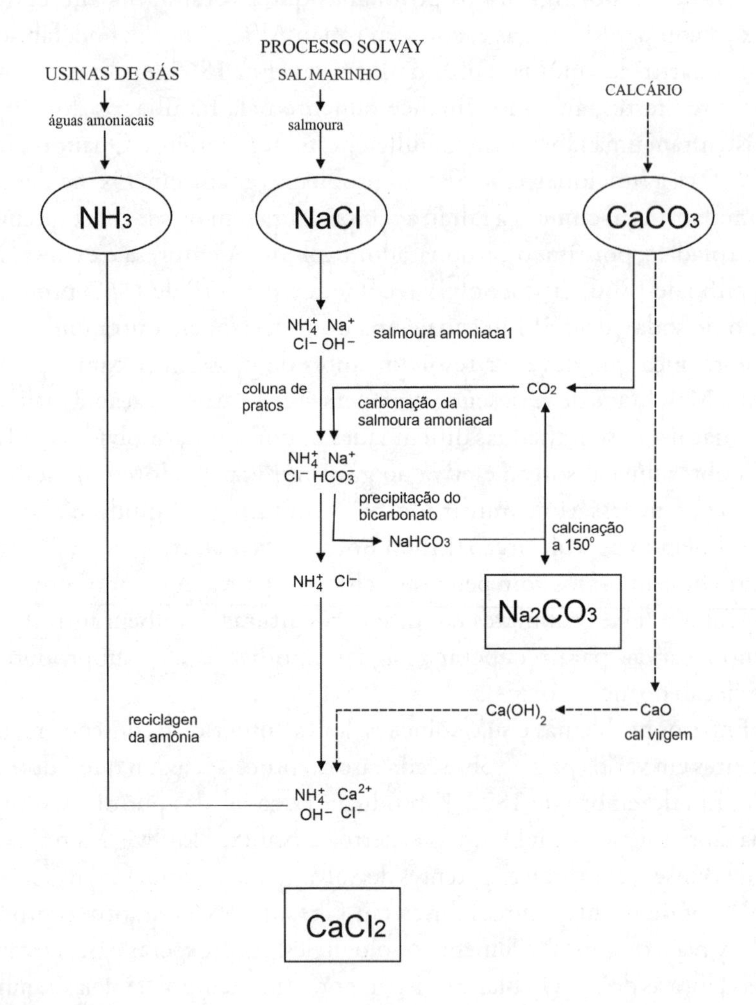

O processo Solvay.

Enquanto ganha milhões, Ernest Solvay se mantém um pensador, pois esse feliz industrial é torturado pelo demônio do conhecimento. Apaixonado pelos grandes enigmas do universo, obcecado pelo desejo de unificar forças, Ernest Solvay dedica-se à reflexão sobre a físico-química. Realiza experimentos, publica vários trabalhos sobre o calor, sobre a unidade entre matéria e energia e, finalmente, um tratado sobre "Gravítica". Na esperança de encontrar experimentos para testar sua ousada hipótese sobre a gravidade, Solvay convida para Bruxelas em 1911 um grupo de eminentes físicos e químicos de vários países. Sem perder tempo com as especulações de Solvay, esses destacados estudiosos discutem o problema que os ocupa: a teoria da radiação e dos *quanta*. Assim nasceram as Conferências Solvay, segundo empreendimento florescente, intelectual e dessa vez de puro mecenato. Os Conselhos Solvay de Física e Química, reunidos periodicamente desde 1911, desempenharam um papel muito importante na física entre as duas guerras. Quanto a Ernest Solvay, derrotadas as suas ambições na física, sonha com outros grandes problemas em fisiologia e sociologia.[12]

O desenvolvimento da indústria pesada se dá, portanto, sobre um pequeno número de produtos e processos relativamente simples que mobilizam sistemas técnicos complexos e dinâmicos. Cada produto atrai um outro: conseguir a matéria-prima, a montante, e encontrar uma saída para os subprodutos industriais, a jusante; essas restrições implicam equipamentos muito pesados e a organização de redes ramificadas que multiplicam as dependências e levam à expansão.

Notas

1 Jouy, 1822, pp. 159-160.

2 O concurso da Académie Royale des Sciences baseou-se na seguinte questão: "Encontrar o método mais simples e mais econômico para decompor em grande escala os sais do mar, para extrair o álcali que é sua base, em seu estado de pureza, isento de qualquer combinação ácida ou de outra natureza, sem que o valor desse álcali mineral exceda o preço daquele obtido das melhores fontes estrangeiras". Havia, de fato, poucas respostas ao concurso, cujo prêmio foi adiado, ano após ano, porque os candidatos que haviam desenvolvido um processo sério preferiam solicitar um privilégio exclusivo do governo para explorá-lo (ver Smith, 1979, p. 200).

3 As duas reações principais do processo Leblanc podem ser expressas da seguinte forma, seguindo a notação atual:

$$2NaCl + H_2SO_4 \rightarrow Na_2SO_4 + 2HCl$$
$$Na_2SO_4 + CaCO_3 + 2C \rightarrow Na_2CO_3 + CaS + 2\,CO_2$$

4 Anastasi, 1884.

5 Gillispie, 1957, pp. 152- 170; Smith, 1979.

6 Nicolas Clément (1779-1841), primeiro assistente de Guyton de Morveau e depois professor do Conservatório Nacional de Artes e Ofícios, mantinha uma fábrica com seu sogro, também químico, Charles Desormes (1777-1862), e os dois passaram a assinar com um único nome, Clément-Desormes. Clément e Desormes demonstram por cálculos que, ao contrário das

ideias então aceitas, o papel do salitre não era fornecer o oxigênio necessário para a combustão de enxofre, nem fornecer o calor necessário para uma combustão completa produzindo ácido sulfúrico e não sulfuroso. Sugerem que a deflagração do salitre produz dióxido de nitrogênio, que atua como um agente oxidante sobre o dióxido de enxofre produzido pela combustão do enxofre (Smith, 1979, pp. 54-66).

7 Clément e Desormes esclarecem que o óxido de nitrogênio não é consumido na reação, agindo, na verdade, como um instrumento. Em termos atuais, sua interpretação pode ser escrita como:

$$SO_2 + NO_2 + H_2O \rightarrow H_2SO_4 + NO \text{ e}$$
$$NO + ½\, O_2 \rightarrow NO_2$$

8 Gay-Lussac considera, em primeiro lugar, que o trabalho não é a única causa de problemas de saúde dos trabalhadores – a insalubridade lhe parece mais prejudicial – e, em segundo lugar, que essa lei é um insulto à generosidade e à humanidade dos empresários e termina dizendo que "o fabricante é no Estado um verdadeiro pai", a quem se deve honra e proteção. Após longos debates, a lei aprovada em 1841 só proibia o trabalho noturno para crianças menores de 13 anos.

9 De acordo com Haber (1958), as exportações evoluem da seguinte forma:

Ano	Soda		Alvejantes	
	10^3 ton	10^3 lb	10^3 ton	10^3 lb
1855	53,2	416,6	7,5	76,6
1867	158,2	1.124,0	15,8	215,2
1876	272,8	2.222,9	47	330,6

10 Veillerette, 1987.

11 É uma dupla decomposição entre o sal marinho e o bicarbonato de amônio; o bicarbonato de sódio precipita, permitindo que a reação continue, mas é estabelecido um equilíbrio químico, que é deslocado pelo excesso de sal. O bicarbonato de sódio produzido é separado do licor-mãe por filtração e depois calcinado para produzir carbonato de sódio. Quanto ao cloreto de amônio, é tratado com cal, que absorve todo o cloro e desloca a amônia, que pode ser recuperada.

$$NaCl + NH_4HCO_3 \rightarrow NaHCO_3 + NH_4Cl;\ 2\,NH_4HCO_3 \rightarrow Na_2CO_3 + H_2O + CO_2$$
$$2NH_4Cl + Ca(OH)_2 \rightarrow CaCl2 + 2NH_3 + 2H_2O$$

12 D'Or, 1968, pp. 385-406; Mehra, 1975.

23

Os desafios do nitrogênio

Uma das surpresas reservadas pelas propriedades da matéria é que uma substância inofensiva, quase inerte, tão generosamente distribuída na atmosfera quanto o nitrogênio pudesse mobilizar a atenção dos químicos por mais de 50 anos.

Que um elemento denominado azoto, ou seja, impróprio à vida, em 1787 se tornasse vital para alimentar a galopante população da Inglaterra, obcecada pelo medo da fome,[1] assombrada pelo malthusianismo, é uma segunda surpresa. Tal foi o resultado das análises conduzidas pelo químico alemão Martin Heinrich Klaproth e por Nicolas Vauquelin em amostras de guano trazidas do Peru em 1804 por Alexander von Humboldt, seguidas de outras análises sistemáticas. As plantas não se alimentam exclusivamente de oxigênio e luz, como se sabia desde Joseph Priestley, mas também de nitrogênio, fósforo, cálcio e potássio.

O papel vital dos minerais no crescimento dos seres organizados constitui um resultado que desafia a força vital e a separação dos reinos da natureza. Não só complica a relação entre química orgânica e química inorgânica, mas também levanta uma série de problemas que constituem o núcleo de uma nova disciplina, a química agrícola. Mas de onde vêm esses elementos, do ar, da água, da terra? Por onde entram nas plantas, pelas raízes, pelas folhas? Que caminho seguem, que transformações os tornam assimiláveis pelos tecidos vivos?

No início do século XIX, era possível acreditar que a química agrícola se limitaria a explicar, através de análises, práticas ancestrais de fertilização: cultivo, calagem, uso de cinzas, pó de ossos, guano... Mas esse modesto trabalho de racionalização das tradições agrícolas não se encaixa bem no perfil desbravador dos químicos do século XIX, especialmente para um personagem como o todo-poderoso Justus von Liebig.

Químicos nos campos

É em terras inglesas que as ideias de Liebig encontram o solo mais receptivo, pois os britânicos, preocupados em intensificar a agricultura, importam toneladas de guano e de nitratos do Chile e do Peru e produzem fosfatos e superfosfatos. Na década de 1860, a Grã-Bretanha consumiu 500 mil toneladas de fertilizantes, tanto quanto toda a Europa combinada e dez vezes mais que a França.

No entanto, o interesse inglês pela química agrícola não surge repentinamente sob a pressão das necessidades. Desde 1813, Humphry Davy dedicava a esses problemas uma obra inteira, *Agricultural chemistry*. À questão "como as substâncias minerais atuam nas plantas?", Davy respondeu: através do húmus, pois só ele é assimilável. Assim, a ação dos minerais sobre os seres vivos passava por uma substância intermediária entre os dois reinos. Os elementos minerais ou inorgânicos, entre os quais Davy inclui o nitrogênio, servem apenas para estimular a matéria orgânica contida no húmus. O livro de Davy incentiva o uso do guano na Inglaterra e, de forma mais ampla, direciona a pesquisa para o húmus, essa substância-tampão entre o inorgânico e o auto-organizado: detectar os ácidos graxos contidos no húmus, analisá-los e aperfeiçoar os métodos de análise foram seus principais trabalhos até 1840.

Sobre essas bases, começa a surgir uma indústria de fertilizantes. De 1839 a 1842, John Bennet Lawes ensaia um experimento: espalha em campos de nabo o pó de ossos tratado com ácido sulfúrico concentrado. Em 1842, registrou uma patente para a fabricação de "superfosfato de cal" e construiu uma fábrica em Deptford, que comercializa o produto a partir de 1843. Posteriormente, os superfosfatos serão fabricados a partir de fosfatos minerais, e então os ingleses seriam menos favorecidos que os franceses, que dispõem de jazidas no norte da África. Mas o processo de tratamento com ácido sulfúrico, essencial para tornar o fosfato assimilável pelas plantas, continua sendo o mesmo que havia sido desenvolvido em 1840 na Inglaterra.

Ora, em 1840, Liebig, o grande professor que forma uma legião de químicos em Giessen, investe no campo agrícola.[2] Longe de limitar ao papel de ajudante da natureza, aconselhando o agricultor, atribui ao químico um papel de especialista, juiz e mestre das práticas agrícolas. Esse é o programa esboçado em sua obra *Química orgânica aplicada à fisiologia e à agricultura*, publicada em 1840, traduzida de imediato para vários idiomas, amplamente distribuída, com nove edições em alemão e nove em idiomas estrangeiros.[3] De que maneira Liebig renova a questão agrícola e por que foi considerado o "papa" da agricultura? O livro trata de questões bastante teóricas referentes sobretudo às relações entre os minerais e os vegetais. Nesse aspecto, Liebig se opõe à teoria dominante da nutrição das plantas pelo húmus e insiste no papel dos elementos inorgânicos. Após uma longa série de análises sistemáticas, conclui de modo resoluto que nada corrobora o papel dado ao húmus e que o nitrogênio fixado nas plantas provém do ar atmosférico, que é diretamente assimilado pelas folhas, ou pelas raízes, na ausência de folhas. O húmus fornece apenas ácido carbônico antes do aparecimento das folhas.

Como tornar uma obra popular com uma tal hipótese? Em primeiro lugar, pelo estilo de Liebig: no fim dos capítulos, não hesita em dar conselhos práticos aos agricultores. Basicamente, esses conselhos são baseados num princípio de balanceamento que lembra Lavoisier. Aplicando o balanceamento das reações às transformações que ocorrem nos meios vegetal e animal, Liebig equaciona o que entra e o que sai: tudo o que se obtém do solo na forma de colheita deve ser devolvido na forma de fertilizantes ou de elementos inorgânicos. Recolha-se a urina dos estábulos; 1 kg de urina desperdiçada equivale a 60 kg de trigo perdido. Um outro aspecto bastante midiático do livro de Liebig é seu estilo extremamente controverso. Começa com um elogio do combate na ciência – evitá-lo seria aniquilar a ciência, porque a controvérsia é o caminho mais seguro para chegar à verdade –, e de fato provocou controvérsias acaloradas tanto nos círculos agrícolas quanto entre os químicos.

Jean-Baptiste Boussingault (1802-1887), professor de química agrícola no Conservatoire des Arts et Métiers, também destacou a importância do nitrogênio no crescimento das plantas e, logo após Liebig, publica com J.-B. Dumas um livrinho que aborda exatamente os mesmos problemas.[4] Depois, desafia abertamente a tese de Liebig sobre a fixação de nitrogênio atmosférico. Com Georges Ville, conduz uma série de análises sistemáticas da água da chuva para testar a hipótese de fixação do nitrogênio atmosférico. Obteve o seguinte balanço: apenas 1 kg de amônia por hectare por ano é fornecido por essa via, valor muito abaixo do consumo. Depois de Boussingault, o inglês *Sir* Joseph Henry Gilbert (1817-1901), ex-aluno de Giessen, usa seus conhecimentos analíticos para derrubar a tese de Liebig. A partir de uma série de testes feitos no campo, conclui que o nitrogênio consumido é proveniente de adubos incorporados ao solo.

Mas nem Boussingault nem qualquer dos detratores de Liebig alcançam sua popularidade. Apesar da refutação de sua hipótese principal, apesar de não ter sido posta em prática, sua "química agrícola", como é chamada, teve um impacto histórico essencial. Por um lado, o erro de Liebig foi proveitoso, porque a controvérsia desencadeou um programa de pesquisa que durou 30 anos. Químicos e agricultores se interessam pelo nitrogênio. Com sua hipótese sobre o nitrogênio do ar, Liebig dirigiu a atenção dos químicos para o solo. Por outro lado, após as correções e revisões introduzidas na sétima edição na década de 1860, a mensagem retida da obra vai muito além da questão particular do ciclo do nitrogênio na planta: a agricultura não pode dispensar os serviços do químico. Após uma centena de análises de vários solos, Liebig conclui que cada espécie de planta requer um solo particular. Roceiros e agricultores têm somente que admitir esses resultados! De fato, Liebig, ao contrário de Davy, não lhes fornece os protocolos experimentais para que eles mesmos praticassem as próprias análises. Aconselha-os a procurar um químico que os assistirá e os impedirá de continuar espoliando a terra, que é sua riqueza. Em resumo, somente a química pode impedir os desastres da fome e do esgotamento do solo, essa é a sua missão histórica.

Embora a assistência de um químico treinado nos protocolos do laboratório analítico seja uma condição para uma agricultura racional, às vezes pode levar a resultados desastrosos. Liebig teve essa experiência pungente em solo inglês. Em 1845, associou-se a James Muspratt, ex-aluno de Giessen, cujo pai possuía uma pequena fábrica de fertilizantes perto de Liverpool. Registra uma patente para seis fertilizantes diferentes adaptados para seis culturas diferentes e começa a comercializá-los, tendo, no horizonte, a esperança de substituir o guano. Foi um fiasco. Não estariam as soluções de fertilizantes adequadas para uma boa assimilação? Qualquer que tenha sido a razão, formaram uma crosta dura na superfície dos campos, fato que encheu Liebig de amargura em relação ao solo inglês. Essa anedota ilustra um problema fundamental: os químicos convocados para os campos conhecem apenas o universo do laboratório, onde estão ausentes todos os fatores circunstanciais que permitem o controle das reações, enquanto a agricultura é feita ao ar livre e deve se ajustar às circunstâncias. O químico nem sempre pode se eximir de suas falhas, alegando que é culpa do sol, do vento ou da chuva...

Preencher o fosso entre o mundo governado pelos acasos da meteorologia e o mundo asséptico do laboratório governado pelas leis da química foi a segunda tarefa da química agrícola. Na década de 1850, foram criadas estações experimentais, nas quais os químicos faziam ensaios em escala real. Essas estações desenvolvem-se bastante nos Estados Unidos, onde jovens químicos, formados na Alemanha, criam cátedras nas universidades e inauguram a pesquisa agrícola. Na Inglaterra, em sua estação de Rothamsted, J. B. Lawes pratica testes sistemáticos com as águas amoniacais das fábricas de gás. O problema central, que requer anos de pesquisas, hipóteses e testes, continua a ser a fixação de nitrogênio pelas plantas. Esse estudo avança um pouco na França, embora a pesquisa agrícola francesa seja mal desenvolvida, pouco incentivada pelo protecionismo, que cobra um imposto de 25% sobre produtos importados. Uma estação experimental do Collège de France é criada em Meudon para e por Berthelot, que pratica centenas de ensaios analíticos. Foi lá que demonstrou que os solos argilosos e os microrganismos neles presentes têm a propriedade de fixar lentamente o nitrogênio atmosférico livre, bem como as condições em que esse processo se manifesta.[5] Esse fenômeno é diferente da fixação direta de nitrogênio atmosférico pelas leguminosas,[6] demonstrada pelos alemães. Mas Liebig já não é mais parte disso. Depois de deixar Giessen em 1852 para ocupar um cargo em Munique, dedicou-se a pesquisas particulares sobre fisiologia de plantas e animais. É então que desenvolve o famoso caldo de carne que leva seu nome.[7] A agricultura alemã desenvolve-se sem problemas depois da descoberta, em 1856, das minas de Stassfurt, na Saxônia, tornando a Alemanha o maior produtor mundial de potassa.

Fábricas de dupla fachada

Onde encontrar o nitrogênio necessário para fazer fertilizantes? Todos os países industrializados se tornam rivais diante desse problema, que leva os químicos de volta às fábricas, para perto das fornalhas escaldantes, e os conduz a trabalhar em altas temperaturas e altas pressões.

A recuperação do nitrogênio a partir dos sulfatos amoniacais das usinas de gás ou de carvão é uma fonte conveniente, mas limitada. Outra solução é descoberta bem no momento em que Liebig formula o problema: os depósitos de "caliche" nas regiões desérticas disputadas pelo Peru e pelo Chile contêm nitratos de soda. Mas, mesmo após o desenvolvimento dos processos para seu tratamento, os nitratos do Chile não são uma solução milagrosa: de fato, a dependência em relação a um monopólio e o risco de seu esgotamento fazem a situação permanecer instável.

Os países industrializados estão ainda mais ansiosos por encontrar fontes mais seguras, porque o nitrogênio interessa duplamente ao seu poderio, trabalhando-se nas fábricas sob dois prismas. Uma vez que ajuda a intensificar a agricultura, é um elemento-chave na luta pela vida. Por ser usado na fabricação de explosivos, é um elemento-chave na luta inclemente pelo domínio militar.

De fato, são principalmente as grandes obras civis – túneis, canais, pontes e viadutos – que consomem explosivos no final do século XIX. Seu uso só pôde ser generalizado com a descoberta de Alfred Nobel. A nitroglicerina fabricada em 1846 pelo italiano Ascanio Sobrero (1812-1888) era instável demais para ser fabricada em grande escala e comercializada. Alfred Nobel (1833-1896), terceiro filho de Emmanuel Nobel, empresário de explosivos, conheceu Sobrero durante um estágio em Paris com Théophile-Jules Pelouze (1807-1867) em 1850 e começou a produzir nitroglicerina na fábrica da família em Estocolmo. Uma violenta explosão em setembro de 1864 matou seu irmão mais novo e quatro assistentes. Em 1866, Alfred Nobel conseguiu estabilizar a nitroglicerina pela absorção em "kieselguhr".* O novo explosivo, chamado dinamite, é vendido em pó com um detonador à base de fulminato de mercúrio. A produção aumentou de 11 toneladas por ano em 1867 para 1.350 toneladas em 1872. Alfred garante sua renda nas 13 fábricas estabelecidas na Europa e em mais 2 nos Estados Unidos. Em 1875, ainda coloca no mercado dois novos explosivos: a gelatina explosiva, uma goma feita de uma mistura de nitroglicerina e nitrocelulose, e a "balistita", em 1887, para uso exclusivamente militar. Alfred Nobel, que controlou o mercado criando duas *holdings* multinacionais, uma em Paris e a outra em Londres, encontra-se à frente de uma belíssima fortuna no final de sua vida: permite prever por testamento a alocação de 32 milhões de coroas suecas a uma fundação que distribuirá um prêmio anual para incentivar as ciências. A fama do Prêmio Nobel não deve nos fazer esquecer que, com Nobel, começou uma nova arte militar, abandonando a antiga pólvora negra em favor dos novos explosivos nitrados, tais como a melinite, ou ácido pícrico (1886), contendo trinitrofenol, usado pelo exército francês, ou o TNT (trinitrotolueno), que será fabricado na Alemanha.

Compreende-se o interesse estratégico das fábricas de fertilizantes e a dimensão dos investimentos na pesquisa sobre o nitrogênio. Extrair nitrogênio

* Trata-se de uma rocha bem porosa e absorvente, formada por precipitação de restos microscópicos das paredes celulares das algas diatomáceas. (N. da T.)

diretamente do ar é uma solução óbvia, pois ele constitui 80% da atmosfera, mas sua realização prática é extremamente custosa. O processo consiste em formar o óxido de nitrogênio, NO, por uma reação altamente endotérmica, que requer temperaturas na ordem de 3 mil °C, obtidas por meio de um arco elétrico, mas, mesmo assim, o rendimento é de apenas 5%. O principal obstáculo é que, durante o resfriamento, ocorre a reação inversa (exotérmica); portanto, é necessário resfriar repentinamente e, para esse fim, construir fornos que produzam altas temperaturas de maneira constante e muito localizada. É então necessário formar ácido nítrico a partir do óxido obtido e combiná-lo com cal para fabricar nitrato de cálcio utilizável como fertilizante. Os primeiros testes são feitos por William Crookes em uma estação perto de Manchester, em 1892. Em 1903, Birkeland e Eyde patenteiam um forno que requer uma potência da ordem de 4 mil kW e, portanto, uma fonte de energia elétrica de muito baixo custo. Somente a Norwegian Nitrogen Corporation, que dispunha de quedas d'água para produzir eletricidade, conseguiu industrializar o processo por volta de 1910, usando equipamentos muito pesados.

A Alemanha apostou em outro processo, baseado na cianamida de cálcio, que consome um pouco menos de eletricidade. Consiste em fixar o nitrogênio com carbeto de cálcio, aquecendo a 1.000 °C: $CaC_2 + N_2 \rightarrow CaCN_2 + C$. A cianamida de cálcio pode ser hidrolisada com vapor superaquecido para a obtenção de amônia. Uma primeira fábrica, fundada em 1910 em Knapsack, perto de Colônia, opera o processo, depois outra em Trostberg, perto de Munique. O processo foi comprado pelos britânicos para construir uma fábrica na Noruega e também pelo americano Frank Washburn, que fundou a American Cyanamid Company para o explorar numa fábrica localizada perto das Cataratas do Niágara.

Outra perspectiva assombra a mente dos químicos no final do século XIX: sintetizar diretamente amônia a partir de seus elementos. Após ter formulado, em 1888, uma lei de deslocamento do equilíbrio químico, Henry Le Chatelier (1850-1936) definiu teoricamente as condições de temperatura e pressão que seriam necessárias para realizar essa síntese na presença de um catalisador: se a operação for realizada a 500 °C ou 600 °C, a combinação do hidrogênio com o nitrogênio será incompleta, mas, como a reação é acompanhada por uma diminuição no volume, o rendimento pode ser melhorado pelo aumento da pressão. Le Chatelier registrou uma patente em 1903, mas abandonou a implementação industrial após uma explosão. O problema a resolver para a síntese da amônia é de fato duplo: é necessário dominar não apenas a ciência do equilíbrio químico, mas também as técnicas de altas pressões.

A Alemanha terá sucesso em 1913, graças a uma equipe de três especialistas. O primeiro, Fritz Haber (1868-1934), é um químico formado no laboratório de Bunsen e Hofmann, e mais tarde na Escola Técnica de Berlim; Haber ensina química orgânica em Karlsruhe enquanto trabalha nos negócios de seu pai. Em 1908, ingressou na Badische Anilin und Soda Fabrik (Basf) e começou a trabalhar com amônia. Em 1909, fez uma primeira síntese com um catalisador de ósmio em um reator de bancada, sob pressão próxima a 200 atm e temperatura de 550 °C. A ideia principal do processo Haber consiste em reciclar gases a alta pressão para aumentar a eficiência. Heinrich von Brunck, diretor da Basf, destaca para junto de Haber dois engenheiros experientes, Carl Bosch (1874-1940), metalúrgico encarregado de encontrar materiais resistentes à pressão e à corrosão, e Alwin Mittasch, especialista em catálise. Em 1910, a Basf aposta nesse processo: resolve desistir do processo norueguês do arco elétrico e investe considerável capital na construção de uma planta piloto em Oppau, perto de Ludwigshafen. Em 1912, produzia 1 tonelada por dia, mas ainda são muitos os problemas técnicos com o catalisador. Mittasch analisa sistematicamente todos os catalisadores possíveis para encontrar o catalisador ideal. Em 1913, a Basf passou para a produção industrial com 8.700 toneladas por ano. Haber é elevado a nobre, enriquecido ao lucrar um centavo de marco alemão por quilograma de amônia, obtém um cargo no Kaiser Wilhelm Institut em Berlim em 1912 e o Prêmio Nobel em 1918.

Esse sucesso foi um dos principais resultados da política de interação entre universidade e indústria que a Alemanha desenvolve desde a década de 1870. Pela primeira vez, testemunha-se um projeto de pesquisa concebido e realizado visando a uma aplicação, sendo conduzido por uma equipe interdisciplinar, com uma estratégia arriscada e um pesado investimento de capital. Pode-se ver aqui a origem do que se chama hoje de "pesquisa e desenvolvimento".

A síntese de amônia foi um evento inovador sob vários aspectos. Inaugura um novo paradigma da indústria química, baseado no domínio das técnicas de alta pressão e numa abordagem dinâmica da cinética química que aproveita a noção de velocidade de reação, ou seja, rendimento, em termos espaço-temporais.

Finalmente, a síntese de amônia é um evento de dimensão geopolítica. A Basf se torna o principal grupo na produção de produtos químicos básicos, e Ludwigshafen, o maior pólo de produtos químicos do mundo, pois o processo Haber requer uma ampla integração. A montante, é necessária uma infraestrutura industrial que forneça nitrogênio e hidrogênio puros em grandes quantidades. Como a amônia é difícil de transportar, as fábricas que produzem explosivos e fertilizantes devem ser instaladas a jusante. Às vésperas da Primeira Guerra Mundial, quando o fornecimento de nitratos do Chile ou de outras origens ameaça ser cortado, essa conquista foi decisiva para a Alemanha.

Notas

[1] A Inglaterra salta de 21 milhões de habitantes em 1815 para 32 milhões em 1871.

[2] Rossiter, 1975.

[3] Munday, 1991, pp. 133-154; Finlay, 1991, pp. 155-167.

[4] Boussingault & Dumas, 1842.

[5] Jacques, 1987, pp. 163-174.

[6] No primeiro caso, a absorção é feita no nível das raízes por nódulos formados por simbiose com microrganismos denominados micorrizas.

[7] Em 1862, o empresário e engenheiro Georg Christian Gilbert ofereceu a Liebig uma cooperação no Uruguai, onde havia um excedente de carne de bois, que eram abatidos para a produção de couro. Devido à falta de refrigeração, a carne não podia ser exportada. Em Fray Bentos, o extrato de carne de Liebig passou a ser produzido em grandes quantidades e vendido em todo o mundo (Finlay, 1992, pp. 404-418).

24

A guerra dos corantes

A grande tarefa dos químicos do século XIX consistiu em extrair dos viscosos alcatrões de hulha resíduos indesejáveis das usinas de carvão, a malva, a fusteína, o vermelho magenta, o azul da Prússia, o amarelo auramina, o verde ácido, o índigo... enfim, todas as cores que alegram as vitrines nas calçadas das grandes avenidas. Sua pedra filosofal é o carbono, esse átomo singular capaz de se unir a si mesmo e formar moléculas complicadas, estáveis e variadas.

Longe de ser uma busca solitária, a fabricação de corantes sintéticos é um empreendimento coletivo, que reúne os esforços de várias equipes e várias gerações de químicos. Constitui mesmo um caso exemplar de inovação, que recupera e recapitula várias áreas de pesquisa e desenvolvimento. A fabricação de corantes sintéticos pressupõe, é claro, o domínio das técnicas de tingimento adquiridas desde *Éléments de l'art de la teinture*, de Berthollet, em 1791, o domínio das técnicas de impressão de Oberkampf sobre as telas de Jouy, bem como o conhecimento dos "mordentes" para tingir lãs e sedas. Na verdade, a síntese de corantes artificiais seria impensável sem o conhecimento dos corantes extraídos das plantas, particularmente sem o trabalho de Chevreul, que os isolou e os submeteu à análise sistemática. Quanto à implementação industrial, ela foi muito beneficiada pelas iniciativas piloto de empresários como André Koechlin e Dollfus, da Sociedade Industrial de Mulhouse, fundada em 1825, que se lançaram nas inovações e criaram o ensino da química industrial.[1] Finalmente, o desenvolvimento dos corantes sintéticos passa pela expansão da indústria dos gases e por um grande esforço para investigar os produtos de destilação da hulha: análises sistemáticas dos alcatrões de hulha feitas durante a primeira metade do século XIX permitiram a descoberta do naftaleno em 1820, do antraceno em 1832, do fenol em 1834, do benzeno, da anilina e do tolueno. "As novas fábricas são, de certo modo, laboratórios ampliados", essa observação de 1862 feita por Balard põe em evidência a rede de interesses industriais e cognitivos à qual se junta um elemento decisivo em 1865, a estrutura do benzeno descoberta por Kekulé.[2]

A história dos corantes sintéticos começa em Londres em 1856, envolvendo três gerações sucessivas de tinturas.[3] Por um lado, desenrola-se uma longa batalha com os elementos, para estabelecer reações complexas e variar os processos de fabricação; por outro lado, desenvolve-se outra batalha contra os concorrentes, para conquistar os mercados, renovar constantemente as cores oferecidas, abaixar os preços... Começa uma feroz competição, exacerbada pelas tensões nacionalistas. Em 1900, a Alemanha alcançou, de fato, um monopólio quase total sobre a fabricação de corantes, que também lhe abre o mercado de produtos farmacêuticos e fotográficos. Esses 40 anos de história moldaram um novo perfil da química: uma indústria fina, estreitamente ligada à pesquisa.

A malva de Perkin

Foi ao tentar sintetizar o quinino, uma substância valiosa para as potências coloniais como a Inglaterra, que William Henry Perkin (1838-1907), o jovem assistente de Hofmann no Royal College of Chemistry, em Londres, abriu caminho para o primeiro corante sintético. Ao adicionar quatro átomos de oxigênio a duas moléculas de toluidina, Perkin obtém um precipitado vermelho amarronzado de escasso interesse. Então repete o experimento, substituindo a toluidina por anilina impura, e obtém uma substância negra. Após análise, extrai uma substância capaz de tingir a seda, que batiza de *púrpura de anilina*.

ESQUEMA RESUMINDO O PROCESSO DE PERKIN

Produtos	Operações
Alcatrão de hulha	
↓	Retificação
Benzeno (impuro)	↓
↓	Nitração
Nitrobenzeno	↓
↓	Redução
Anilina (impura)	↓
↓	Oxidação
PÚRPURA DE ANILINA OU MALVA	

Fonte: Haber, 1958, p. 82.

Perkin não hesita em seus esforços: registra uma patente em 26 de agosto de 1856 e, confiante no futuro brilhante de seu produto, pede demissão do Royal College of Chemistry, apesar das reservas de Hofmann, para embarcar em sua aventura industrial. Após vários testes bem-sucedidos, conseguiu convencer um fabricante de corantes para seda e montou uma fábrica em Greenford Green. Perkin não apenas consegue encontrar os métodos certos para realizar as várias reações necessárias para transformar o alcatrão de hulha em malva, mas também desenvolve um mordente para tingir algodão e lã.

O novo corante encontra adeptos tanto na Inglaterra quanto na França, tanto nos círculos industriais, onde se beneficia do aumento considerável da produção têxtil, quanto no ambiente acadêmico, onde se beneficia da pesquisa sistemática em química orgânica. Industriais franceses, como Kestner em Thann, produzem o corante de Perkin com o nome de "mauve", e a púrpura de Perkin se expande até a corte imperial de Napoleão III. Já em 1859, uma fábrica francesa, Renard et Frères, de Lyon, colocou no mercado um segundo corante sintético, vermelho fúcsia ou vermelho magenta, descoberto por Emmanuel Verguin, que o obteve oxidando a toluidina misturada com anilina.[4]

De fato, esse corante age como um fermento da discórdia, levando a Société Renard et Frères, batizada como La Fuchsine, a uma longa série de disputas que lhe fará perder a batalha dos corantes.

O vermelho magenta está protegido por uma patente Verguin, mas pode ser obtido por vários processos de oxidação da anilina, ao alcance de quase todos, porque não requer nem um conhecimento muito sofisticado nem uma elaboração muito delicada. Além disso, é possível a fabricação de outros corantes a partir da fucsina, tais como o "azul de Lyon", produzido pela Société Monnet et Dury, ou ainda o violeta e o verde inventados por Hofmann e Perkin. A empresa Renard et Frères lança-se então numa ação judicial contra seus concorrentes franceses e estrangeiros. Renard vence a causa em relação ao vermelho fúcsia. É uma vitória frágil, porque La Fuchsine, que explora uma patente da qual detém o monopólio, não busca ampliar o mercado.[5] Nesse caso, o efeito inibitório da legislação francesa é revelado: a lei de patentes de 1844 protege o produto, mas não o processo de fabricação. Também desencoraja a pesquisa para melhorar processos ou encontrar maneiras de usar subprodutos. Essa desvantagem, pouco importante em indústrias mecânicas, é particularmente relevante na indústria química, onde o mesmo produto pode ser sintetizado por uma dúzia de rotas diferentes. A patente de Verguin e Renard sobre a fucsina, que obriga qualquer empresa a solicitar sua autorização para produzi-la, não impediu os Gerber de Mulhouse de explorar um processo mais lucrativo, usando arsênico. Simplesmente emigraram para Basileia, a fim de explorá-lo livremente. Nos 39 Estados alemães, a legislação sobre patentes é tão confusa que deixa uma grande margem de manobra e possibilita a fabricação do mesmo produto pela modificação dos processos. A Exposição Universal de 1867, que apresenta ao público maravilhado 11 novas cores, marca o apogeu da indústria francesa. Mas já é o canto do cisne: a Sociedade Renard pede falência em 1868. Outros fabricantes franceses que apostaram em outras cores sobrevivem; mas a França, enfraquecida pela perda das regiões da Alsácia e da Lorena para a Alemanha, não consegue acompanhar o desenvolvimento da segunda geração de corantes. A França sai de cena.

O amarelo de Manchester

A segunda geração de corantes continua a ser à base de anilina, mas o processo de síntese inclui uma "nitrosação" – ou seja, ação do ácido nítrico sobre a anilina – que permite obter corantes bastante estáveis, que fixam diretamente sem passar por um "mordente".

A operação que gera sais de diazônio é conhecida desde 1858, graças a uma publicação do inglês Peter Griess, que trabalha, como Perkin, no Royal College of Chemistry, sob a direção de Hofmann. Mas esse processo torna-se interessante somente após a síntese de vários corantes a partir da anilina. Um alemão, Heinrich Caro (1834-1910), estampador de tecidos sediado em Manchester em 1859 e trabalhando na empresa Roberts, Dale & Co., que produz a malva de Perkin, implementa esse novo processo. Em colaboração com Carl Martius, fez com que os sais de diazônio reagissem com aminas aromáticas e, em 1864, produziu dois corantes azoicos, que receberam o nome de seu local de nascimento: amarelo de Manchester e marrom de Manchester.

Por volta de 1865, com sua infraestrutura de indústrias têxteis, Manchester se tornou a capital dos corantes sintéticos. Atrai químicos alemães que querem embarcar na aventura. A Heinrich Caro, junta-se Ivan Levinstein, vindo de Berlim, para fundar uma empresa que se torna uma das mais bem-sucedidas. De fato, os compostos azoicos são os corantes do futuro, substituindo gradualmente os primeiros corantes à base de anilina. Em 1884, os azocorantes à base de naftóis e naftilaminas são colocados no mercado. Em 1902, representam metade dos corantes comercializados: 385 dos 681.

Portanto, é a Inglaterra que parece vencer a segunda batalha dos corantes, graças à fileira de corantes azoicos. Entretanto, sintoma preocupante, na década de 1880 os químicos e industriais alemães voltam para o continente, onde vão explorar livremente as patentes inglesas. Apesar do carvão, dos capitais e do mercado têxtil que a estimulam, a indústria inglesa de tinturas, tão próspera e inovadora na década de 1860, vai ser derrotada na batalha pela terceira geração de corantes. Serão as grandes empresas alemãs, principalmente a Bayer, que dominarão o mercado a partir da década de 1880. Seus primeiros trunfos foram duas medidas políticas tomadas pelo Estado da Prússia. Uma lei de patentes de 1876 protege as invenções alemãs; a patente sobre processos e não sobre produtos, como na França, incentiva os fabricantes a procurarem sempre novos processos mais econômicos para sintetizar o mesmo produto; além disso, a criação de institutos para a formação de técnicos, os Technische Hochschulen, e depois, em 1911, o Kaiser Wilhelm Gesellschaft Institut, administrado pelo Ministério da Educação e financiado pelas empresas, permitirá uma aliança bastante forte entre o Estado e os interesses privados. A Inglaterra sai de cena.

A garança repelida

Apesar do brilho e da variedade, os corantes de anilina não haviam suplantado os corantes naturais de origem vegetal, que ainda eram fabricados no Languedoc e na Provença. Por outro lado, a primeira síntese de um corante à base de alizarina em 1869 perturbou todo o cenário econômico. O relato das desventuras do entomologista Jean Henri Fabre, professor em Avignon, é disso testemunha. Um dos grandes recursos da região era a garança ou ruiva-dos-tintureiros (*Rubia tinctorum* L.), uma planta herbácea que fornece o famoso vermelho-ruivo. Químico amador, o professor Fabre conseguiu extrair o princípio do corante, a alizarina, purificá-lo e concentrá-lo de modo a ser utilizado diretamente na estampagem de tecidos. Como o processo é barato e bastante prático, Fabre faz uma parceria com o diretor de uma tinturaria para explorar seu processo industrialmente. Convencido de que finalmente será capaz de suplementar seu magro salário de professor do ensino médio com os lucros da alizarina, o naturalista rejeita um cargo interessante em Paris que Victor Duruy lhe oferece para reencontrar sua Provença e os insetos nas encostas do Monte Ventoux, perto de Marselha. Mas uma cruel decepção o espera:

> Assim que a fábrica começa a funcionar, espalha-se uma notícia [...]. A química acaba de obter artificialmente o princípio tintorial da garança; por meio de uma preparação de laboratório, perturba completamente a agricultura e a indústria da minha região. [...] Tendo eu mesmo abordado o problema da alizarina artificial, sabia o suficiente para prever que, num futuro não tão distante, a retorta substituiria o trabalho dos campos.[6]

Enquanto a malva de Perkin fora descoberta por acaso, a descoberta de corantes à base de alizarina fora prevista, planejada e fruto de uma longa pesquisa. Estão em competição Perkin, em Londres, e Carl Graebe (1841-1927), em Berlim, trabalhando com Carl Theodor Liebermann (1842-1914) num instituto, que em breve se tornará uma famosa escola técnica (Technische Hochschule), por conta da Badische Anilin und Soda Fabrik (Basf).[7]

ESQUEMA RESUMINDO
O PROCESSO DE SÍNTESE DA ALIZARINA

Antraceno + dicromato (oxidação)
Antraquinona + ácido sulfúrico (sulfonação)
Antraquinonamonossulfonato + soda (fusão alcalina)
Dioxiantraquinona ou ALIZARINA

O ponto de partida para a síntese de alizarina é outro produto da destilação de alcatrões de hulha, o antraceno, mas as operações são muito mais complicadas do que para a anilina.

O processo global, concebido por Graebe e Liebermann, só pôde se tornar comercial graças ao uso do ácido sulfúrico fumegante, que permitiu reduzir os preços. Essa ideia veio de Heinrich Caro, que regressara ao país no final da década de 1860 para ingressar na Basf. Em 25 de junho de 1869, Caro, Graebe e Liebermann registraram uma patente na Inglaterra para a síntese de alizarina. Em 26 de junho, Perkin também registrou sua patente. Um dia de atraso que precipitou a queda dos corantes britânicos e a vertiginosa ascensão da Alemanha. As empresas alemãs desenvolvem imediatamente a produção, baixam os preços e conquistam a maioria dos mercados.

Sobre a síntese de alizarina, a Basf constrói um império, enquanto as indústrias tradicionais de corantes vegetais desmoronam. O governo francês tentou proteger os agricultores e empresários do Languedoc e da Provença através de barreiras alfandegárias e do fornecimento exclusivo ao exército. Em 1914, o efeito principal dessa medida foi os soldados franceses marcharem para a frente de combate da Primeira Guerra claramente visíveis à distância, em esplêndidos uniformes com calças bem vermelhas.

O índigo e a pesquisa industrial

A derrocada dos corantes vegetais, que hoje nos parece inevitável, custou muito esforço e pesados investimentos. Com o índigo artificial, começa no século XX o que será chamado de *Big Science*.[8] Essa síntese é, de fato, tão complicada que foram necessários 30 anos de diligentes pesquisas para chegar a um produto comercial. Somente empresas com um grande mercado cativo e grandes lucros conseguiram entrar na corrida do índigo. O investimento financeiro era tão grande que elas corriam o risco de falência em caso de insucesso. Assim, a aventura do índigo favoreceu a formação de cartéis.

O índigo implica uma segunda inovação na prática dos químicos: a "síntese programada". Findava a tecnologia entregue aos caprichos da invenção. Entra-se numa era de pesquisa e desenvolvimento. Adolf von Baeyer (1835-1917) é o herói dessa aventura em que se unem a universidade e a indústria. Ex-aluno de Kekulé, em 1875 assume a cátedra de Liebig em Munique, onde dirige um laboratório que treina cerca de 500 estudantes por semestre e publica centenas de artigos. Baeyer empreende os primeiros trabalhos sobre o índigo desde a descoberta da estrutura do benzeno, em 1865. Em 1880, fez uma primeira síntese usando um derivado do ácido cinâmico. Imediatamente, o processo é adquirido pela Basf e pela Hoechst, que se comprometem a financiar mais pesquisas e compartilhar os lucros. São registradas 152 patentes sobre a síntese do índigo a partir do ácido cinâmico, e, mesmo assim, o índigo é obtido apenas em pequenas quantidades. Em 1882, Baeyer avança outro processo baseado no orto-nitrotolueno, imediatamente testado pela Basf e pela Hoechst. Mas consome tanto tolueno que seria necessário aumentar a destilação do alcatrão de hulha e, assim, produzir benzeno e naftaleno em excesso em relação às necessidades das outras indústrias. As pesquisas, realizadas incansavelmente, desembocam enfim numa produção industrial, na década de 1890. Essa produção envolve vários processos complexos, que permitem usar o naftaleno e obter o anidrido ftálico, oxidando-o com ácido sulfúrico concentrado. O índigo sintético foi comercializado pela Basf em 1897, mas a pesquisa continuou, e um novo processo de Heumann e Pfleger, muito mais lucrativo, foi explorado pela Hoechst a partir de 1904. Foi uma vitória da Alemanha em duas frentes, acadêmica e comercial: Baeyer recebe o Prêmio Nobel de Química em 1905, e em 1910 já não se encontra mais o índigo natural no mercado europeu.

Porque os corantes à base de alizarina inauguram não apenas uma "industrialização da invenção" na forma de pesquisas programadas com pesados investimentos, mas também uma política comercial ofensiva, grandes empresas alemãs não se contentam em exibir seus produtos nas exposições mundiais, desenvolvendo também publicidade na forma de amostras, folhetos informando os consumidores sobre as condições de fabricação, convidando-os a visitar as fábricas. Produção em massa, redução de preços e estímulo à demanda são as armas para a conquista dos mercados. Nas vésperas da guerra de 1914, a Alemanha produzia 85% dos corantes em nível mundial, e a França, que havia honrosamente iniciado a era dos corantes sintéticos, produzia apenas 2%.

O desequilíbrio vai muito além do mercado de corantes. Em primeiro lugar, as sínteses orgânicas, consumidoras de ácido sulfúrico e de alcatrão de hulha, relançam as indústrias pesadas, obrigando-as a se aperfeiçoarem. A Alemanha, equipada com fábricas de soda Solvay, não hesitou em investir em pesquisas sobre a produção eletrolítica de soda. O processo desenvolvido em 1886 pela empresa Matthes & Weber de Duisburgo foi a origem do desenvolvimento de uma poderosa eletroquímica na Alemanha. Além disso, a política de inovação implementada para a síntese do índigo resulta numa nova organização das pesquisas. Já favorecidas pelos vínculos de cooperação entre a universidade e a indústria, algumas empresas alemãs desenvolvem uma pesquisa integrada à indústria, com químicos empregados em período integral, bem remunerados, interessados nos lucros da empresa, com laboratórios de pesquisa na empresa, diversificados para permitir pesquisas em diversos processos, e com testes sistemáticos. Graças a essa organização, as empresas que conquistaram o mercado de corantes sintéticos também ganharam no campo de novos produtos fotográficos e farmacêuticos.

O exemplo mais espetacular nessa área é a empresa Bayer. Quando foi oficialmente fundada em 1863 com o nome Friedrich Bayer and Co., produzia em Barmen um pouco de fucsina e alguns corantes à base de anilina. A partir de 1872, a Bayer mudou-se para Elberfeld e começou a fabricar alizarina em larga escala. Ameaçada pela queda nos preços, a empresa contratou Carl Duisberg, em 1884, um químico já empregado na AGFA, e criou um setor de pesquisas na fábrica. Uma decisão crucial para o futuro da empresa, mas também da indústria química. No início, o laboratório compõe-se simplesmente de alguns compartimentos separados por divisórias, onde de sete a oito químicos ainda fazem essencialmente verificações de rotina. Mas, em 1889, Duisberg orienta todo o laboratório para a pesquisa e o desenvolvimento. Uma dúzia de químicos de pesquisa em tempo integral abordam simultaneamente vários assuntos. Em 1900, o fundador do laboratório ingressa no comitê de gestão e diversifica os laboratórios de pesquisa: 144 químicos trabalhavam a essa altura na Bayer.

Um dos efeitos mais espetaculares da entrada de pesquisadores na empresa é a reorientação da produção para produtos farmacêuticos. O sucesso dos higienistas na segunda metade do século XIX aumenta a demanda por produtos antissépticos. Como a maioria deles são derivados da família dos fenóis, não são completamente estranhos aos produtos das fábricas de corantes. Em meados do século XIX, a Inglaterra estava na vanguarda da indústria farmacêutica, sendo a primeira a usar o clorofórmio em 1847 e o fenol como antisséptico na cirurgia, começando em 1867 com o médico Joseph Lister (1827-1912).* Mas, na década de 1880, a Bayer investe no mesmo campo: Duisberg, deixando o índigo para a Basf e para a Hoechst, especializa-se no estudo sistemático das propriedades antipiréticas dos intermediários dos corantes. Em 1888, a Bayer comercializa a fenacetina e, em 1898, coloca no mercado um medicamento lucrativo, o ácido acetilsalicílico, a boa e velha aspirina. É certo que o laboratório de Duisberg não teve sucesso em todos os campos: não teve nenhum resultado nas pesquisas sobre a síntese da borracha, ou sobre os materiais fotográficos, mas, mesmo levando em conta essas falhas, a pesquisa industrial permitiu à Bayer ocupar o terreno e bloquear o caminho da criação de novas empresas.

Ao vencer a batalha dos corantes sintéticos, a Alemanha assegura seu futuro em todas as áreas da indústria química. Quando o século XX começou, a França e a Inglaterra já estavam arrasadas, humilhadas diante da exibição do poder alemão na Exposição Universal de Paris, em 1900.

---

* Em sua homenagem, o químico americano Joseph Lawrence deu o nome Listerine ao antisséptico bucal que desenvolveu em 1879. (N. da T.)

Notas

1. Fox, 1984, pp. 127-165; Drouot; Rohmer & Stoskopf, 1991.
2. Balard, 1862, p. 213.
3. Beyewetz & Sisley, 1896, p. 31.
4. Leprieur & Papon, 1979.
5. Cayez, 1988, pp. 13-16.
6. "A peine l'usine en pleine marche, une nouvelle se répand [...]. La chimie vient d'obtenir artificiellement le principe tinctorial de la garance; par une préparation de laboratoire, elle bouleverse de fond en comble l'agriculture et l'industrie de ma région. [...] Ayant quelque peu taquiné moi-même le problème de l'alizarine artificielle, j'en savais assez long pour prévoir que, dans un avenir non éloigné, le travail de la cornue remplacerait celui des champs" (Fabre, 1925, p. 353).
7. Beer, 1959.
8. Meyer-Thurow, 1982, pp. 363-381.

25

A corrida pelos materiais

Se quiséssemos caracterizar o século XX, como já se fez com a idade da pedra, a idade do bronze ou a idade do ferro, por referência ao tipo de material que dominava o universo técnico, ficaríamos num dilema. Apresentam-se imediatamente vários candidatos: borracha, plástico, metais leves e ligas metálicas, materiais compósitos, cerâmica, silício. A nossa época é uma selva de materiais diversos.

A busca por novos materiais certamente não é uma novidade, mas desenvolveu-se sobretudo no século XX, marcado por duas guerras mundiais, sem mencionar a Guerra Fria, que estimularam a busca por produtos de substituição e por sistemas de defesa cada vez mais sofisticados. Além disso, novas indústrias, como automotiva, aeronáutica, aeroespacial e eletrônica, estimularam a demanda por materiais específicos que atendam a funções específicas, graças a propriedades como leveza, resistência à pressão e a temperaturas elevadas, condutividades elétrica e magnética, essa ou aquela propriedade de superfície etc. Disso resulta uma nova lógica de produção: encontrar o material que possui as propriedades correspondentes a uma dada função ou um desempenho a ser cumprido. Isso significa que inicialmente não existe um determinado material com o qual se possa fabricar esse ou aquele produto. A definição do produto precede, em muitos casos, a concepção do material.

Essa lógica de pesquisa e desenvolvimento no campo dos materiais transforma profundamente o perfil da química na indústria. Embora conservando os setores industriais por inteiro, a indústria química é cada vez mais requisitada para servir outras indústrias e integrar-se noutros setores, como os transportes e a eletrônica.

Essas novas tendências são o final de uma longa história, da qual mencionaremos apenas alguns episódios – o alumínio, a borracha, os plásticos e os materiais compósitos –, destacando algumas das restrições que levaram à instalação da atual política de pesquisa e desenvolvimento.

Alumínio

Dizer que um material é "novo" não significa necessariamente que seja desconhecido na natureza ou no laboratório do químico. O novo material pode ser conhecido e identificado há já muito tempo, sem com isso marcar o panorama industrial.[1]

Tal foi o caso do alumínio. Embora esse elemento seja muito abundante na natureza, apenas no século XX entra na indústria. Uma vez que o alumínio está sempre intimamente combinado com o oxigênio, foi necessário usar meios poderosos para isolá-lo. Assim, o destino do alumínio está ligado à eletricidade.

A eletrólise usada após a descoberta da pilha de Volta não era suficiente para isolar o alumínio, apesar dos repetidos esforços de Humphry Davy e Christian Oersted. Foi Friedrich Wöhler quem o conseguiu em 1827, pela ação do potássio sobre o cloreto de alumínio anidro ($AlCl_3$). Mas passar da experiência de laboratório para o chão da fábrica é outra questão, que exigirá mais de meio século de testes e esforços. Em 1854, o químico francês Henri Sainte-Claire Deville (1818-1881) desenvolveu, em seu laboratório na Escola Normal Superior, um processo de fabricação: o potássio foi substituído pelo sódio, mais barato; e o $AlCl_3$, por um sal duplo mais fácil de ser separado ($NaAlCl_4$). Para obter a alumina necessária para a preparação do cloreto de alumínio, Sainte-Claire Deville processa a bauxita com carbonato de sódio, utilizando técnicas de alta temperatura. Foi no Gard, não muito longe dos depósitos de bauxita e próximo a uma fábrica de soda Leblanc, que a Companhia de Produtos Químicos d'Alais, fundada em 1855 por Henri Merle, produziu alumínio pela primeira vez.

Foi uma novidade que veio bem a propósito, exatamente quando tem início em Paris uma exposição universal. Na rotunda do Panorama da Exposição Universal, perto dos Sèvres, Gobelins e diamantes da coroa, brilha resplandecente um suntuoso serviço de mesa, com cem talheres, encomendado pelo imperador à casa Christofle. Seria de ouro ou prata maciça? Nada disso, esse símbolo de riqueza e luxo exibido na mesa imperial é de um metal comum, revestido simplesmente com uma fina camada de alumínio por eletrólise. Esse processo, chamado de galvanoplastia em homenagem ao italiano Luigi Galvani, foi concebido graças à pilha de Volta e aperfeiçoado em 1838 por Moritz Hermann von Jacobi, que obteve dessa forma a impressão exata dos desenhos gravados sobre cobre. Duas patentes registradas em 1840 e 1841 foram compradas pela casa Christofle, que espera assim revolucionar a ourivesaria. O imperador e sua comitiva, aproveitando qualquer oportunidade para acalmar ardores revolucionários, exaltam a química que suprime as desigualdades de classe e de riqueza. Na página 331 da revista *Illustration*, em 17 de novembro de 1855, escreve Charles P. Magne:

> Daqui para o futuro, e isso é essencial, as belas formas, os ricos modelos, os serviços finamente cinzelados, os centros de mesa, os candelabros, as taças e os pratos dispostos tais como os concebeu o gênio do estatuário e do ornamentista poderão ser executados a preços acessíveis a fortunas modestas e assim não aparecer somente nos guarda-louças dos milionários.

Após os faustos da Exposição Universal, a vida cotidiana foi menos feliz. Fortemente encorajado pelo imperador, o alumínio parecia estar destinado a um futuro brilhante. Mas os consumidores não se animam. O processo caro faz do alumínio um metal precioso. Será preciso esperar mais 30 anos e outra Exposição em Paris, a de 1881, que apresentará a eletricidade a um preço acessível. Foi somente quando o dínamo substituiu a pilha e quando se tornou possível transmitir a energia elétrica à distância que a eletroquímica industrial pôde deslanchar. Dois jovens, um americano, Charles Martin Hall (1863-1914), outro francês, Paul Héroult (1863-1914), registram uma patente sobre um processo de fabricação por eletrólise. O processo desenvolvido por Héroult é assim descrito na patente depositada em 23 de abril de 1886 sob o título *Processo eletrolítico para a fabricação do alumínio*:

> Consiste em colocar a alumina dissolvida num banho de criolita em fusão, de um lado, por meio de um eletrodo em contato com o cadinho de carvão aglomerado que contém a criolita; e do outro lado, por meio de outro eletrodo de carvão sinterizado e, tal como o primeiro, mergulhado no banho. Essa combinação produz a decomposição da alumina, usando uma corrente de baixa tensão. O oxigênio vai para o ânodo que queima nesse contato; o alumínio é depositado nas paredes do cadinho que constitui o cátodo e se precipita na base no fundo desse cadinho. O banho permanece constante e regenera-se indefinidamente enquanto for alimentado com alumina. O eletrodo positivo, ou seja, o ânodo, deve ser substituído após a combustão, mas essa combustão impede a polarização e, assim, garante a manutenção da energia e da ação da corrente.[2]

Imediatamente após registrar sua patente, Héroult procura, através de Louis Merle, filho do diretor Henri Merle, convencer a Companhia de Produtos Químicos d'Alais (então prestes a mudar de nome para A. R. Pechiney et Cie.). Foi a primeira derrota. Um segundo fracasso surgiu no banco Rothschild, que preferiu investir num processo concorrente inventado por Adolphe Minet. Finalmente, em dezembro de 1887, Héroult autoriza o uso de seu processo pela Sociedade Metalúrgica, instalada perto de uma queda do rio Reno em Neuhausen, antes de equipar uma fábrica em Froges, ao sul da cidade de Lyon. Enquanto isso, Charles Hall, dono da patente de 1886, associou-se à Pittsburgh Reduction Co., que mais tarde se tornaria a Aluminium Company of America (Alcoa). A empresa Pechiney, que ficou para trás, é obrigada a interromper a produção de alumínio em Salindres. Mas, em 1897, graças a uma localidade, o Vale de la Maurienne, que oferece um enorme potencial hidrelétrico e facilidades de comunicação por via férrea, a Companhia Pechiney volta a entrar na corrida produzindo alumínio pelo processo Hall. À primeira fábrica, Calypso, juntam-se outras, até transformarem esse vale povoado por camponeses e pastores num importante eixo industrial, para onde aflui a mão de obra sazonal do verão, quando a água corre em abundância. No final do século, produz-se mundialmente cerca de um milhão de toneladas de alumínio por eletrólise, e o preço de custo passa de 87,50 francos/quilo em 1886 para 3,95 francos em 1895.[3] A produção é tal que, no início do século XX, os preços desabam – caindo de 4 francos em 1908 para 1,50 francos/quilo. Daí a busca constante por aperfeiçoamentos técnicos. O aumento do tamanho e da potência das cubas e o uso de fundentes e de processos industriais de refino vão permitir que ligas leves se espalhem na vida cotidiana e respondam ao crescimento da aviação.

A eletrotermia avança, em geral, juntamente com a eletroquímica. Héroult não apenas concebeu o meio de usar eletricidade para dissociar sais por eletrólise e obter alumínio, mas também projetou em 1887 um forno que utilizava eletricidade para o aquecimento em alta temperatura. Henri Moissan e o canadense T. L. Wilson exploram o forno elétrico para produzir carbeto de cálcio em quantidades industriais. Esse composto era muito interessante no início do século, porque, reagindo com a água, leva à produção do acetileno, a principal matéria-prima das indústrias de química orgânica e fonte de iluminação para as lanternas usadas em minas subterrâneas e nos faróis dos veículos.

A eletroquímica e a eletrometalurgia criaram um estilo industrial com um tipo original de pesquisa.[4] As múltiplas melhorias no processo de eletrólise que possibilitaram a redução do preço do alumínio são realizadas por engenheiros de reatores, homens que, no chão de fábrica, tiveram que resolver problemas práticos em que se cruzam várias disciplinas, eletricidade, metalurgia, química... Nesse domínio, a pesquisa só poderia ser feita na escala real dos tanques de produção. Então cada fábrica tinha "seu jardim secreto", um ou dois tanques para testar várias melhorias que não eram necessariamente comunicadas aos outros estabelecimentos... Nos anos 1920, após uma crise de alumínio e a ligação das fábricas à rede geral de fornecimento de energia, surgem novos problemas técnicos. Cria-se então, pouco a pouco, além dos serviços de pesquisa industrial, dedicados principalmente ao setor de eletrólise, um serviço de pesquisa e estudo que transforma profundamente o perfil de desenvolvimento: as informações circulam melhor entre as empresas e se estendem aos aperfeiçoamentos a longo prazo.[5]

Mas a institucionalização de laboratórios de pesquisa separados do chão de fábrica causa uma competição nos empregados da empresa entre os "homens dos reatores", operários e engenheiros de produção, ou de eletrólise, e os engenheiros de pesquisa, um pouco apartados e vagamente desprezados. Essa relação hierárquica será revertida na segunda metade do século XX. Antes de tudo, a diversificação dos processos de fabricação levou a recorrer a especialistas externos, particularmente das universidades e do CNRS na França.* Finalmente, nos anos 1970, a introdução do microprocessador para o controle das operações modifica completamente a organização do trabalho. Passa-se então a uma pesquisa intensa, muito especializada, num local próprio e com pesquisadores altamente especializados. Foi o fim da época de tentativas e ajustes feitos nos próprios reatores de produção, ao sabor da onipotência dos engenheiros industriais. As fábricas produzem, e os laboratórios fazem pesquisa. De repente, o alumínio, produzido a partir de então graças ao aperfeiçoamento dos processos de purificação, ao controle de impurezas, aos esforços de simplificação, aos projetos assistidos por computador, pode ser considerado como um novo material, tomando como padrão o critério econômico de a taxa de crescimento ser superior à velocidade global de crescimento dos países industrializados.[6] Mas, quaisquer que sejam as definições usadas, a história do alumínio nos convida a relativizar o conceito de novos materiais.

---

* Órgão semelhante ao CNPq brasileiro. (N. da T.)

Química de guerra

Vinte e dois de abril de 1915: pânico e desordem nas primeiras fileiras das tropas francesas e inglesas asfixiadas por nuvens de um gás sufocante, a que depois se chamou gás mostarda ou iperita, do francês *ypérite*, em memória desse campo de batalha nos arredores da cidade de Ypres, no leste da Bélgica. Assim começou a guerra química. Desprezando as convenções de Haia, venenos são lançados na frente de batalha sob a forma de gás ou de obuses com fósforo branco. Mesmo que a eficácia real dos gases de combate seja duvidosa, pois são muitas vezes espalhados pelo vento ou mesmo desviados de volta em direção às tropas que os lançaram, o efeito psicológico é decisivo. Esse evento provoca uma conscientização entre os aliados: a química é uma arma, senhora do campo de batalha. A França descobre sua fraqueza no campo da química industrial e sua dependência de países estrangeiros. Um relatório de 1917 atribui essa cruel dependência à falta de prestígio social da química e enfatiza que "o recrutamento dos químicos faz-se entre nós quase exclusivamente entre as classes modestas, trabalhadoras, mas pobres".[7]

No entanto, a guerra muda radicalmente essa situação, levando a descobrir a necessidade de uma aliança entre os químicos e o poder. Em todos os países, a pesquisa de guerra é feita em caráter de urgência, sem preocupações de otimização, em segredo, sem publicações, por equipes multidisciplinares. De fato, a guerra dos gases é caracterizada pela reciprocidade da ofensiva e da defensiva: as pesquisas sobre a fabricação de gases contendo cloro – iperita e fosgênio – são inseparáveis das pesquisas sobre a proteção – máscaras, tampões, capuzes, respiradores –, sem falar das pesquisas psicológicas sobre o moral das tropas. Na França, o matemático Paul Painlevé, nomeado ministro da Instrução Pública e das Invenções em outubro de 1915, organiza a mobilização científica, tendo Charles Mourreu como responsável-chefe pela química.[8] Na Inglaterra, um Ministério de Pesquisa Científica foi criado no final de 1916 para tentar resolver a falta de alimentos e de corantes. Na Alemanha, Fritz Haber é o homem providencial: seu processo fornece 45% do ácido nítrico necessário para produzir os explosivos, e, além disso, Haber assume pessoalmente o comando e cria uma organização de pesquisa militar com seis grupos de trabalho, incluindo um de química, formado por civis e militares em igual número.

Essa foi a primeira consequência da guerra de 1914 sobre a indústria química: deixa de estar entregue ao acaso e se torna um assunto de Estado. Assim, é estabelecida uma política científica, sob controle do governo, que continua após a guerra. Em todos os países beligerantes, os poderes públicos intervêm diretamente sobre a produção.

Além disso, a alteração dos circuitos comerciais causada pela guerra leva todos os países industrializados a desenvolverem as suas indústrias químicas para garantir um fornecimento autônomo. Disso resultou uma segunda consequência da guerra, ou melhor, do regresso à paz: a superprodução. Por todo o lado, as empresas têm excedentes: excesso de fertilizantes, devido à reconversão civil das fábricas de explosivos; excesso de corantes – 284 mil toneladas foram produzidas em 1924, enquanto o consumo não chega a 154 mil toneladas. A depressão se manifesta em 1921. Na Grã-Bretanha e em todos os países europeus, o setor químico permanece num estado caótico durante os anos 1920. Para enfrentar essa situação incerta e frágil, os governos forçam a concentração. Na Alemanha, as empresas de corantes associadas desde 1916 se juntaram em 1925 para formar a IG Farben, o maior produtor químico mundial. Na Inglaterra, em 1926, várias empresas se fundiram no seio da Imperial Chemical Industry (ICI). Na França, a Sociedade Química das Fábricas do Rhône, centrada em Lyon, funde-se com a Sociedade Wittmann et Poulenc Jeune, instalada em Paris em 1928.

Mesmo nos Estados Unidos, onde o governo federal é menos intervencionista, a guerra contribuiu para construir grandes impérios, especialmente a DuPont. Ainda antes de os Estados Unidos entrarem na guerra, em 1917, a indústria química mobilizada colaborava no esforço de guerra por meio de uma comissão consultiva criada pelo governo federal para fornecer explosivos aos aliados. Foi então que se explorou o famoso processo de Weizmann para produzir acetona, tão necessária para a fabricação de explosivos e para o revestimento de aviões.[9] As empresas americanas, que já haviam passado por um notável crescimento entre 1880 e 1914, graças ao desenvolvimento econômico do país, prosperaram durante a guerra e aproveitaram a proteção tarifária decidida pelo Congresso em setembro de 1916 para diversificar a produção, em particular de corantes, até então importados da Alemanha. Assim, a indústria americana foi o verdadeiro – talvez o único – vencedor dessa guerra.

Antes de modificar o panorama da química por causa dos excedentes, a Primeira Guerra Mundial abalou a indústria química por causa da escassez. Daqui resultou a terceira consequência da guerra, a busca de produtos sintéticos alternativos. Quer se trate de substitutos da manteiga, do açúcar, do leite, do café ou de qualquer outro produto básico, os químicos são requisitados. O termo alemão *Ersatz*, ou seja, imitação, só entrou em outros idiomas porque os alemães eram mestres nesse campo. Antes de todo mundo, conseguem produzir a gasolina sintética e,[10] sobretudo, um produto com um futuro ainda mais brilhante: a borracha sintética.

Borracha

Em 1916, a borracha não era realmente um material novo.[11] Já conhecida pelos povos maias da América do Sul, a borracha havia sido levada para a Europa pelo explorador francês Charles Marie de La Condamine durante sua expedição pela região de Loja, no Equador durante o século XVIII e foi estudada por Hérissant e Pierre-Joseph Macquer.[12] Contudo, a borracha da *Hevea brasiliensis* L. permanecia uma curiosidade, sendo usada somente para apagar os erros escritos a lápis. Entrou na indústria no século XIX, quando o irlandês Macintosh a utiliza para impermeabilizar tecidos, a partir de 1823. Torna-se um material realmente interessante graças ao americano Charles Goodyear (1800-1860), que inventa o processo de vulcanização: por adição de enxofre e aquecimento acima do ponto de fusão, produz-se uma borracha elástica e resistente a variações de temperatura, o que permite múltiplos usos para a borracha, mas não ainda uma produção em larga escala.

Em 1845, um certo Robert William Thomson havia registrado em vários países a patente de uma invenção que consistia em explorar as propriedades de um colchão de ar envolvido num envelope de borracha elástica. Parecia uma patente sem futuro, mas, quando chega a moda da "pequena rainha", a bicicleta, e, alguns anos depois, a do automóvel, tudo muda. Nos anos 1890, John Boyd Dunlop (1840-1921), veterinário irlandês, reinventou o pneu para se ajustar à bicicleta de seu filho, como diz a lenda. Pouco tempo depois, Édouard Michelin (1859-1940) patenteou o primeiro pneu automotivo que podia ser trocado e começou a fabricá-lo em larga escala. Com o desenvolvimento dos transportes, começa a grande aventura da borracha. O consumo aumentou de 8 mil toneladas em 1870, para 94 mil em 1910 e mais de 1 milhão de toneladas em 1936.

Com o aumento da demanda, a Amazônia, com suas grandes florestas de seringueiras, torna-se uma área estratégica: alguns fazem fortuna, enquanto uma população de miseráveis chegava para trabalhar na colheita da seiva, na chamada "corrida da borracha". Como os ingleses detinham somente o controle de um pequeno território na Amazônia, um brilhante súdito de Sua Majestade, H. A. Wickham, consegue contrabandear sementes da *Hevea brasiliensis*, fazê-las germinar no Jardim Botânico de Kew, em Londres, e depois aclimatá-las ao Ceilão e à Malásia. Rapidamente o cultivo no sudeste da Ásia começa a competir com os seringais do Brasil. Em 1914, a produção de borracha cultivada já superava a borracha selvagem colhida na Amazônia.

Com a guerra, um terceiro ator entra em cena: a borracha sintética.[13] A pesquisa nesse campo era intensa desde o início dos anos 1910: nos Estados Unidos, dois grupos trabalhavam com a possibilidade de fabricar borracha a partir de 2,3-dimetil-1,3-butadieno. Na Europa, foram registradas simultaneamente duas patentes para uma substância sintetizada a partir do isopreno, usando sódio metálico como catalisador: uma por Matthews e Strange na Inglaterra e a outra pela Bayer na Alemanha. Em 1915, a Alemanha, isolada de recursos naturais do exterior pelo bloqueio imposto pela Inglaterra, fez todos os esforços para sintetizar a borracha. A primeira borracha sintética, preparada pela Bayer a partir de dimetilbutadieno, não sobreviveu à guerra, porque suas propriedades eram muito diferentes daquelas da borracha natural; e seu preço, muito alto. Além disso, a Alemanha, derrotada, é obrigada a ceder aos aliados todas as suas patentes, pelo artigo 297 do Tratado de Versalhes.

Nos anos 1920, nos Estados Unidos, dois avanços importantes foram feitos. Um, devido a Ostromilislensky, consiste no uso de butadieno como monômero de partida; o segundo, devido a Maximoff, é o desenvolvimento da reação de polimerização por emulsão. Esse método, que gera um polímero em suspensão numa solução aquosa na forma de látex, tem uma taxa de polimerização superior à da polimerização em massa, até então utilizada, e, sobretudo, permite um melhor controle da reação. Ainda nos Estados Unidos, em 1931, a DuPont Company fabricou uma borracha sintética com propriedades muito específicas, o Neoprene, obtido pela polimerização do cloropreno (2-cloro-1,3-butadieno); alguns anos depois, uma nova família de borrachas sintéticas aparece no mercado americano, produzidas por copolimerização de butadieno e acrilonitrila, que são comercializadas sob diferentes nomes (Perbunan, Ameripol).[14]

No entanto, entre as duas guerras mundiais, a Alemanha vencerá a batalha da borracha, dominando seus concorrentes sob todos os aspectos. Enquanto nos Estados Unidos todos os esforços são dirigidos para produtos sintéticos com propriedades especiais adaptadas a usos específicos, na Alemanha as pesquisas são reiniciadas em 1926 com outro objetivo: substituir a borracha natural. Esse programa é encorajado por Hitler, que, logo de sua chegada ao poder, criou um imposto sobre a importação de borracha vegetal para financiar pesquisas sobre a borracha sintética. No salão do automóvel de Berlim em 1936, a IG Farben exibiu o Buna, produzido em suas fábricas da Saxônia: um novo tipo de borracha obtido a partir do butadieno por uma reação catalisada com sódio metálico. Daí a denominação "Buna", que lembra butadieno e sódio, que é *natrium* em latim e em alemão. Por copolimerização, pode-se variar as propriedades desse produto. Nos anos 1930, os alemães comercializam duas variedades de Buna: "Buna N" (butadieno e acrilonitrila), com usos muito particulares, e "Buna S", obtida por copolimerização de estireno e butadieno, uma borracha sólida, mas que se torna flexível, por aquecimento ou por adição de óleos plastificantes, e que se presta a praticamente todas as utilizações da borracha natural. Dois produtos que constituíam a força da Alemanha. Em 1939, no começo da Segunda Guerra Mundial, a Alemanha sintetizou 50 mil toneladas de borracha. Os próprios Estados Unidos fazem vários acordos comerciais com a Alemanha para comprar Buna S, que não produzem, e até mesmo Buna N, depois que uma explosão na DuPont em 1937 interrompeu a produção de cloropreno. Em 1941, os Estados Unidos produzem apenas 41 mil toneladas de borracha sintética, enquanto a Alemanha aumenta sua produção para 120 mil toneladas.

A Segunda Guerra Mundial provoca nos Estados Unidos uma mudança radical de política nessa área. Os Estados Unidos estão isolados de qualquer fonte de suprimento: as importações da Alemanha cessam em setembro de 1939, e, em 1942, as áreas do sudeste da Ásia onde as plantações estão localizadas são ocupadas pelo Japão. Não há escolha: é necessário, como os alemães fizeram, produzir uma borracha versátil, um *Ersatz* da borracha natural. A versão americana do Buna S é chamada GR-S (*Government-Rubber-Styrene*). A diferença de nomes é parcialmente justificada porque o produto americano difere um pouco do seu rival alemão, graças a uma melhoria no processo de polimerização em emulsão que permite controlar a plasticidade. Mas esse nome indica sobretudo que essa borracha de guerra é obtida não apenas a partir de polímeros, mas também por vontade governamental. No dia 28 de junho de 1940, o presidente dos Estados Unidos decretou a borracha como um produto estratégico e crítico. Criou um conglomerado, a Rubber Reserve Company, composta por indústrias químicas e empresas de petróleo, para organizar a produção de borracha sintética e para garantir o fornecimento de todo tipo de produtos para a indústria de base.

Em 1942, a situação parece dramática: sem nova fonte de suprimento de borracha natural ou sintética, as reservas estarão completamente esgotadas no verão de 1943. Em 6 de agosto de 1942, o presidente convoca uma comissão de estudos, o Comitê de Pesquisa da Borracha, e confere plenos poderes ao seu diretor. O resultado é espetacular. A produção passa de 4 mil toneladas em 1942 para 180 mil toneladas em 1943 e 700 mil em 1944. Graças a uma estreita cooperação entre os laboratórios das empresas e as universidades, com regras para comunicação de todas as informações técnicas, os Estados Unidos conseguem não somente resolver os problemas práticos na reação de polimerização por emulsão, como também avançar na investigação desse tipo de reação. Após a guerra, esses resultados são publicados apenas em parte, porque a borracha continua sendo um produto estratégico, muito sensível às crises. A produção aumenta em 1951 durante a Guerra da Coreia e, em 1959, durante a Guerra Fria, superou os recordes de 1944, com 1,13 milhão de toneladas. Os grandes vencedores dessa política são as empresas americanas: Firestone, Goodyear e US Rubber produzem tanto no território americano como também um pouco ao redor do mundo. Essa vitória resultou do fato de a indústria da borracha exigir excelentes condições técnicas e econômicas. É necessária uma boa infraestrutura de indústrias químicas para os ingredientes que conferem as diversas propriedades à borracha: enxofre, óxido de zinco, negro de fumo... bem como uma infraestrutura de indústrias têxteis para produzir os vários tecidos aos quais a borracha está frequentemente associada; além disso, demandam grandes capitais, porque os investimentos necessários são pesados. Por último, mas não menos importante, são necessários consumidores, carros e automóveis com quatro pneus.

Foi, portanto, nas situações extremas criadas por duas guerras mundiais que as borrachas sintéticas conseguiram se impor. Ao contrário dos corantes, não eliminaram imediatamente a borracha natural. Entre as duas guerras, a tendência foi na verdade a superprodução da borracha das plantações, levando a uma queda nos preços e à introdução de regulamentações internacionais em 1934, que estabeleceram uma cota de exportação para cada país produtor. Além disso, borrachas sintéticas e naturais são de fato produtos diferentes. As sintéticas, consistindo de redes de isoprenos ligados pelas extremidades no mesmo sentido, formam uma longa molécula filiforme, enquanto as naturais formam uma rede com cadeias laterais que se dirigem em todas as direções. Por isso, durante muito tempo, não puderam substituir o produto natural, que continuava a dominar o mercado. Em 1950, a borracha natural ainda representava 75% do consumo.[15] As borrachas sintéticas são usadas principalmente em pequenas quantidades, porque são adequadas para usos específicos: elastômeros inorgânicos para suportar temperaturas muito altas;

elastômeros de hidrogel para usos biomédicos, como lentes de contato gelatinosas, por exemplo. Em 1956, o desenvolvimento nos Estados Unidos de dois processos para fabricar polisoprenos estereoespecíficos levou a crer, por um momento, que um programa de desenvolvimento dessas "borrachas sintéticas naturais" condenaria, a longo prazo, as plantações do Sudeste Asiático. Mas essas previsões foram rapidamente desacreditadas. Existem vários fatores a favor da borracha natural: o aumento dos preços do petróleo e de derivados; o fato de a seringueira, diferentemente do petróleo, ser um recurso renovável e poluir muito pouco o meio ambiente. Esses diversos fatores combinados podem garantir ainda um bom futuro para as plantações de seringueiras.

Os plásticos

Os plásticos, por outro lado, são o exemplo do triunfo de um produto sintético. Hoje em dia, pela força da familiaridade, parecem-nos uma classe de materiais quase naturais. Estiveram até mesmo associados a uma estética limpa, nos anos 1950. Era bem diferente em 1909, quando Leo Hendrik Baekeland (1863-1944), químico belga que se tornou americano, usou pela primeira vez o substantivo "plástico". Esse termo designava então uma classe de produtos mais ampla do que hoje, incluindo não apenas resinas mas também elastômeros, como a borracha e as fibras sintéticas.[16] A principal característica desses primeiros materiais chamados plásticos é que foram concebidos como *Ersatz*, ou seja, substitutos de substâncias naturais muito raras ou muito caras.

O primeiro material plástico fabricado resultou da busca de um substituto do marfim para fabricar bolas de bilhar. Um concurso prometeu 10 mil dólares ao inventor desse material. Foi um humilde tipógrafo do estado de Nova York, J. W. Hyatt, que encontrou a solução em 1869 após seis anos de pesquisa: o celuloide. A partir da celulose, que se encontra em abundância na madeira e no algodão, tratada com uma mistura sulfonítrica, obtêm-se as nitroceluloses, até então exploradas apenas para explosivos. Juntando-se outro produto natural bem conhecido, a cânfora extraída da canforeira (*Cinnamomum camphora* L.), na presença de um solvente bem comum, o álcool, obtém-se uma substância plástica. Relativamente elástica a frio, ela pode ser fundida, insuflada e soldada a quente. Bolas, colarinhos rígidos, presilhas..., o celuloide encontra rapidamente muitas aplicações industriais, substituindo marfim, conchas e chifres de animais.

A baquelite, preparada em 1907 por Baekeland a partir de fenol e formol, é de outro tipo. Endurece sob o efeito do calor, em vez de se tornar plástica, como o celuloide. Após os termoplásticos, inaugura a fileira dos termorrígidos. A baquelite já não parte dos produtos naturais, mas sim de subprodutos da indústria; o fenol é extraído dos alcatrões de hulha, e o formaldeído é preparado a partir dos gases dos fornos a carvão. Desde 1891, tentava-se obter resinas para substituir a goma-resina natural, através da reação do fenol com o formaldeído. Mas foi somente em 1907 que Baekeland conseguiu controlar o pH, a temperatura e as respectivas quantidades de fenol e formaldeído, para produzir a primeira resina totalmente sintética, a baquelita. A General Bakelite Corporation, criada em 1909, produz moldes de uma enorme variedade de objetos cotidianos das décadas de 1920 e 1930, especialmente os primeiros aparelhos de rádio.

Embora a química tenha abandonado as tradições artesanais pela indústria moderna, com os polímeros, parece se reconectar com seu passado de conhecimentos empíricos. Na verdade, os polímeros foram primeiro objetos técnicos antes de serem objetos do conhecimento. No início do século, os polímeros eram considerados produtos indesejáveis: xaropadas impossíveis de cristalizar ou sólidos impossíveis de fundir, incomodando os químicos de laboratório, que se contentavam em mencioná-los nos relatórios como "substâncias de estrutura desconhecida". Depois de Baekeland, suas propriedades termorrígidas são usadas para modelar vários objetos, mas nada se sabe sobre sua estrutura. A hipótese de moléculas ligadas entre si por ligações interatômicas comuns havia sido proposta desde 1879 em relação ao isopreno, mas a maioria dos químicos orgânicos por volta de 1900 ainda acreditava que uma substância pura deve ser formada por moléculas idênticas de pequenas dimensões. E o alto peso molecular dos primeiros polímeros era explicado como resultado de uma agregação de moléculas pequenas.

A investigação da estrutura dos polímeros é principalmente obra do químico alemão Hermann Staudinger (1881-1965), professor da Escola Politécnica de Zurique, a partir de 1918. Foi ele quem introduziu o conceito de macromolécula, com base num estudo sobre o polioximetileno, depois poliestireno. Embora sua hipótese fosse confirmada na década de 1920 pelo trabalho de cristalografia com raios X de Hermann Mark, a ideia de uma macromolécula levou tempo até ser aceita, de modo que Staudinger somente recebeu o Prêmio Nobel em 1953. Podem-se distinguir dois processos de produção de polímeros: as reações de poliadição ou polimerização, que ocorrem pela justaposição das moléculas do monômero após a abertura dos anéis. Essas reações produzem materiais termoplásticos, como as resinas polivinílicas, que podem ser formadas por aquecimento e fluidificadas reversivelmente por um novo aquecimento. As reações de policondensação, que permitem formar uma macromolécula por união de duas moléculas com a eliminação de uma terceira: água, sal, ácido, álcool ou amida. Essas reações produzem plásticos termorrígidos, que podem ser moldados e cuja síntese se finaliza no momento da utilização (resinas fenólicas, como a baquelite, resinas epóxi e poliésteres insaturados).

A parte essencial do controle das estruturas e das reações em polímeros foi adquirida no contexto de pesquisas industriais. Nos anos 1920 e 1930, a IG Farben dedica de 5% a 10% do seu faturamento à pesquisa em polímeros e está no topo da corrida pelos plásticos em 1939. Após a descoberta de novas tintas em 1927, a DuPont também lança um programa de pesquisa sobre polímeros, confiado a uma equipe liderada por Wallace H. Carothers (1896-1937) e dotado de consideráveis recursos. Enquanto desenvolvia uma borracha de policloropreno em 1931, Carothers dedicava-se ao estudo das reações de poliadição, complementares aos estudos de policondensação realizados por Staudinger em Zurique. A partir de um estudo de poliésteres alifáticos, um dos colaboradores de Carothers, J. B. Hill, descobriu em 1930 que os poliésteres podem ser extrudados na forma de longas fibras e alongar-se ainda consideravelmente depois de resfriados. E, o que ainda era melhor, esse estiramento a frio os tornava ainda mais fortes e mais elásticos. Infelizmente, como esses poliésteres tinham um ponto de fusão muito baixo e alta solubilidade em água, não puderam de fato ser explorados comercialmente. A partir de então, Carothers foi forçado pela DuPont a trabalhar incansavelmente para encontrar um polímero apropriado. Depois de muitas tentativas e erros, nos quais a DuPont investiu 26 milhões de dólares, Carothers sintetizou a poliamida-6,6, que produz fibras elásticas e resistentes, insolúveis em água e com alto ponto de fusão (260 °C). Disso resultou, em 1936, um lote experimental de meias de um tipo completamente novo. A produção industrial começa numa fábrica em Seaford, Delaware, em 1939. Mas o *nylon* vai esperar até o final da Segunda Guerra Mundial para invadir o mundo.[17] Wallace Carothers já não estará presente para celebrar a vitória. Como se seguisse os passos de Nicolas Leblanc, longínquo antepassado das indústrias químicas, cometeu suicídio em 29 de abril de 1937. Triste destino de dois infelizes inventores que marcaram seu tempo.

Em 1945, tal como acontecera após a Primeira Guerra Mundial, as indústrias químicas que trabalharam arduamente para garantir a autossuficiência e realizaram pesquisas completas se encontraram superequipadas, em busca de mercados. É então que os artigos de plástico varrem o mundo e em todos os lugares tendem a substituir os materiais tradicionais, como o aço, o vidro e a madeira. Daí resulta a reflexão crítica que esses "anos do plástico" inspiraram a um químico em 1956:

> [...] parece que muitos "plásticos" amplamente distribuídos, mesmo nos mercados das menores aldeias da África, são afinal de contas apenas imitações pálidas das admiráveis substâncias naturais: marfim, osso, couro, madeira, chifre etc., e que seu sucesso se deve em grande parte à tendência profunda e inconsciente do homem a prescindir da natureza e a adorar-se através de suas próprias criações no centro de um panteão de *Ersatz* [...]. Toda essa atividade industrial, um tanto febril, mais frequentemente estimulada pelo anjo caído da guerra, faz pensar no "novo rico" que dilapida cegamente seu capital sem pensar nos herdeiros.[18]

Enquanto, por um lado, o alerta contra um consumo frenético e irracional de matérias-primas fósseis – carvão e petróleo – permanece atual, por outro lado, a suspeita de uma autoglorificação do homem num "culto ao *Ersatz*" nos parece hoje em dia muito ultrapassada. Longe de separar o homem da natureza, longe de causar "desenraizamento", no sentido de Simone Weil, a fabricação de plásticos e peles sintéticas permite salvar a vida de uma diversidade de animais até então explorados e sujeitos às necessidades humanas. O desprezo pela natureza temido pelos químicos dos anos do plástico deverá talvez ser substituído pela imagem de uma química protetora da natureza.

Materiais à escolha

Após essas décadas de produção em grande escala, ligadas a um período de crescimento econômico e energia barata, iniciou-se nos anos 1970 uma nova orientação para a busca das qualidades, de materiais específicos. Disso resulta uma extrema diversidade de materiais plásticos, adaptados a funções bem definidas. A nova tendência de pesquisa das variedades e da definição do material de acordo com o produto não se manifesta apenas na área dos plásticos, mas para todos os materiais. Após ter trabalhado no sentido da produção em massa e da padronização, a química é posta a serviço de uma civilização do "customizado".

A tendência para uma produção diversificada de materiais "à la carte" leva, em certos casos, a repensar a própria concepção dos objetos industriais.[19] As soluções "totalmente em plástico" ou o sonho do "motor cerâmico" ainda mantêm a autonomia de um setor de produção e até reforçam o *savoir-faire* nesse campo. Mas a situação é diferente com os materiais compósitos. Esses materiais, que associam uma matriz polimérica com uma estrutura fibrosa (vidro, carbono...) ou que possuem uma estrutura-sanduíche com três elementos, levam, por sua própria natureza, a uma descompartimentalização dos setores. A primeira classe de materiais, projetada e desenvolvida para um dado setor de aplicações, destinou-se à indústria aeroespacial. Tratava-se de criar estruturas leves e capazes de suportar altas temperaturas. Esses primeiros materiais compósitos desenvolvidos nas décadas de 1960 e 1970 eram inteiramente originais, por constituírem a única solução para um problema tecnológico de outro modo insolúvel. Então pouco importava o seu custo. A produção, mesmo exigindo técnicas avançadas, permaneceu artesanal. No início dos anos 1980, os compósitos começaram a se expandir à aviação civil e aos artigos esportivos, mantendo-se em alta. Mas, pouco a pouco, essa tecnologia se estende a materiais de desempenho médio e de menor custo. A expansão dos compósitos suscita, cada vez mais, associações pontuais entre parceiros industriais. Exemplo clássico: a carroceria traseira do Citroën BX resulta da injeção de poliésteres insaturados reforçados com fibras de vidro (processo ZMC), concebido por meio da estreita colaboração de três tipos de indústria: fabricante de prensas, fabricante de ferramentas e produtor de fibras.

Que objetivos inspiram essas acrobacias de composição? Trata-se aparentemente de promover a integração em todos os níveis: integrar a produção, reduzindo o número de etapas; integrar o número de peças – 3 peças em vez de 24, no caso da carroceria do Citroën BX –, para reduzir os custos de montagem; enfim, e sobretudo, integrar um máximo de funções num material, que, como resultado, se torna cada vez mais complexo.

Essa dimensão funcional é mais pronunciada noutros materiais utilizados ou procurados para desempenharem uma função específica, como transportar eletricidade ou informações, catalisar reações químicas, ou, melhor ainda, capazes de desempenhar funções vitais, no caso de biomateriais... Diferentemente de outros materiais novos, chamados "estruturais", esses materiais denominados "funcionais" não redefinem um setor tradicional da indústria, como o automotivo ou o aeronáutico, mas *condicionam* todo um setor tecnológico, em particular a eletrônica e as telecomunicações. O caso mais flagrante é o do silício, elemento fundamental dos circuitos integrados. O silício monocristalino, pelas suas propriedades físicas, apresentava uma resposta bem-adaptada a um problema crucial nos anos 1960: a miniaturização de circuitos integrados. Pelo silício passa todo o desenvolvimento da microeletrônica.

Será que se reencontra, com o silício, essa supremacia de um elemento condicionando todo um setor tecnológico, que caracterizava a expansão das indústrias químicas do século XIX? É verdade que o silício é, nesse sentido, um elemento estratégico, mas isso não significa que seja único, nem insubstituível. Longe de ser exclusiva, a tecnologia do silício exigiu o uso de uma série de outros materiais que intervêm em vários níveis na informática.[20] Além disso, as propriedades do silício agora criam limites para a velocidade de *processamento* da informação (o tempo de comutação dos transistores de silício não pode ficar abaixo dos 10^{-9} segundos). Finalmente, o silício não está muito bem-adaptado para a *transmissão* de informação. Nesse campo, o arseneto de gálio é mais interessante.[21] O acoplamento entre as telecomunicações e a eletrônica leva, pois, à procura de outros semicondutores.

Quer sejam funcionais ou estruturais, os novos materiais não pretendem mais substituir os materiais tradicionais. Trata-se de fato de uma concepção simultaneamente de forma e de matéria. Em vez de impor uma forma sobre a massa da matéria, elabora-se um "material informado", no sentido de que é cada vez mais rico em informações. Esse projeto requer uma fina compreensão da estrutura microscópica dos materiais, pois é manipulando essas estruturas, moleculares e atômicas, ou mesmo subatômicas, que se podem inventar materiais adaptados às demandas industriais e, principalmente, controlar a reprodutibilidade dos materiais, sejam novos ou tradicionais.

Quanto mais o conhecimento microscópico da matéria se torna importante no nível industrial, mais o conhecimento e o *savoir-faire* dos químicos são mobilizados. Para estabelecer uma conexão entre a definição do desempenho de um produto na escala macroscópica e o controle de estruturas no nível microscópico, e implementar processos de síntese, o químico é chamado a desempenhar um papel essencial no setor dos materiais. A química então não intervém enquanto um setor por inteiro, como nos plásticos, mas sim como uma prestadora de serviços. Cada vez mais divididas noutros setores industriais, as habilidades dos químicos estão, contudo, onipresentes, sendo essenciais para a civilização dos "materiais à la carte".

Notas

1 No domínio dos produtos, a novidade é bastante relativa, como mostra o seguinte exemplo. Desde 1874, os químicos conheciam o diclorodifeniltricloroetano (DDT), obtido pelo químico alemão O. Zeidler. Quando, em 1939, Paul Muller, químico da empresa Geigy, em Basileia, na Suíça, procurava havia 20 anos um inseticida com atividade e estabilidade boas,

descobriu que o DDT tinha propriedades inseticidas interessantes. Era realmente um produto novo e que imediatamente se inscreve na história da humanidade, pois permitiu erradicar uma epidemia de tifo que dizimava o exército americano em Nápoles em 1943. Por essa descoberta, Muller ganhou o Prêmio Nobel de Medicina em 1948.

[2] Ver Morel, 1991. A criolita é composta por fluoretos de alumínio e de sódio (AlF_3 e NaF).

[3] Aftalion, 1988, pp. 69-71.

[4] Morsel, 1991, pp. 1-20.

[5] Leroux-Calas, 1991, pp. 87-107.

[6] Cohendet; Ledoux & Zuscovitch, 1987, pp. 14-15.

[7] Grandmougin, 1917, p. 59.

[8] Os efeitos da mobilização química são particularmente marcados na evolução da Sociedade Química das Fábricas do Rhône. Antes da guerra, era uma empresa média, cuja principal atividade consistia na produção de lança-perfumes para os carnavais brasileiros. Durante a guerra, converteu-se para fabricar fenol, cloro e gás mostarda em grande escala para o exército francês. Da química lúdica à química bélica, essa evolução também corresponde à industrialização acelerada para alcançar a produção em massa (Cayez, 1988, pp. 65-74).

[9] O processo de Chaim Weizmann (1874-1952), que consistia em fermentar o milho com o microrganismo *Bacillus Clostridium acetobutylicum* para produzir butanol e acetona, permitiu que autor ganhasse a simpatia do governo inglês para pressionar o Lorde Balfour a assinar uma declaração sobre a Palestina. Assim, a química de guerra tem outro impacto, indireto, na história mundial do século XX.

[10] A gasolina sintética era fabricada numa planta experimental graças a uma patente sobre a hidrogenação de carvão finamente pulverizado, registrada por Friedrich Bergius, que receberá o Prêmio Nobel de Química com Carl Bosch, em 1932.

[11] Le Bras, 1969.

[12] [Macquer], 1743, pp. 49-51.

[13] Blackley, 1983, cap. 1.

[14] A URSS lança-se também na síntese da borracha, mas há pouquíssima informação sobre esse assunto. Em 1932, os soviéticos sintetizaram uma borracha a partir do butadieno, chamada SK e, posteriormente, uma borracha preparada à base de cloropreno, chamada Sovprene.

[15] Reuben & Burstall, 1973, p. 27.

[16] Vène, 1976; Namur, 1986.

[17] Uma lenda maldosa diz que a palavra *nylon* é uma sigla para a frase "Now you lose old Nippon", ou seja, agora você perde o velho Japão.

[18] Baranger, 1956, p. 204.

[19] Cohendet; Ledoux & Zuscovitch, 1987.

[20] Nos circuitos integrados, há condutores (alumínio e cobre), além de crômio e nitreto de silício; para suportes de *chips*, são usados plásticos, cerâmica e ouro.

[21] O arseneto de gálio não apenas possui um tempo de comutação menor devido a elétrons com maior mobilidade, mas também possui melhores propriedades isolantes, menor consumo de energia e é adequado à produção de componentes ópticos e à recepção de altas frequências.

V

O desmembramento de um território

26

Qual história para a química?

Os estudantes, que hoje em dia estão aprendendo a "balancear" equações estequiométricas, encontram-se na sequência direta da "química dos professores". As massas atômicas incluídas na tabela de Mendeleev, a lei volumétrica de Gay-Lussac, as proporções definidas de Proust e Dalton e a distinção entre átomos e moléculas são a herança do século XIX, produzida por meio de controvérsias e polêmicas, agora estabilizada na rotina das equações que fornecem uma apreciação quantitativa das reações.

Os aprendizes da química orgânica estudam, por sua vez, a variedade de reagentes que serão suas ferramentas na linha direta da química das substituições. Quando, por exemplo, aparece o símbolo R-X, R-COOH ou R-OH, significa que o reagente utilizado deixará intocada a identidade do radical R e modificará o agrupamento atômico indicado explicitamente. E o químico aprenderá a usar, para desenvolver rotas de síntese, todas as propriedades dos edifícios moleculares que a química sintética tem explorado continuamente, desde Kekulé e Van't Hoff. Os termos "decompor", "substituir" e "sintetizar" designam reações que não se distinguem por nenhuma propriedade fundamental, pois qualquer combinação pode ser descrita como uma decomposição e como uma substituição. A diferença se faz pelos contextos operacionais, cada um caracterizado por sua finalidade prática e uma representação adequada do que constitui a molécula.

A Belle Époque

A ideia nostálgica de que "nos anos 1970" os químicos haviam finalmente definido um território bem diferenciado e coerente, um campo que podiam pensar como seu, produzido por sua tradição, definido pela clausura de suas controvérsias, é provavelmente uma "visão recorrente", uma daquelas avaliações sobre o passado feito com um olhar a partir do presente. Identificar um momento em que finalmente os químicos falam a mesma língua, que permanecerá sua referência comum através da multiplicação de suas especialidades, sugere que, naquele momento, todos os químicos estavam realmente de acordo tanto sobre o seu passado quanto sobre o seu futuro. Como veremos, a situação não é bem essa.

No entanto, a ideia nostálgica de um território que existia antes de ser desmembrado, um estilo de ciência que encontrava ali a sua realização antes de se perder em seguida, não deixa de ser uma ideia interessante. É uma ideia que destaca uma peculiaridade das controvérsias que pontuam o final do século XIX: essas controvérsias implicam ainda, como aconteceu pelo menos a partir do século XIX, a questão da identidade da química. Em outras palavras, a "química" atua no século XIX como sujeito, sendo dotada de um destino que está nas mãos dos químicos, sendo causa e objeto de disputas. É nesse sentido, e não no sentido de uma identidade explicitável, que a química pode ser considerada como um território: a química tem habitantes autóctones e tem fronteiras que não podem ser atravessadas sem certas condições. "Os anos 1970" celebram então a lembrança não de um momento de consenso vivido pelos atores, mas sim de um momento de equilíbrio, detectado tarde demais, entre um passado que ainda não acabou e um futuro que já começou. Olhando para trás, reconhecemos as questões que os químicos colocavam como perguntas cuja resposta não virá da química.

Ao longo do século XIX, uma singularidade define o estilo dos químicos. Com algumas exceções apenas – incluindo a de Dalton, que invoca de modo significativo o precedente das leis de Kepler "explicadas" por Newton –, os químicos alegam uma concepção *positiva* das leis: elas são os instrumentos do químico e são relativas à sua prática. Alguns químicos como Berthelot glorificam essa relatividade das leis: a química, ciência positiva exemplar, sabe estabelecer a diferença entre ciência e metafísica, de que os físicos às vezes esquecem. Sua grandeza consiste em não transcender os fatos construídos pela sua prática. Embora o "sonho newtoniano" de uma química dedutiva não esteja morto, aqueles que o invocam, como Dumas, não fazem mais que destacar ainda com mais força a distância entre esse sonho e a realidade, modesta, mas sólida.

Na base dos edifícios moleculares, o "átomo dos químicos" é, desse ponto de vista, comentado numa maneira que os epistemólogos definiriam como racional e lúcida. Como se viu, Kekulé não "acreditava" no átomo, mas precisava dos átomos para pensar a atomicidade dos elementos. Em outras palavras, os átomos dão à química do final do século a sua linguagem, mas podem ser suspeitos, precisamente, de constituírem apenas uma linguagem, ou uma ficção útil. Os átomos não foram "descobertos", da maneira como as forças foram descobertas por Newton, a corrente por Hertz, ou a América por Colombo.

Filha de reputação irrepreensível da alquimia especulativa, a "química dos professores" ilustra com sua história a moral austera do progresso racional. Mas seu caráter epistemológico exemplar se deve essencialmente ao fato de que, desde a teoria newtoniana do mistão de Berthollet e a eletroquímica dualista de Berzelius, nenhuma interpretação teórica foi capaz de identificar um ponto de vista organizador, ao qual todos os outros deviam se submeter. Não existe uma teoria do átomo químico: a sua estabilidade e sua identidade são tão precárias quanto o acordo sobre os pontos de vista instrumentais que cada um usa para defini-lo. A química tem uma estrutura reticular, e não de uma árvore que implica a crença unânime na realidade do tronco, que autoriza a existência dos galhos, que por sua vez...

É por isso que é difícil saber quem, entre os químicos da segunda metade do século XIX, realmente acredita que os átomos existem e quem os considera uma ficção cuja pretensão à realidade é, por definição, temporária, relativa ao seu poder de organizar os fatos. Certamente, na virada do século, o realismo atômico progride, sobretudo entre os químicos orgânicos: difundem-se nos laboratórios de química orgânica os modelos moleculares de Adolf von Baeyer (1835-1917),[1] feitos de esferas conectadas por hastes, construídos assumindo que os comprimentos e os ângulos das ligações químicas são quase independentes da molécula a que pertencem. Mas a oposição à "química atômica" ainda é possível.

A questão do futuro

Até 1910, muitos dos especialistas em química inorgânica ainda consideram a hipótese atômica e molecular apenas uma ficção e criticam a maneira pela qual essas entidades inobserváveis são apresentadas como se realmente existissem. Embora os edifícios moleculares tenham feito diferença na química orgânica, permaneceram relativamente periféricos na química inorgânica, muito mais sensível à variedade de elementos envolvidos em seus compostos do que às estruturas construídas por suas moléculas.

Embora o átomo pudesse suscitar o ceticismo dos especialistas em química inorgânica, para dois físico-químicos renomados, Pierre Duhem (1861-1916) e Wilhelm Ostwald (1853-1932), torna-se contudo alvo de um questionamento muito mais radical. Ao programa de uma ciência da arquitetura da matéria, Duhem e Ostwald opõem um contraprograma de uma "energética" das transformações químicas.[2] Para defender a possibilidade desse futuro, Duhem e Ostwald releem o passado, tornando-se historiadores da química.

A história que para nós leva ao átomo e à molécula é narrada por Pierre Duhem em seu livro *Le mixte et la combinaison chimique*.[3] É uma descrição notável, pois conclui que é possível e necessário resistir à crença aparentemente incontornável na existência de átomos. Desde os equivalentes e as fórmulas químicas empíricas correspondentes até os isômeros da estereoquímica, Duhem ressalta que nunca o átomo ou o conjunto de átomos que constituem a molécula permitiram ao químico prescindir do experimento. Foi descobrindo a possibilidade de novos tipos de operações, portadoras de novas distinções entre os compostos químicos, que o químico teve de inventar representações cada vez mais ricas do ator envolvido nessas operações:

> Os símbolos usados pela química moderna, a fórmula empírica, a fórmula molecular e a fórmula estereoquímica são instrumentos preciosos de classificação e descoberta, desde que sejam encarados apenas como elementos de uma linguagem, uma notação, apropriada para traduzir aos nossos olhos, de uma forma particularmente impressionante e precisa, as noções de compostos análogos, de corpos derivados uns dos outros, de antípodas ópticos. Quando, pelo contrário, se quer vê-los como um reflexo, como um esboço da estrutura da molécula, do arranjo dos átomos entre eles, da figura de cada um deles, logo se enfrentam contradições insolúveis.[4]

Nem mesmo a lei das proporções múltiplas escapa às críticas de Duhem, pois "não pode ser verificada nem derrubada pelo método experimental; está fora do alcance desse método".[5] De fato, a experiência nunca poderá provar que os pesos de dois constituintes estejam relacionados entre si como dois números inteiros. E o que dizer da ideia de caracterizar os átomos por um atributo tão inexplicavelmente variável como a sua valência! O átomo munido de suas valências corresponde a um instrumento de classificação útil e fértil, mas não tem o poder de reger os fenômenos que ordena.

Da mesma forma, em 1906, Wilhelm Ostwald construiu uma história crítica da química que certamente destaca seu triunfo como ciência dos edifícios moleculares, mas só o faz para melhor sublinhar sua precariedade.

O realismo dos edifícios estereoquímicos não deve "resistir aos fatos", tal como este resultado do químico Walden: pode-se, substituindo um átomo por outro num isômero óptico, e depois realizando a substituição inversa, chegar ao isômero de configuração, ou seja, de atividade óptica, oposta.[6] Como uma simples substituição pode transformar as propriedades ópticas da molécula?[7] Para Ostwald, a implicação é clara: o edifício deve ser caracterizado como um "todo", capaz de uma transformação global. O edifício estereoquímico, concebido a partir do arranjo espacial das partes, marca o término, o fim de uma era. Não é nesses termos que as teorias químicas do futuro devem ser formuladas.

Ostwald propõe uma descrição que anuncia as transformações paradigmáticas de Thomas Kuhn ou os programas de pesquisa de Imre Lakatos:

> Primeiro se desenvolve uma teoria para representar, através de modificações de um certo esquema, a variedade das combinações existentes [...]. Mas a ciência se desenvolve sem parar; necessariamente, mais cedo ou mais tarde, haverá um desacordo entre a multiplicidade real de fatos observados e a multiplicidade artificial da teoria. Na maioria das vezes, tenta-se primeiro adaptar os fatos se a teoria, da qual é mais fácil de entender de relance todas as possibilidades, não pode produzir nada. Mas os fatos são mais resistentes do que todas as teorias, ou, pelo menos, do que os homens que as defendem. E, assim, torna-se necessário ampliar adequadamente a velha doutrina ou substituí-la por ideias novas e mais bem-adaptadas.[8]

E Ostwald anuncia que o período de "adaptação recíproca" entre fatos e estereoquímica está chegando ao fim. É necessária uma reforma radical, que deve centrar-se não sobre edifícios estáticos, mas sim sobre a misteriosa "catálise" e sobre uma relação que ainda falta explicitar entre a relativa estabilidade dos compostos e sua energia interna.

Entretanto, um ponto teria conseguido conciliar os químicos atomistas mais ou menos realistas e os antiatomicistas, como Duhem e Ostwald: a história da química permanecerá nas mãos dos químicos, ou pelo menos dos físico-químicos, ou seja, como veremos, daqueles que conhecem a irredutibilidade de sua ciência aos "princípios claros" da física mecanicista. É provavelmente a negação dessa crença que cria o sentimento nostálgico de uma época em que a química *enfim* se pareceria com a nossa química, sendo *ainda* definida por sua própria história. De fato, dez anos após a publicação do livro de Duhem, a química será dotada de um tronco, mas vindo de fora: da física e, pior ainda, de uma física que de atomista se tornará "mecanicista", inscrevendo-se, enquanto "revolução", na grande linhagem da física newtoniana.

Mas, antes disso, no final do século XIX, as controvérsias terminaram de uma maneira que já anunciava o "desmembramento" do território da química no sentido que lhe é conferido neste capítulo: um processo que, partindo de um dos problemas tradicionais da química, a constitui em referência instrumental e operacional para um desenvolvimento do qual ela já não mais detém a chave. Assim, enquanto a química inorgânica e a química orgânica mantiveram vínculos tais que os resultados de uma repercutiam na outra e vice-versa, a "bioquímica" estabilizará uma resposta à antiga questão da relação entre a química e os seres vivos, que atribui ao químico um papel útil e laborioso, mas sem uma grande aposta conceitual.

Notas

1. Ganhador do Nobel em 1905, foi um químico precoce que, aos 12 anos, sintetizou um composto inédito. Depois sintetizaria o índigo, a fenolftaleína e desenvolveria uma nomenclatura para os compostos cíclicos.
2. O termo "energética" é de Ostwald. Duhem não o emprega, porque recusa qualquer substanciação possível: para ele, a energia não é um objeto mais realista do que os átomos. Fala indiferentemente da ciência que defende como de uma "mecânica" ou "termodinâmica" generalizada.
3. Duhem, 1902.
4. "Les symboles qu'emploie la chimie moderne, formule brute, formule développée, formule stéréochimique, sont des instruments précieux de classification et de découverte tant qu'on les regarde seulement comme les éléments d'un langage, d'une notation, propre à traduire aux yeux, sous une forme particulièrement saisissante et précise, les notions de composés analogues, de corps dérivés les uns des autres, d'antipodes optiques. Lorsqu'on veut, au contraire, les regarder comme un reflet, comme une esquisse de la structure de la molécule, de l'agencement des atomes entre eux, de la figure de chacun d'entre eux, on se heurte bientôt à d'insolubles contradictions" (*Idem*, pp. 138-139).
5. *Idem, ibidem.*
6. De fato, o "ciclo de Walden" se tornará, com o trabalho de Emil Fischer, o ponto de partida para um novo desenvolvimento da estereoquímica, integrando não apenas a caracterização espacial dos edifícios moleculares, mas também a de eventos reacionais.
7. Ostwald, 1909 [1906], pp. 150-151.
8. *Idem*, p. 147: "D'abord une théorie se développe pour représenter par des modifications d'un certain schéma la variété des combinaisons existantes [...]. Mais la science s'accroît sans cesse; nécessairement, il se produit tôt ou tard un désaccord entre la multiplicité réelle des faits observés et la multiplicité artificielle de la théorie. La plupart du temps, on essaie d'abord de plier les faits si la théorie, dont il est plus facile d'embrasser d'un coup d'œil toutes les possibilités, ne peut plus rien céder. Mais les faits sont plus résistants que toutes les théories, ou, tout au moins, que les hommes qui les défendent. Et ainsi, il devient nécessaire d'élargir convenablement la vieille doctrine ou de la remplacer par de nouvelles idées mieux adaptées".

27

Qual química para os seres vivos?

Na década de 1850, enquanto Berthelot meditava sobre sua grande obra – sintetizar progressivamente todos os compostos orgânicos partindo apenas de compostos inorgânicos –, Louis Pasteur já tinha colocado os limites que a química experimental nunca poderá ultrapassar de acordo com sua avaliação: a assimetria molecular característica de certos produtos orgânicos naturais. A demonstração de Pasteur é desde então um clássico que coloca em cena uma nova espécie de atores de um novo tipo, como o *Penicillium glaucum*, o bolor que gosta de tartarato. O mofo fará o que o homem não pode fazer.

Fermentos e catalisadores

O cristalógrafo pode separar os microcristais de simetria inversa nos quais o paratartarato cristalizado se desdobra espontaneamente, dissolvê-los e descobrir que cada solução tem então um poder rotatório diferente: uma das soluções causa a rotação do plano de polarização da luz para a esquerda, e a outra para a direita. Ele pode assim supor que a assimetria cristalina é a manifestação de uma assimetria molecular responsável pela atividade óptica. É então que se coloca o problema da vida. Porque, diz Pasteur, muitas vezes acontece que os derivados artificiais, produzidos em laboratório a partir de compostos naturais opticamente ativos, são desprovidos de atividade óptica. Serão, exatamente como o paratartarato, "misturas racêmicas" de isômeros opticamente ativos? Nesse caso, estaria disponível um critério de distinção entre o químico e o vivo: os organismos vivos seriam capazes de produzir um isômero excluindo o outro, enquanto no laboratório os humanos produziriam somente misturas de isômeros? Então entra em cena o mofo. Pasteur mostra que os bolores consomem avidamente um dos isômeros do paratartarato que isolou, mas que a fermentação não ocorre com o segundo isômero. Quando Pasteur fornece ao bolor o tartarato não separado e opticamente inativo, a sua hipótese se confirma: à medida que a fermentação progride, o poder rotatório do líquido aumenta; a evolução atinge um máximo, que corresponde ao fim da fermentação. O bolor realizou a mesma triagem que o cristalógrafo.[1]

Após o trabalho de Van't Hoff, a "assimetria molecular" perdeu seu mistério, e os isômeros ópticos tornaram-se um instrumento privilegiado para estudar os edifícios moleculares e as reações da química orgânica. Contudo, a demonstração de Pasteur abriu um novo capítulo na controvérsia sobre a relação entre o mundo químico e o mundo vivo. Pela primeira vez, seres vivos foram postos a serviço da demonstração científica num papel em que são instados não somente a sobreviver (como nos testes de Priestley sobre respirabilidade do ar), mas também a produzir uma atividade quase técnica. Tal como o químico sintético, o ser vivo estaria então envolvido com os edifícios moleculares. E, superior nisso ao químico, ele poderia sintetizar um edifício sem produzir ao mesmo tempo o seu equivalente simétrico.

Mas seriam realmente seres vivos? Desde o século XVIII, a "técnica dos fermentos", que Stahl chamou de *zymotechnia* em 1697, era uma disciplina reconhecida, estando na base da indústria cervejeira alemã. Mas essa técnica não intervinha no debate quanto às relações entre atividade química e atividade viva. Para Stahl, assim como para Liebig, que era contemporâneo de Pasteur, a fermentação não fazia parte dos processos verdadeiramente biológicos. A diferença era estabelecida entre os processos que parecem testemunhar um poder organizacional "vital" – o desenvolvimento e a manutenção dos corpos – e os que, espontaneamente, obedecem às leis da química, como a putrefação, a corrupção, a degradação, o apodrecimento.

Certamente, Cagniard de la Tour, Schwann, Kützing e Turpin tinham todos constatado, entre 1835 e 1837, que a fermentação alcoólica da cerveja produzia um depósito que não era constituído por matéria química, mas sim por células vivas, e concluíram que a fermentação resultava da atividade da levedura. Mas, para Liebig, a causalidade funciona noutro sentido: todo mundo sabe que uma árvore que morre e apodrece é logo coberta por fungos e também sabe que essa proliferação é uma consequência acessória do apodrecimento, e não sua causa.

Contudo, se Liebig se interessa pela fermentação, é porque ela se destaca entre os fenômenos que em 1839 Berzelius relacionou com uma "força catalítica". A força catalítica de um material, quer seja o fermento, a amálgama de platina que faz inflamar o hidrogênio, ou o ácido em presença do qual o amido se transforma em açúcar, manifesta-se e pode causar uma reação apenas por estar presente e não por afinidade pelos outros reagentes. Segundo Berzelius, o catalisador desperta "afinidades latentes" entre os outros reagentes e lhes permite reações que, de outra forma, eles seriam incapazes de sofrer naquela temperatura. Mais de meio século depois, o físico-químico Ostwald claramente apreciaria a expressão "afinidade latente":

> A expressão de afinidades latentes ou adormecidas significa simplesmente que existem estados químicos que não são estados de equilíbrio e que, apesar disso, não se alteram com o tempo. Nesses sistemas, a reação química é desencadeada ou causada pela presença de corpos que agem cataliticamente; o que acontece deve, como todos os fenômenos químicos, conseguir levar à satisfação mais completa das afinidades, ou seja, a alcançar um equilíbrio mais estável.[2]

Para um físico-químico do final do século, o importante é que a catálise provoca reações que em princípio eram possíveis, mas, para Liebig, em 1839, a "força catalítica" é muito parecida com uma força vital *que seria capaz de se impor no laboratório*. Liebig é vitalista, mas acredita que a força vital nunca será objeto de um conhecimento positivo: o químico pode identificar e recriar todas as transformações químicas dos seres vivos, mas não atingir a razão que permite essas transformações como meios para atingir os fins da vida. É por isso que opõe à força catalítica demasiadamente misteriosa de Berzelius uma hipótese da transmissão de movimento do catalisador para os reagentes. Assim, no caso da fermentação da cerveja, afirma que a levedura é um corpo em decomposição: os movimentos que acompanham essa decomposição determinam, por contato, a transformação das matérias suscetíveis de fermentarem.

Para Pasteur, tanto os fermentos como os bolores são corpos vivos, organizados, e a fermentação, longe de ser uma corrupção espontânea, é parte integrante da química dos seres vivos. Em 1857, mostra, em oposição a Liebig, que o processo de fermentação é largamente independente da natureza do corpo suscetível de fermentação (a "matéria nitrogenada" pode ser um simples sal amoníaco). Por outro lado, esse processo é totalmente dependente da presença ou da ausência de fermentos. Cada tipo de fermento, e não cada meio fermentável, produz um processo de fermentação específico. O fermento é, portanto, a causa. Tanto a fermentação quanto a corrupção, e dali a pouco tempo também as doenças, são determinadas pela atividade de células vivas, e não são redutíveis aos processos químicos espontâneos associados à morte.

Enzimas

Liebig nunca será convencido, e certamente a situação não estava muito clara. O que é "diástase da cevada germinada", extrato celular capaz de provocar fermentação? Pasteur invoca uma diferença entre "fermentos figurados", ativos na medida em que a célula está viva, e "fermentos não figurados", que podem ser separados do organismo, e que Wilhelm Kühne batizará em 1878 com o nome de "enzimas". Mas essa não seria uma distinção artificial, puramente *ad hoc*?[3]

Além disso, a ideia de ligar a vida não a substâncias químicas específicas, mas a um "movimento" é levada muito a sério pelos fisiologistas naquele momento.[4] A vida não seria uma atividade perpétua, enquanto as reações do laboratório terminam em meios inertes? Não será preciso atribuir à matéria viva, à "substância albuminoide"[5] que constitui o meio celular, propriedades dinâmicas que, além disso, possibilitariam resolver o enigma da origem da vida? Os pensadores materialistas, antivitalistas, acolhem favoravelmente essa definição de vida como atividade perpétua. Na *Dialética da natureza*, Engels escreve:

> A vida é o modo de existência dos corpos albuminoides, cujo elemento essencial *consiste na troca permanente de substâncias com a natureza externa que os cerca*, enquanto que, com o cessar dessa permuta de substâncias, a vida também para, e a albumina entra em decomposição.[6]

No entanto, a análise bioquímica dos seres vivos avançava com bom ritmo. Na década de 1880, o protoplasma celular, que se acreditava ser homogêneo e composto por "albumina", revela-se constituído por "proteínas", e também por fosfolipídios e "nucleínas". Em 1897, Buchner conseguiu extrair da levedura o que chamou de "zymase", capaz de produzir fermentação. Essa é, portanto, possível sem a presença de células vivas. Por outro lado, a atividade "enzimática" dos seres vivos não é mais um mistério para o químico, mas passa a ser um modelo. A catálise se tornou a ferramenta favorita e indispensável dos químicos sintéticos. Cada catalisador abre uma nova possibilidade de síntese: poder provocar uma reação é ser capaz de passar de uma molécula para outra, com precisão, confiabilidade e bom *rendimento*.[7] A "força catalítica" tornou-se uma aliada indispensável do químico, tal como parece ser aliada da vida, que também está "cheia de catálises". Tal como a atividade dos seres vivos, a atividade do laboratório de síntese cria meios estritamente definidos como instrumentos a serviço de uma finalidade. Todas as transformações químicas são nesse ambiente controladas e específicas. Somente os fins diferem: biológicos num caso, econômicos no outro. Como Ostwald aponta, a aceleração das reações lentas é importante para a indústria química, porque "tempo é dinheiro".[8]

A vitória das "moléculas mortas"

A partir da Primeira Guerra Mundial, "zimotecnologia" foi renomeada "biotecnologia". Bolores, fermentos e bactérias são efetivamente seres vivos, e sua atividade abre um novo campo na competição entre o homem e a natureza. Enquanto a síntese orgânica produz, de maneira onerosa e trabalhosa, moléculas artificiais, a vida a serviço do homem promete maravilhas, como a reciclagem integral – por exemplo, o jornal da tarde convertido em açúcar no café da manhã![9]

Os sonhos da biotecnologia deixam ao químico apenas o humilde papel de fazedor de balanços lavoisianos: identificar produtos na entrada e na saída da caixa-preta que é agora a cultura bacteriana. Para que se esclareça a cena escondida na caixa-preta, a ação catalítica teria de revelar seu mistério. Enquanto for apenas uma constatação empírica, é perfeitamente compatível com uma concepção dinâmica da vida, baseada na hipótese de uma instabilidade própria das "moléculas vivas", num estado de "fluxo de troca" permanente. Os trabalhos de von Baeyer sobre corantes orgânicos e os de Fischer sobre açúcares, purinas e depois, entre 1899 e 1908, sobre a estrutura das proteínas (identificação da "ligação peptídica", síntese dos primeiros polipeptídeos artificiais) inscrevem-se num programa estável, o da análise e da síntese dos diferentes edifícios moleculares que constituem os seres vivos. Mas o sucesso desse programa depende da questão de saber se a atividade purificadora da química não mata o que identifica. Essas substâncias "cristaloides" não seriam moléculas "mortas", separadas do meio do qual suas propriedades "vivas" eram solidárias?

No entanto, já em 1898, Emil Fischer tinha proposto o que é para nós a interpretação correta da ação enzimática. É simplesmente parte da química dos "cristaloides": é o famoso modelo da "chave e fechadura", no qual o substrato e a enzima têm, como a chave em relação à fechadura, formas complementares que permitem à enzima fixar o substrato. Com Paul Ehrlich (1854-1915), esse modelo fez sucesso entre os imunologistas. Mas os defensores da teoria dos coloides o veem apenas como uma hipótese relevante a respeito de uma operação estratégica cujo significado é muito claro: submeter as enzimas vivas aos princípios da estereoquímica.

Uma molécula cristalizada pode ter uma atividade do tipo biológico? Em caso afirmativo, os edifícios identificados pela bioquímica desde Baeyer e Fischer são os atores da vida. Tal é o campo escolhido pelos bioquímicos "antidinamistas" para atacar de frente o que, no século XX, aparece como uma forma de vitalismo disfarçado, enquanto no final do século XIX se tratava de uma teoria "materialista". Em 1930, o bioquímico americano John Howard Northrop finalmente conseguiu cristalizar a pepsina sob condições tais que a maioria de seus oponentes teria de reconhecer que a enzima está pura e, no entanto, ainda capaz de atividade enzimática. Mas, um quarto de século mais tarde, o combate ainda não terminou. O biólogo francês Jacques Monod (1910-1976) relata:

> Lembro que era o início de 1954 e estava fazendo apresentações nos Estados Unidos [...] para mostrar que a interpretação do chamado "estado dinâmico" das proteínas estava errada [...]. É preciso levar em consideração que isso provocava um *furor* absoluto! Sabem, havia a ideia hegeliana de que esse estado dinâmico era uma espécie de segredo da vida... Naquela época, apenas os cristalógrafos estavam perfeitamente conscientes de que essa teoria do estado dinâmico das moléculas de proteína não podia estar correta. Não poderia estar correta, porque eles obtinham bons cristais. Ao que, é claro, os fisiologistas celulares ou os bioquímicos respondiam "mas vocês estão estudando moléculas mortas".[10]

Para Monod, trata-se de uma verdadeira cruzada, pois a transformação em dogma stalinista dos enunciados da *Dialética da natureza* de Engels, bem como da biologia de Lysenko, havia sido causa de seu rompimento com o comunismo.

O que chamamos hoje de "bioquímica" recebeu sua definição estável apenas depois de abolido o contraste entre "coloides" e "cristaloides". Mas, ainda antes de ser abolido, esse contraste mudou de significado. Na época de Ostwald, a constituição de uma "nova química", para além da ciência dos edifícios moleculares, ainda podia interessar aos químicos. A tese de Engels sobre a troca permanente como condição para a existência de substâncias orgânicas teria então anunciado uma química centrada na distinção entre as moléculas estáveis dos laboratórios dos humanos e as moléculas "dinâmicas" dos seres vivos. Não só essa físico-química não chegou a ver a luz do dia,[11] mas, já na segunda década do século XX, deixou de interessar aos físico-químicos que se tornaram, como veremos, atomicistas, assim como seus colegas orgânicos. A partir de então, a "bioquímica dinâmica" desaparecerá silenciosamente, sem a menor repercussão no mundo dos químicos. É verdade que as técnicas da química de análise e síntese são úteis e necessárias para o estudo dos seres vivos, mas não se espera da química mais do que ela já deu, a noção de edifício molecular e o estudo das ligações que o estabilizam. Assim, a constituição da bioquímica finalmente estabelece a conexão entre o mundo químico e o vivo, mas confere à química apenas o papel de instrumento.

Notas

1 Pasteur, 1986 [1861].

2 Ostwald, 1909 [1906], p. 278: "L'expression d'affinités latentes ou endormies signifie simplement qu'il y a des états chimiques, qui ne sont pas des états d'équilibre, et qui malgré cela ne changent pas avec le temps. Dans ces systèmes, la réaction chimique est déclenchée, provoquée par le présence de corps qui agissent catalytiquement; ce qui se passe doit, comme tous les phénomènes chimiques, aboutir à satisfaire plus complètement les affinités, c'est--à-dire à réaliser un équilibre plus stable".

3 Era o que pensava Claude Bernard. Após sua morte, em 1878, Marcelin Berthelot publicou um texto nesse sentido, que lhe rendeu a ira de Pasteur. O "fermento" alcoólico (o qual Bernard supunha que poderia agir independentemente da atividade vital dos microrganismos) é apenas uma hipótese, escreveu Pasteur, e "tais hipóteses, perdoem-me a vulgaridade da expressão, fabricamos a rodo em nossos laboratórios... Entre M. Berthelot e eu próprio existe essa diferença, é que hipóteses dessa natureza nunca veem a luz do dia, exceto se eu tiver reconhecido que são verdadeiras e que permitam avançar. Já o Sr. Berthelot, ele as publica". Para defender a inexistência de um fermento alcoólico solúvel, ou seja, separável dos microrganismos, Pasteur usa o tempo como aliado: "Como é que o Sr. Berthelot não percebeu que o tempo é o único juiz nessa questão, e um juiz soberano? Como é que ele não reconheceu que não me queixo do veredito do tempo? Ele não vê crescer a cada dia a fertilidade das induções dos meus estudos anteriores?" (Jacques, 1987, pp. 157-158).

4 Ver Fruton, 1990.

5 Ou aos "coloides", de acordo com a expressão introduzida por Graham, em 1861, para distingui-los das substâncias "cristaloides", que são suscetíveis apenas de estados de equilíbrio estático, à maneira dos cristais.

6 Engels, 1968 [1925], pp. 309-310, destacado no texto. Ao contrário de Liebig, Engels apoia a possibilidade distante de preparar artificialmente esses corpos albuminoides, que então inevitavelmente manifestarão fenômenos vitais, por mais fracos e efêmeros que sejam, pois os organismos que conhecemos são o resultado de uma evolução milenar.

7 Assim, observa Ostwald, "a ação do cloreto de alumínio na reação de Friedel e Crafts poderia ser comparada ao *Tischlein-deck-dich* ("mesa, cobre-te") do antigo conto alemão, pois facilita

a formação de corpos que, sem ela, seriam extremamente difíceis de obter" (Ostwald, 1909 [1906], p. 286).

[8] *Idem*, p. 260.

[9] Ver Bud, 1994.

[10] "And I remember it was early in 1954, I lectured in the States, [...] on the subject that the interpretation of the so-called 'dynamic state' of the proteins was wrong. [...] You've got to realize that it raised an absolute furor! There was this Hegelian idea, you know, that this dynamic state was a sort of secret of life... At that time, the only people who were fully aware that this business of the dynamic state of protein molecules couldn't be right, were the crystallographers. Because it couldn't be right if they got good crystals. To which, of course, the cell physiologists or biochemists said, 'But you are looking at dead molecules!'" (*apud* Judson, 1979, p. 391).

[11] A física, distante do equilíbrio, como veremos, recupera a noção de troca permanente como condição de existência. Mas aí não se trata, contudo, da existência das próprias substâncias, mas sim de regimes de atividade global, envolvendo todos os processos físicos e reações químicas dos quais um sistema é o centro.

28

Qual física para a química?

Nas últimas décadas do século XIX, a físico-química era candidata plausível para uma renovação da identidade da química. Seria uma repetição da situação que foi criada com Berthollet, quando a autoridade do modelo físico newtoniano parecia questionar a identidade das substâncias químicas? Não exatamente, porque a teoria que serve como modelo de referência havia mudado: já não se concentra em movimentos e forças de interação, mas deve ser capaz de unificar a física e a química, pois se baseia na noção de "conservação da energia".

Química, energia e forças

É a partir do momento em que "energia"[1] e "conservação da energia" unem suas histórias que a química realmente começa a dela fazer parte. Julius Robert Mayer (1814-1878), um dos inventores da "conservação da energia", recorria até, para defender a sua teoria, à diferença no consumo de oxigênio nos países quentes e nos países temperados, que, segundo dizia, era evidenciada pela diferença na cor do sangue de seus habitantes. A eletrólise e a pilha dos químicos são parte integrante da rede de transformações energéticas que articulam todos os fenômenos naturais e testemunham, desde então, que a energia elétrica pode ser transformada em energia química e vice-versa. Além disso, essa energia elétrica pode ser transformada em energia térmica, a qual pode ser consumida por reações químicas ou produzir luz, que por sua vez pode provocar reações químicas, como na fotografia...

Eletricidade e calor constituem desde então áreas de estudo autônomas, distintas da química, assim como são distintas as energias elétrica, térmica e química. Mas não seria possível considerar uma nova unidade científica que atenda a uma natureza concebida em termos de conversão de energia? Poderia o químico construir uma teoria energética das transformações químicas, tal como, analisada retrospectivamente, a mecânica construiu desde a sua origem galileana uma teoria energética do movimento?

Estão nos fundamentos de uma "termoquímica", de uma ciência articulando de maneira sistemática, seguindo o modelo da mecânica, os dois atores mais tradicionais da química, a reação química e o calor, aos quais se dedicarão Marcelin Berthelot e Julius Thomsen (1826-1909) de Copenhague.[2]

Ao contrário da química estática de Berthollet, a termoquímica não implica hipóteses sobre a natureza da força que causa a ligação química. A velha força, que deveria explicar ao mesmo tempo a ligação e as reações, faz parte de um passado que precisa ser superado. A partir de agora, toma-se como modelo o formalismo abstrato da mecânica, que apresenta as noções de trabalho e energia. Assim como a queda de um corpo é caracterizada pelo trabalho de forças mecânicas, pela diminuição da energia potencial e pela criação de energia cinética, uma reação química deve ser definida pelo trabalho de forças químicas e pela diminuição do potencial dessas forças. Trabalho e redução de potencial são medidos pela liberação de calor durante a reação. O estado de equilíbrio químico torna-se, assim, o estado em que o potencial das forças químicas atingiu seu valor mínimo e é definido pelo fato de as reações que levam ao equilíbrio serem aquelas que dão origem a uma maior liberação de calor. Esse fato é anunciado por Marcelin Berthelot em 1865 pelo "princípio de trabalho máximo".

Em certo sentido, como observa Ostwald, a termoquímica é uma transposição da antiga doutrina das afinidades eletivas, que previa a preponderância da "matéria mais forte".[3] Tal como na época de Bergman, essa transposição corresponde a uma discriminação entre reações químicas: uma vez que é a liberação de calor que mede a força de uma reação, a reação química natural é aquela que ocorre espontaneamente, liberando calor; reações endotérmicas, que absorvem calor, são consideradas como *limitadas* por ações externas ao sistema.

O princípio de conservação de energia é certamente respeitado pelas reações químicas, mas será que permite prever o estado de equilíbrio, isto é, a direção das reações que ocorrerão a partir de um dado estado inicial? Essa questão é de grande importância para os especialistas em sínteses, pois é a questão do *rendimento* de uma reação que se coloca. Enquanto a química da análise favorece reagentes poderosos, ou seja, nos termos de Berthollet, as reações completas, a química sintética deve ampliar a gama de suas reações para obter as transformações extremamente específicas das quais necessita. Uma ciência que fornece os meios para melhorar o rendimento de reações "incompletas" seria, portanto, bem-vinda.

Ora, à medida que aumenta o número de casos conhecidos, as dificuldades encontradas na distinção entre processos "puramente químicos", ou seja exotérmicos, e processos endotérmicos, que dependem de energia externa, vão aumentando, particularmente no novo domínio das altas temperaturas. Henri Sainte-Claire Deville descobre que a água se dissocia em hidrogênio e oxigênio quando é colocada em contato com uma esfera de platina incandescente. Isso é curioso, pois o maçarico oxídrico, cujo calor resulta da combinação de hidrogênio e oxigênio, é capaz de *derreter* a platina. Se a temperatura da platina incandescente é capaz de "forçar" a dissociação endotérmica da água, a dissociação também deveria ocorrer à temperatura de fusão da platina, que é muito mais alta. De fato, como demonstra Sainte-Claire Deville, a temperatura da chama do maçarico é inferior à que deveria ter se a combinação ocorresse independentemente. O calor liberado não é, portanto, uma medida adequada da reação química exotérmica. Parece mais ser função de um "equilíbrio" entre combinação e dissociação, duas reações que agora fica difícil de considerar como opostas, uma como "puramente química" e outra como "limitada".

Já em 1867, dois químicos noruegueses, Cato Guldberg (1836-1902) e Peter Waage (1833-1900), propuseram uma lei que eliminava qualquer distinção entre reações químicas exotérmicas e endotérmicas e criava um novo tipo de analogia com a física. É enfatizado o conceito de "massa ativa", isto é, as concentrações de reagentes realmente presentes no meio de reação num dado momento e disponíveis para reagir. A "lei de ação de massas" tem a aparência de uma lei mecânica: tal como a força newtoniana, a força química de uma reação é definida pelo produto das "atividades", e o equilíbrio ocorre quando as forças correspondentes a reações opostas se tornam iguais. No entanto, diferentemente da mecânica, as massas ativas são as variáveis, pois evoluem ao longo da reação e atingem determinadas proporções relativas quando o equilíbrio é alcançado. Além disso, a relação entre forças e massas envolve um "coeficiente de atividade" específico para cada tipo de reação. No equilíbrio, quando a soma das diferentes forças químicas se anula, a relação entre as "massas ativas" é dada pela razão entre os coeficientes de atividade, que por sua vez dependem da temperatura e da pressão.

Uma diferença ainda mais profunda entre a lei de Guldberg e Waage e a mecânica diz respeito ao efeito da força. Enquanto uma verdadeira força mecânica determinaria a aceleração, a força introduzida por Guldberg e Waage determina a velocidade da reação correspondente.[4]

A velocidade da reação era, na época, uma grandeza fenomenológica nova. Apenas reações muito lentas da química orgânica permitiam acompanhar a variação nas concentrações de seus reagentes ao longo do tempo. Guldberg e Waage puderam, assim, usar os resultados dos estudos de velocidade de reações iniciados por Ferdinand Wilhelmy (em 1850) e retomados por Péan de Saint-Gilles e Berthelot (em 1860): a cada instante, a velocidade de uma reação é proporcional às concentrações dos reagentes ainda presentes no meio reacional; a velocidade diminui à medida que a reação se aproxima do equilíbrio. A definição de "força química" integra o estudo fenomenológico das velocidades e o modelo mecanicista.

A hipótese cinética

A lei de Guldberg e Waage, aceita como lei fenomenológica, teve um enorme sucesso na química. Mas deixou em aberto a questão de sua interpretação. Foi essa questão que suscitou a transferência para a química da hipótese cinética levantada alguns anos antes na física.

Nessa hipótese, o equilíbrio é definido como o estado em que as velocidades são tais que os efeitos das reações em direções inversas *se compensam*, sem que por isso cessem as diferentes reações. Essa é a interpretação cinética do equilíbrio que Clausius propôs em 1857 para o caso da vaporização. Oficialmente adotada por Maxwell em 1865, a hipótese leva em 1867 ao "demônio de Maxwell",[5] capaz de determinar evoluções que afastam um sistema do equilíbrio.

A hipótese cinética remete a noção de "força química", qualquer que seja a sua medida, ao repertório das analogias, pois o equilíbrio não é o estado em que as forças, e as velocidades por elas determinadas, anulam-se. O equilíbrio não tem nada de particular: é o estado em que as "colisões reacionais" entre moléculas que levam a uma dada reação são, *em média*, tão numerosas quanto as colisões que determinam a reação inversa. O conceito central da cinética é a noção probabilística de frequência. Se um aumento na temperatura aumenta a velocidade em direção ao alcance do equilíbrio, é porque aumenta a frequência de todas as colisões que resultam em reação. Quanto à questão da afinidade, da respectiva "força" dos reagentes, da diferença entre reações endotérmicas e exotérmicas e da composição do equilíbrio químico, a teoria cinética nada diz, exceto que essa questão deveria se referir a uma ciência "futura" que tratará da própria colisão reacional.[6] O químico cineticista pode conhecer apenas o número de moléculas que participam de um evento de colisão (chamado de ordem da reação). O que aliás é considerado suficiente para mantê-lo bastante ocupado. De fato, a análise cinética mostrará que, por trás de "uma" reação química, muitas vezes se oculta uma sucessão muito mais complexa de reações intermediárias.[7]

A cinética é uma hipótese realista. Implica que as moléculas dos químicos sejam efetivamente reconhecidas como entidades discretas, suscetíveis de movimento, de colisões, ou seja, de comportamentos individuais. Algo completamente diferente dos símbolos convenientes para uso dos químicos de síntese. E também algo tão completamente diferente que a condenação de qualquer compreensão intuitiva implica a interpretação rival, produzida na mesma época, do equilíbrio químico e da lei de ação das massas que o define. Pois essa interpretação, termodinâmica, tem como conceito central a *grandeza mais abstrata* que a física do século XIX definiu: a entropia.

O equilíbrio termodinâmico

A criação da noção de entropia responde, na física, a um problema semelhante àquele que condenou a termoquímica de Thomsen e Berthelot: o princípio da conservação de energia, sempre verificado por meio de transformações físico-químicas, não permite determinar quais transformações são possíveis, nem as outras que não ocorrem. Ao "primeiro" princípio da conservação, com Clausius, juntou-se o "segundo princípio", que introduz uma nova função, a entropia. As transformações espontâneas que conservam energia, mas fazem diminuir a entropia, são excluídas. O estado de equilíbrio "termodinâmico" é definido pelo fato de que qualquer transformação espontânea que pudesse afetá-lo violaria o segundo princípio da termodinâmica.

Em 1884, um químico de 23 anos, Pierre Duhem, submeteu em Paris uma tese de doutorado que transpõe para a química os princípios da termodinâmica de Clausius. Essa tese é rejeitada pelos atônitos membros da banca.[8] Esse jovem ousado não apenas se permite criticar o glorioso princípio do trabalho máximo do grande Berthelot, mas também propõe uma representação matemática das reações químicas que supõe que elas não liberam nem produzem calor!

Aparentemente, nenhum desses químicos sabe que Duhem os convida a reproduzir na química a idealização, igualmente escandalosa, graças à qual

Carnot e Clausius submeteram a máquina a vapor às matemáticas da medida. Enquanto a máquina a vapor real funciona por aquecimento e resfriamento, a operação de uma máquina a vapor ideal exige a ficção segundo a qual dois corpos de temperaturas diferentes não sejam colocados em contato direto! A medida de um ciclo do motor a vapor é então dada por uma transformação que *conserva a entropia*: considere-se que o sistema nunca sai de um estado de equilíbrio, sofrendo um deslocamento de um estado de equilíbrio para outro infinitesimamente próximo, inteiramente determinado por uma variação infinitesimal e progressiva dos parâmetros de controle.[9] O mesmo vale para as reações químicas que Duhem caracteriza por meio de transformações fictícias e reversíveis, totalmente controladas do exterior, de estado de equilíbrio químico em estado de equilíbrio químico.

Como a tese de Duhem nunca viu a luz do dia, a lei de *deslocamento do equilíbrio* ficou associada ao nome de Van't Hoff (1884).[10] E, ainda em 1884, Le Chatelier propõe, sem demonstração, o que se tornará um "princípio", a definição do modo como um sistema químico em equilíbrio reage às perturbações impostas pelo exterior. Em 1893, Duhem, exilado em Bordeaux por ter criticado Berthelot, publicou em Gante (os editores franceses consideram-no herético) sua *Introdução à mecânica química*,[11] em que ataca com crueldade implacável a termoquímica de Berthelot e demonstra que todos os "princípios" propostos até então são consequências diretas de um único enunciado: "O potencial termodinâmico de um sistema é mínimo quando o sistema está em equilíbrio estável". Em 1897, Berthelot, imperturbável, publicava sua obra sobre a *Termoquímica*.

A termodinâmica química tem, pois, como grandeza central um potencial não mais energético, mas termodinâmico, ou seja, definir o equilíbrio químico a partir do segundo princípio:[12] qualquer evolução espontânea que afaste o sistema do valor de potencial mínimo, que define o equilíbrio, vai contra o segundo princípio. A partir daqui, pode-se deduzir a lei do deslocamento do equilíbrio de Van't Hoff, a "lei de ação das massas" de Guldberg e Waage, e a articulação entre os diferentes parâmetros, como composição química, temperatura e pressão, que determinam o estado de equilíbrio.

As duas abordagens, cinética e termodinâmica, definem a físico-química como uma ciência autônoma em relação à física mecanicista, que não reconhece fenômenos reacionais nem o segundo princípio. Nos dois casos, a relação com a física não é reducionista: a exploração cinética das velocidades de reação como aplicação dos dois princípios da termodinâmica (ou da "energética", de acordo com os termos de Ostwald) em situações físico-químicas mais complexas deveria, pelo contrário, tornar a química um campo de questões muito mais rico do que a física.

Cada uma dessas abordagens, no entanto, parece apontar para uma perspectiva diferente de futuro. A cinética, com a colisão reacional, propõe uma conexão com a física que acentua o realismo de átomos e moléculas e lhes atribui, além dos fenômenos observáveis, a responsabilidade tanto das propriedades das substâncias químicas quanto das modalidades de transformações químicas. Pelo contrário, a termodinâmica química acentua a dimensão positivista da química e a distancia de qualquer representação intuitiva do fenômeno químico e de suas causas, para torná-la função abstrata de parâmetros manipuláveis. A hesitação entre essas duas perspectivas não é peculiar à química, existindo também na física da época.[13] É por isso que se pode dizer que, na virada do século, a física e a química não são mais ciências estranhas entre si, mas sim ambas ciências entrecruzadas, confrontadas com o problema de seu futuro, ou seja, de sua identidade.

Notas

1 No começo, falava-se de "força", uma vez que os sentidos respectivos de energia e força só se distinguiram aos poucos, como explica Elkana (1974).

2 A prioridade dos trabalhos de Thomsen, realizados entre 1850 e 1860, sobre os de Berthelot, que só se interessou pela termoquímica a partir de 1864, é um dos cavalos-de-batalha de Pierre Duhem em sua longa luta contra seu perseguidor. Thomsen também tem o mérito, aos olhos de Duhem, de ter jogado luz sobre os trabalhos de Guldberg e Waage (ver mais à frente) e abandonado, desde 1869, o princípio sobre o qual existia a disputa de prioridade: não apenas mais rápido, mas com maior clareza...

3 Ostwald, 1909 [1906], p. 213.

4 Isso significa que não existe um "princípio de inércia" na química e que as forças são definidas como eram na mecânica antes de Galileu. A essa diferença entre definições de força corresponde uma diferença fenomenológica: enquanto um sistema mecânico oscila em torno do estado de equilíbrio (oscilações amortecidas em caso de atrito), um sistema químico geralmente une o equilíbrio de maneira monotônica. No momento em que as forças, em equilíbrio, anulam-se, cessa qualquer transformação química.

5 Experimento mental projetado por James Clerk Maxwell para sugerir que a segunda lei da termodinâmica seria verdadeira apenas estatisticamente.

6 Essa ciência se desenvolveu no século XX, em torno do conceito de "complexo ativado", situação transitória em que as moléculas em contato formam uma entidade instável que pode gerar de novo as moléculas originais ou dar novas moléculas. É uma teoria híbrida, que combina elementos teóricos (estabilidade das estruturas calculadas a partir da química quântica), elementos "empíricos" (grandezas termodinâmicas, como o calor liberado ou

absorvido) e elementos experimentais (a técnica experimental desde então permite analisar diretamente muitos "complexos ativados", apesar de seu curtíssimo tempo de vida).

[7] Isso permite elucidar certos mecanismos da catálise: quando um composto é um reagente num estágio intermediário e um produto da reação em outra etapa, ele desaparece do balanço total e aparenta ter participado da reação apenas como "catalisador".

[8] Ver Brouzeng, 1987.

[9] Em temperatura constante, o sistema se dilata quando é aquecido e se contrai quando resfriado. É comprimido sem troca de calor nem aumento de temperatura, e dilatado sem troca de calor nem queda de temperatura: são duas "adiabáticas" e duas "isotérmicas".

[10] A medida do deslocamento do equilíbrio é dada nos termos do trabalho que teria de ser feito para alterar reversivelmente a composição química, pela adição ou extração de calor a pressão constante, ou (quando houver uma fase gasosa) por compressão ou expansão em temperatura constante. Quanto mais alta a temperatura, mais o equilíbrio favorece os corpos cuja combinação é endotérmica (absorve o calor). Van't Hoff mostrou que sua lei coincide num caso com o princípio de trabalho máximo de Berthelot: é o caso em que as reações ocorrem no zero absoluto. Isso permitiu que os químicos franceses continuassem a ensinar o princípio de Berthelot, introduzindo discretamente essa restrição. E ainda será ensinado na universidade francesa no século XX e defendido pelo químico do Collège de France Marcel Delépine, até 1962.

[11] Duhem, 1893.

[12] O potencial químico proposto por Duhem sistematiza diferentes definições de funções termodinâmicas em química elaboradas por Massieu (1869), Planck (1869), Gibbs (1876) e Helmholtz (1882).

[13] Ver, a esse respeito, uma defesa do mecanicismo contra a abstração matemática daquele a quem Lenin chamava, no *Materialismo e empirocriticismo*, o "confusionista Rey", Abel Rey (Rey, 1923. Originalmente o texto foi escrito em 1905; a nova edição anuncia, com base na relatividade e nos *quanta*, o triunfo do mecanicismo em perigo 20 anos antes).

29

Da química dos elementos à física dos núcleos

No final do século XIX, surge um novo tipo de fenômeno no laboratório dos físicos: os raios. Os raios catódicos, estudados pelo físico inglês William Crookes (1832-1919), aparecem como compostos de projéteis de carga elétrica negativa; os raios X, identificados pelo físico alemão Wilhelm Roentgen (1845-1923), são eletricamente neutros e altamente penetrantes; os raios N, identificados pelo físico René Blondlot, da cidade de Nancy, não resistem ao ceticismo. Mas são os raios "urânicos", emitidos por um sal de urânio, descobertos em 1896 por Henri Becquerel (1852-1908), que vão transformar de modo irreversível a relação entre a física e a química. A quem pertence a radiatividade? Poder-se-ia dizer que é uma questão vã, uma desprezível querela de apropriação que não deveria interessar a nenhum cientista digno desse nome. No entanto, a radiatividade está no ponto de partida de duas sequências históricas, no final das quais a interpretação das propriedades do elemento químico será considerada como pertencendo "naturalmente" à física, a ciência dos princípios.

As duas definições de radiatividade

O nome dos Curie está tão indissoluvelmente ligado à radiatividade quanto os de Ampère ou de Ohm, por exemplo, à eletricidade. Raro é o privilégio de ver o nome de um cientista, durante sua vida, ligado não apenas a uma descoberta, uma teoria ou um efeito, mas também a uma unidade de medida, à norma que permitirá a pesquisadores e técnicos de todos os países compartilharem uma mesma linguagem. O acontecimento é tão mais raro que foi a própria Marie Curie (1867-1934) que impôs em 1910 a definição do "curie" – a atividade de um grama de rádio – e preparou a amostra de cloreto de rádio, cuidadosamente purificada, a partir da qual outros padrões secundários deveriam permitir aos laboratórios de diferentes países medir a radiatividade de seus produtos. O evento é ainda mais excepcional, pois, na época, os pesquisadores da radiatividade dispunham de outra possibilidade de definição, que prevalecerá em 1962: o grama de rádio foi substituído por qualquer quantidade de material radiativo sofrendo $3,7 \times 10^{10}$ desintegrações por segundo. A primeira definição resulta de uma prática química – purificação e caracterização de um elemento. A segunda tem como objeto um fenômeno inacessível à observação direta, a desintegração, e como sujeito uma "matéria" indiferenciada, salvo por suas propriedades radiativas, como a dos físicos. Esse contraste é ilustrado por duas cenas famosas.

A primeira se situa numa noite de 1898, em Paris. Poucos meses antes, Marie Curie tinha mostrado que a intensidade da radiação de Becquerel dependia apenas da quantidade de urânio ou de tório e que não variava com a temperatura, nem com a dissolução ou com a composição do sal de urânio, ou seja, todas as variáveis que os químicos podem manipular. A radiação, portanto, parecia remeter ao urânio enquanto *elemento*. A essa nova propriedade elementar, Marie Curie dá o nome de radiatividade. Além disso, observou que alguns minérios, como a pechblenda e a calcolita, eram quatro vezes mais radiativos do que deveriam ser, se sua radiatividade resultasse apenas do urânio. Então, Pierre Curie abandonou seus próprios projetos de pesquisa em física para colaborar no penoso trabalho empreendido por Marie. Isolar um novo elemento a partir do minério de pechblenda significa repetir incessantemente o mesmo tipo de operação: obter uns 20 quilos de minério, triturar, aquecer até a ebulição, dissolver, filtrar, precipitar, cristalizar... Mas coroar tais esforços pela contemplação do elemento finalmente purificado é o sonho de todo químico. Por isso, nessa noite de 1898, no galpão que serve de laboratório, Marie e Pierre Curie contemplam, maravilhados, as silhuetas levemente luminosas, como que suspensas na noite: os frascos contendo uma quantidade minúscula de sal de rádio finalmente extraído de toneladas de pechblenda.

A segunda cena situa-se em Montréal em 1902. O físico de origem neozelandesa Ernest Rutherford (1871-1937) e o químico inglês Frederick Soddy (1877-1956) estudaram uma curiosa propriedade do tório, elemento descoberto por Berzelius em 1828 e identificado como radiativo por Marie Curie e Gerhard Carl Schmidt em 1898. Rutherford mostrou que se podia extrair do tório outro produto, a que chamou de tório X, ao qual está associada toda a radiatividade. Mas, curiosamente, o próprio tório progressivamente readquire a radiatividade! Pode-se então novamente extrair o tório X radiativo, e assim por diante. A interpretação é óbvia: o tório é transformado em tório X, sendo a radiatividade a testemunha dessa transformação. Como o tório se transforma lentamente, pode, por um curto período de tempo, aparecer como não radiativo; quanto ao tório X, continua a transformar-se muito mais rapidamente em outros produtos, razão pela qual permanece radiativo. Nesse momento, recorda Soddy, algo muito maior que a alegria o inundou: a exaltação de ser, entre todos os químicos de todos os tempos, aquele que deu realidade ao velho sonho da alquimia, a transmutação, a transformação de um elemento em outro. Rutherford resmunga: se falarmos de transmutação, vão nos chamar de alquimistas! Soddy ri perdidamente e dança no laboratório, cantando o conhecido hino litúrgico: *Avante, soldados cristãos.*

Duas cenas de alegria, uma serena, que vem coroar um trabalho árduo e repetitivo; a outra intensa, marcando o momento em que as peças do quebra-cabeça se organizam. Em segundo plano, as duas definições diferentes do curie e a redefinição de elemento químico de Mendeleev que permitirá sua apropriação pelos físicos.

Os elementos radiativos

O programa de trabalho de Marie e Pierre Curie pertence à química. É verdade que o eletrômetro inventado anteriormente por Pierre Curie e usado pelo casal para medir a intensidade da radiação pertence à física mais avançada, mas é apenas um instrumento: permite quantificar o fenômeno por meio de uma propriedade, o fato de que os raios urânicos tornam o ar condutor de eletricidade, assim como também os raios X. Mas o essencial é a purificação e a promessa de uma nova explosão demográfica dos elementos, semelhante à que havia suscitado o uso da pilha elétrica. Marie e Pierre Curie isolam primeiro um elemento, batizado polônio, depois uma nova substância, a que chamam rádio. Como existe em quantidade suficiente para que os protocolos da química analítica lhe sejam aplicáveis, o rádio será o primeiro a receber a sua "carteira de identidade" mendeleeviana. Em 28 de março de 1902, Marie Curie pôde escrever "Ra = 225,93" no seu caderno de laboratório. Naquele ano, Rutherford e Soddy chegam à conclusão que perturba a interpretação da tabela de Mendeleev: a radiatividade não é uma propriedade elementar, mas sim o indício da transformação de um elemento em outro.

A origem desse resultado revolucionário remonta à observação, por Pierre e Marie Curie, daquilo a que chamaram de "radiatividade induzida": uma folha de metal se torna radiativa quando em contato com um sal de rádio ou de polônio em pó. Muito rapidamente, o químico alemão Friedrich Ernst Dorn, a propósito do rádio, e Rutherford, a propósito do tório, mostraram que a fonte radiativa emite um gás, uma "emanação" radiativa, que é depositada na superfície dos corpos próximos à fonte. No final de 1899, Rutherford mediu o tempo durante o qual a emanação, deixada em repouso, permaneceu radiativa: após 54 segundos, a atividade havia caído pela metade; ao final do dobro do tempo, estava reduzida a um quarto; no final do triplo do tempo, reduzia-se a um oitavo: comportamento que significa uma lei de decaimento exponencial. A emanação do tório foi o primeiro corpo radiativo a que se atribuiu um tempo de meia-vida: 54 segundos. E, em 1902, Rutherford e Soddy não só tinham mostrado que a "emanação" do tório não era na verdade produzida pelo tório, mas por um produto da desintegração do tório, o tório X, como também tinham construído a hipótese da desintegração.

Foi então que, para todos os que aceitaram essa hipótese, o problema da identificação dos materiais radiativos tomou uma nova direção. De fato, se ocorrem desintegrações sucessivas, sendo cada produto de desintegração caracterizado por um certo tempo de meia-vida específico, a purificação dos materiais radiativos feita pelo "radioquímico" nunca pode levar a uma substância pura: a radiatividade e a pureza são, com efeito, contraditórias. Sabia-se então, desde 1910, que a definição do curie, resultante da química dos elementos, em relação à atividade de uma fonte de rádio radiativo puro, era apenas uma aproximação, relativa a uma particularidade do rádio. Acontece que o rádio, produto da decomposição do urânio, é uma fonte ao mesmo tempo intensa e estável. De fato, seu tempo de meia-vida, 1.622 anos, não é nem "muito longo" – o rádio é uma fonte radiativa intensa – nem muito curto – o rádio "se conserva" em relação ao tempo dos químicos.

Qual é então a tarefa do radioquímico? É a de montar um quebra-cabeça cinético. Considere-se um sal de tório. A sua radiatividade varia continuamente durante os anos que se seguem à sua produção. Sabe-se, graças a Rutherford e Soddy, o que isso significa. Assim como não se podem obter os produtos radiativos puros, também não se pode em geral medir diretamente o decaimento exponencial de um produto radiativo. De fato, na maioria das vezes, mede-se o resultado de vários processos sucessivos para cada partícula, que coexistem no mesmo tubo de ensaio. Portanto, a radiatividade global medida deve ser interpretada *em termos cinéticos*. A radiatividade depende de uma série de fatores distintos, cada qual produzido a uma velocidade que depende da série anterior e desaparece a uma velocidade própria. É por isso que, antes de atingir um equilíbrio global, o meio reacional é caracterizado por variações da intensidade radiativa e por valores relativos das emissões alfa, beta e gama. Essas são as variações que o radioquímico deve decifrar. Essa variação de atividade indica a presença de um produto com um tempo de meia-vida bastante longo; se for possível isolá-lo, poder-se-á fazer sua identificação, para estudar separadamente as séries de transformações que lhe estão associadas. Outros componentes se desintegram rápido demais para que possam ser isolados, mas os dispositivos engenhosos especialmente desenvolvidos permitem observá-los, ou seja, medir seu tempo de meia-vida e identificar o tipo de radiação que emitem enquanto se desintegram. A presença ainda de outros produtos é por vezes primeiro postulada com base em evidências indiretas. No final da investigação, chega-se à identificação de cada átomo de uma série radiativa, bem como à determinação de seu peso atômico, de seu tempo de meia-vida e do tipo de partículas que emite por desintegração.

No que diz respeito ao tório, pode-se reconstituir finalmente a sua história: ao decair, o tório produz partículas beta (elétrons) e mesotório I, que produz partículas beta e mesotório II, que produz partículas beta e o radiotório C, que produz partículas alfa (núcleos de hélio) e o famoso tório X, que produz partículas alfa e a emanação, que produz partículas do tório A, que produz as partículas alfa e o tório B, que produz as partículas beta e o tório C, que produz ao mesmo tempo partículas beta e o tório C' e partículas alfa e o tório C", com os dois produtos possíveis finalmente dando o mesmo produto estável...[1]

A série do tório é uma das quatro séries radiativas conhecidas, todas com aparência semelhante. Isso significa que a tabela de Mendeleev foi subitamente enriquecida por cerca de 40 novos "elementos"? De maneira alguma. Com exceção de alguns espaços recém-preenchidos (incluindo polônio, rádio e radônio), a tabela permanece como era, mas seu significado vai mudando. Essa conclusão valeu a Soddy um Prêmio Nobel em 1922, tendo Rutherford recebido o seu em 1908. Cada série radiativa percorre uma mesma região da tabela, de um modo regular: duas casas para trás quando há emissão de uma partícula alfa (o núcleo perde duas cargas positivas), uma casinha para frente quando há emissão de uma partícula beta (quando um núcleo perde uma carga negativa, é como se tivesse ganhado uma carga positiva).

Pode-se assim seguir cada série na tabela de Mendeleev e constatar que o radiotório ocupa a mesma casa que o tório, que o mesotório I e o tório X a mesma que o rádio, que o tório B está no lugar do chumbo, que o tório A e o tório C' estão no mesmo quadrinho que o polônio na tabela, que a emanação do tório está na casa do radônio... Em 1913, Soddy batizou esses habitantes múltiplos de uma mesma casa como isótopos: *iso-topos*, que estão no mesmo lugar. Em cada quadrículo da tabela de Mendeleev, não habita mais apenas um elemento, mas sim um certo número de átomos distintos, tendo todos as mesmas propriedades químicas, mas diferenciados pelo peso atômico e pela instabilidade de seu núcleo (o tempo de meia-vida). De repente, a velha ideia de Prout, baseada nos valores quase inteiros dos pesos atômicos, a qual Duhem tinha tomado como símbolo da tentação irracional de especular contra os fatos, seria justificada! E quanto ao cloro, com seu peso atômico de 35,5? Corresponde ao caso em que um elemento químico tem dois isótopos, com pesos atômicos 35 e 37, sendo o primeiro três vezes mais abundante que o segundo na natureza, de onde resulta o valor médio igual a 35,5...

Os físicos conquistam o átomo

Soddy identifica os isótopos. Rutherford acumula "descobertas": mostrou em 1909 que uma das componentes da radiação radiativa, batizada de alfa, é constituída por núcleos de hélio; fez incidir radiações sobre substâncias não radiativas, o que o levou a deduzir em 1911 um primeiro modelo para o átomo, como constituído por um núcleo pesado carregado positivamente, cercado por elétrons negativos. Nesse contexto, a evolução que tomam as pesquisas de Marie Curie após o duplo choque que foi o Prêmio Nobel de 1903 (recebido em conjunto com seu marido e Henri Becquerel) e a morte de Pierre Curie em 1906 têm algo de singular. Marie Curie se esforça para verificar a identidade química do rádio que o velho e famoso físico Lorde Kelvin havia questionado.[2] Em 1911, recebeu um novo Prêmio Nobel por isolar o rádio puro, mas esse tipo de pesquisa já pertencia ao passado. A radiatividade agora faz parte da história da física. A química intervém apenas como uma técnica, para identificar os isótopos produzidos por transmutação.[3]

É sempre inútil tentar refazer a história, mas se deve, aqui, fazer uma parada especulativa. Pela primeira vez, a química e a física foram confrontadas ao mesmo tempo com o mesmo enigma, e a química foi finalmente definida como uma técnica a serviço das questões feitas pelos físicos. É difícil não ver isso no afinco com que Marie Curie continuou a purificar o rádio, enquanto Rutherford se lançava na exploração do núcleo atômico como um ponto de inflexão ao mesmo tempo notável, simbólico e irreversível, ou seja, histórico. Isso porque a distribuição de papéis que assim ficam instituídos não ratifica uma diferença preexistente, mas cria uma nova imagem da física. A história que, com Rutherford, vai dos elementos ao átomo, procede de escândalo conceitual fértil em escândalo conceitual fértil: o átomo, conectado ao elemento, já não é mais *a-tomos*, pois se desintegra; a tabela de Mendeleev já não classifica, sendo percorrida por uma cascata de transformações; por fim, o elemento perde sua identidade para reunir um número indeterminado de isótopos distintos. Rutherford ousou inventar as hipóteses que transformam as categorias da química positivista em simples fatos a serem interpretados. Será necessário reaproximar essa audácia da antiga mas viva tradição newtoniana, que considerava como evidente a possibilidade de explicar os fenômenos químicos por interações entre corpos? De qualquer forma, a física se define desde então por um novo desafio, ir para além dos fenômenos observáveis, rumo a outra realidade que permita sua interpretação.

Notas

1 Nessa descrição, desprezaram-se os raios gama de luz. Cada produto citado tem evidentemente um peso atômico igual ao precedente, se sua produção tiver sido acompanhada por uma emissão beta, e inferior em duas unidades, se for acompanhado de uma emissão de partículas alfa.

2 Como resultado, a partir dos anos 1910, o laboratório de Marie Curie possuía um verdadeiro "capital", uma enorme quantidade desse caro, raro e precioso rádio, do qual outros laboratórios careciam desesperadamente. Disso se queixa, em meias-palavras, Frederick Soddy (1922, pp. 15-22).

3 Em 1934, durante a descoberta da radiatividade artificial, Irène Curie, filha de Pierre e Marie, usa a arte do radioquímico para identificar em três minutos, antes de seu desaparecimento, o isótopo 30 do fósforo, produzido pela irradiação do alumínio.

30

Dos átomos ao átomo

Em 1925, o químico Henry Le Chatelier escrevia no livro *Science et industrie*:

> O que resta da relatividade, dos isótopos e dos *quanta*, quando são despidos do falso esplendor com que foram embelezados? Aquilo que resta do chocolate Perron, quando se removem os anúncios que cobriam os muros de Paris. É um chocolate como os outros, que se pode comer sem inconvenientes; essas são hipóteses como as outras que podemos adotar como guia em nossas pesquisas, mas não são descobertas.[1]

O químico se encontra na defensiva, mas, de forma significativa, não cita os átomos entre as hipóteses da moda. Doze anos antes, mesmo o mais célebre dos adversários da hipótese atômica, Wilhelm Ostwald, baixou as armas: os átomos já não são um simples modelo, uma ficção de utilidade passageira talvez. Foi essa a conclusão a que chegou a partir da leitura de *Les atomes*, livro do físico francês Jean Perrin (1870-1942).[2]

Os átomos existem!

O livro *Les atomes* pretendia justamente forçar essa conclusão, ou seja, pôr fim à longa hesitação suscitada pela interpretação atomicista; hesitação que tomaria um novo contorno com a proliferação de modelos cinéticos. Se dois volumes de hidrogênio gasoso (H_2) ao reagirem com um volume de oxigênio gasoso (O_2) dão origem a dois volumes de vapor de água (H_2O), é porque existe o mesmo número de moléculas de oxigênio, água e hidrogênio em volumes gasosos iguais (em pressão e temperatura iguais). Mas qual é esse número? Quantas moléculas de hidrogênio existem em 22,4 litros de gás que pesam 2 gramas? Existem N moléculas, mas não conhecemos esse N, apenas sabemos das razões ponderais ou volumétricas. É nesse ponto que param os químicos. Mas o fato de haver o mesmo número de moléculas gasosas num mesmo volume, em pressão e temperatura iguais, pode ser interpretado usando um modelo cinético: as moléculas são pequenos bólidos de tamanho desprezível em comparação com o recinto em que estão contidos, cuja velocidade *média* é mensurada pela temperatura e cujos choques contra as paredes explicam a pressão. Na idealização do "gás perfeito", esses bólidos têm movimento livre, exceto quando colidem. Se levado a sério, o modelo poderia ainda permitir a interpretação da diferença empírica entre um gás real e o gás ideal: os desvios seriam explicados pelo fato de os bólidos não serem nem totalmente livres uns em relação aos outros, nem verdadeiramente pontuais; esses desvios se tornariam interessantes em vez de serem um objeto de constatação.

De fato, na virada do século, os modelos cinéticos não são mais apenas uma maneira simples de interpretar relações experimentais já conhecidas, mas estão associados à física avançada, à exploração de um mundo de entidades discretas para além dos fenômenos contínuos observáveis. Como vimos, a radiatividade de Rutherford requer a cinética. Mas não é o único campo a necessitar dela. Em 1887, Van't Hoff utilizou um modelo cinético para estudar a pressão osmótica: a pressão que as moléculas dissolvidas num líquido exercem sobre a parede é definida como igual à que seria exercida nessa parede pelo mesmo número de moléculas no estado gasoso. Também em 1887, o químico sueco Svante Arrhenius (1859-1927) interpretou a condutividade elétrica das soluções salinas, supondo que o sal em solução está de fato dissociado em dois tipos de partículas independentes, umas carregadas positivamente e outras, negativamente, os "íons". Os íons permitiram assim unificar o campo da eletroquímica com aquele, muito mais antigo, da química dos sais, dos ácidos e das bases. A diferença da força de diferentes ácidos (ou bases) é agora interpretada em termos de "grau de dissociação" em íons desses ácidos em solução, o que seria depois medido em termos de "pH". Esse grau de dissociação respeita a lei de equilíbrio de Guldberg e Waage. Também os raios catódicos foram associados a partículas carregadas negativamente, os elétrons, para os quais J. J. Thomson identificou a razão entre carga e massa.

Por último, o movimento browniano, movimento incessante e irregular de uma partícula leve suspensa no interior de um fluido, testemunha aos proponentes da hipótese atômica que esse fluido aparentemente em repouso é de fato composto de moléculas em movimento incessante, tal como o equilíbrio químico é o resultado de reações químicas incessantes, de acordo com a hipótese cinética. Albert Einstein (1905) e Marian Smoluchowski

(1906) construíram a teoria desse movimento, que supõe, como Perrin explica, que a velocidade média do grão varia enormemente em grandeza e direção, sem tender para um valor limite quando o tempo de observação diminui. É preciso então conceber o movimento browniano a partir da idealização de um movimento *perfeitamente irregular*, correspondendo a uma lei probabilística. Em outras palavras, esse movimento não se refere à mecânica e suas trajetórias, mas à cinética e seus eventos.

Perrin iniciou-se nessa nova física, particularmente em pesquisas sobre gases ionizados. Mas, depois dos trabalhos de Einstein e Smoluchowski, dedicou-se a pesquisar um assunto aparentemente mais humilde, o estudo das gotículas suspensas em emulsões de coloides. Seu objetivo era determinar, com toda a certeza possível, o valor do número de Avogadro, o famoso "N" que aparece em todos os modelos cinéticos, mas que ninguém tinha conseguido calcular. Com efeito, aparece sempre associado a outra grandeza desconhecida, por exemplo, o peso do átomo ou a carga elementar, ou seja, uma quantidade que caracteriza a hipotética entidade elementar posta em evidência pelo modelo.

No contexto francês, o objetivo de Perrin não tem apenas propósitos científicos. Não se trata apenas de silenciar os mandarins franceses que proíbem, no seu campo, qualquer referência a átomos, íons ou elétrons, mas também de demonstrar que a ciência pode claramente avançar além dos fenômenos observáveis. Trata-se de romper a relação estabelecida naquela época entre a definição epistemológica de uma ciência reduzida a inventar leis que reproduzem as regularidades observáveis, sem as explicar, e o tema da "falência da ciência", então propagado por pensadores católicos antirrepublicanos.[3]

Para atribuir um valor a N, existe uma única possibilidade: conjugar a propósito de um mesmo fenômeno dois modelos cinéticos distintos. Na época de Perrin, já tinham sido propostos alguns valores para N. Cruzando o modelo cinético da viscosidade de um gás (que mostra o caminho livre médio das moléculas gasosas, ou seja, a distância média que percorrem entre duas colisões) e a hipótese proposta de Johannes Diderik van der Waals (1837-1923) para corrigir a lei dos gases ideais, Joseph Loschmidt (1821-1895) e Rudolf Clausius (1822-1888) calcularam esse valor para uma série de gases. Mas, para convencer os antiatomistas, Perrin quer um procedimento experimental acima de qualquer suspeita. É o que encontra com as emulsões, que permitem cruzar a teoria do movimento browniano e o modelo osmótico de Van't Hoff: a natureza do líquido em que os grânulos de coloides estão em suspensão, o volume dos grânulos e a temperatura podem ser variados sistematicamente. Se o valor de N permanecer o mesmo ao longo dessas variações e estiver de acordo com os valores já conhecidos, ninguém poderá contestar a possibilidade de "contar" os átomos.

Perrin centrou, portanto, a questão da existência dos átomos na busca por N, verdadeiro Santo Graal da "atomística". O leitor do seu livro aprende, em primeiro lugar, a desejar: se conhecermos N, poderíamos conhecer... Depois, intervém o primeiro cálculo, o de Loschmidt e Clausius. E imediatamente se esboça a visão enfim quantitativa do mundo dos átomos:

> Cada uma das moléculas do ar que respiramos se move com a velocidade de uma bala de rifle, viaja em linha reta entre dois choques de cerca de um décimo de milésimo de milímetro, é desviada de seu curso 5 bilhões de vezes por segundo e poderia, ao parar, elevar de sua altura uma partícula de poeira ainda visível ao microscópio. Existem 30 bilhões de bilhões de moléculas em um centímetro cúbico de ar, considerado nas condições normais. É preciso colocar 3 milhões numa linha reta para perfazer 1 milímetro. São necessárias 20 bilhões para chegar a um bilionésimo de miligrama.[4]

Depois, segue-se um vasto conjunto de outras evidências cinéticas e de outras determinações de N, principalmente as medidas, muito precisas, que o próprio Perrin realizou. No final de seu livro, pode apresentar 13 valores de mesma ordem, obtidos por 13 procedimentos independentes.

Les atomes de Perrin constitui o exemplo raro de um livro de popularização da ciência cuja publicação marcou a história das ciências. Nenhum dos trabalhos apresentados era desconhecido dos especialistas, mas, por aparecerem em conjunto pela primeira vez, e com resultados concordantes, impunham a convicção de que uma *solução* havia sido encontrada, encerrando um século de debates incertos, afirmando a identidade e a realidade dos atores químicos e físicos envolvidos nos modelos cinéticos. O risco foi assumido 13 vezes, e 13 vezes a aposta foi ganha. Ninguém será capaz de explicar como se obteve por 13 vezes o mesmo valor de N, se não reconhecer a existência real dos átomos (ou moléculas, ou elétrons ou íons). A existência *efetiva* dos átomos é a partir de então aceita, ao lado do princípio da conservação de energia (que também deriva da junção de fenômenos díspares), entre aquelas "descobertas" que os físicos podem pensar, com confiança, que elas nada devem a opiniões e preconceitos humanos, sendo inteiramente devidas à natureza: que elas são "verdadeiras".

Quando Perrin define, em seu prefácio, a ambição do "atomista" pela inteligência intuitiva que tenta "explicar o complicado visível pelo simples invisível", define seu próprio projeto de modo parcial. Por um lado, como ele mostra nas páginas seguintes, esse programa tem como contrapartida transformar o visível simples no invisível complicado. As trajetórias regulares da mecânica já não são representativas do comportamento da matéria. Em seu lugar, é necessário conceber trajetórias matematicamente patológicas (a que depois chamaremos fractais). Assim como a "trajetória" da partícula browniana é indefinidamente quebrada, o conjunto de propriedades que, à nossa escala, parecem regulares e contínuas e que, como tal, foram objeto das leis da física é de fato a própria irregularidade. A atomística não reduz o complicado ao simples, sem ao mesmo tempo fazer explodir a complicação do simples, sem revelar o bulício oculto dos eventos e dos atores além das leis regulares, que são, pois, criações humanas artificiais. Por outro lado, o evento em si não é simples. Os átomos agora existem tanto para os físicos quanto para os químicos, mas o que aconteceu com o átomo individual, o átomo ao qual se poderiam pedir explicações pela formação das moléculas químicas e pelas reações? Nesse aspecto, os modelos cinéticos não se pronunciam. Eles fazem intervir os eventos, caracterizados por suas frequências e pelo conjunto de circunstâncias que influenciam essas frequências, mas não levam a nenhuma teoria sobre os próprios eventos.

O modelo de Bohr

Nesse mesmo ano 1912 em que Perrin conclui seu livro, um jovem físico dinamarquês chamado Niels Bohr (1885-1962) realiza no laboratório de Rutherford, em Manchester, o trabalho que levará ao primeiro modelo atômico capaz de reconciliar as leis gerais da mecânica com a especificidade do elemento químico.

A construção do átomo de Bohr pertence à história da física. É, aliás, frequentemente contada pelos físicos segundo um fio narrativo que acompanha as controvérsias sobre a natureza da luz e leva à hipótese dos *quanta* de luz de Einstein e à mecânica ondulatória de Louis de Broglie, e depois à de Schrödinger. Essa narração esconde o papel desempenhado nessa história pelos químicos, ou, ao menos, pelo conhecimento que os químicos produziram sobre átomos e moléculas; em particular, o conjunto de conhecimento que, estranhamente, coloca a química sob o signo da aritmética das quantidades discretas, e não de funções contínuas.

De qualquer forma, em relação ao jovem Bohr, fica claro que seu objetivo não era submeter a química à mecânica. Assim como Perrin, mas seguindo outro caminho, Bohr pretende transcender ao mesmo tempo a mecânica e a química fenomenológica. Nesse caso, trata-se de alargar o modelo do átomo de Rutherford, tentando articular a especificidade química dos elementos agrupados na tabela de Mendeleev com a descrição do comportamento dos elétrons, que, nesse modelo, giram em torno do núcleo. Para um físico, a principal dificuldade do modelo de Rutherford é que, ao girar em torno de um núcleo positivo, o elétron deveria perder energia gradualmente, como qualquer corpo carregado que se move num campo elétrico; mas, sendo assim, o átomo não deveria ser uma estrutura estável. Entretanto, Bohr não está muito preocupado, pois não procura reduzir o átomo à eletrodinâmica clássica, mas sim estabelecer a transformação que o átomo químico deve impor à física clássica. Além disso, sabe que a maneira pela qual os átomos absorvem ou emitem energia luminosa não é clássica: Max Planck (1858-1947) havia mostrado que a radiação do corpo negro pressupõe o caráter descontínuo das trocas de energia.

Em 1913, Bohr retornou a Copenhague para ajustar todas as peças do quebra-cabeça. A natureza periódica da tabela de Mendeleev pode ser explicada pelo número limitado de elétrons que ocupam uma mesma órbita: quando uma órbita é preenchida, passa-se à próxima linha na tabela. Quanto à descontinuidade quântica de Planck, na verdade ela se ajusta maravilhosamente às linhas espectrais de emissão e absorção de luz. Desde os trabalhos de William Wollaston (1766-1828) e Joseph von Fraunhofer (1787-1826), essas linhas constituem um componente adicional da identidade dos elementos químicos: cada elemento tem seu espectro distinto, terrivelmente complicado. Ora, o suíço Johann Balmer (1825-1898) e o sueco Johannes Rydberg (1854-1919) tinham descoberto um código misterioso que regia essa complicação: uma série aritmética permite gerar, frequência após frequência, todo o espectro de um elemento. Quando Bohr ficou sabendo da fórmula proposta por Balmer para o átomo de hidrogênio, logo entendeu: cada linha de emissão ou absorção é determinada pela mudança da órbita de um elétron, e as diferentes órbitas têm valores de energia discretos, cuja unidade é o *quantum* de Planck. Nasceu o átomo de Bohr: um núcleo carregado positivamente cercado por elétrons dispostos em órbitas sucessivas – cada uma caracterizada por um número quântico distinto – e capazes de "saltar" de uma órbita para outra, absorvendo ou emitindo um *quantum* de luz correspondente à diferença de energia entre as duas órbitas.

O átomo de Bohr é nutrido pela química e viola as leis da física. Essas leis não permitem entender nem a estabilidade do movimento dos elétrons em suas órbitas, nem a natureza discreta das energias que as caracterizam, nem sequer o "salto" instantâneo de uma órbita para outra. Trata-se de postulados que introduzem na física as regularidades aritméticas características da química dos elementos.

A teoria eletrônica das ligações

Os químicos rapidamente se apropriaram do modelo de Bohr, porque lhes dava uma versão surpreendentemente intuitiva de seus resultados. O "número atômico", traduzindo a posição de cada elemento na tabela de Mendeleev, nada mais é do que o número de elétrons do átomo correspondente a esse elemento, que também é igual ao número de cargas positivas que caracterizam o núcleo. Cada elemento sucessivo na tabela tem, portanto, um elétron a mais do que o antecessor, e a mudança periódica das valências observável na tabela reflete o preenchimento sucessivo das órbitas. A reatividade dos átomos é determinada pela última órbita, preenchida de modo incompleto, exceto no caso dos gases nobres. Assim, somente os átomos dos gases nobres podem existir de modo estável no estado livre. Só é estável uma combinação que permita aos diferentes átomos envolvidos "completar" a sua camada mais externa. Um programa de pesquisas se abre então para os químicos, que inesperadamente atualizam a distinção tradicional entre reações químicas e interações físicas. O corpo químico, daqui em diante o átomo, não é um ator indiferente à configuração em que aparece. Essa configuração deve atender a um requisito que a define: completar sua camada mais externa, ou seja alcançar, por meio de ligações químicas, o tipo de "saciedade" que agora caracteriza os gases nobres.

Desde 1916, o químico alemão Walther Kossel (1888-1956) propôs nessas bases uma interpretação para a ionização: cada íon "completava" sua camada mais externa, adotando assim uma configuração semelhante à do gás nobre mais próximo, os íons negativos por ganharem elétrons, e os íons positivos por perderem um ou mais elétrons. No mesmo ano, o americano Gilbert Newton Lewis (1875-1946) interpreta a distinção entre ligações polares (ionizáveis) e apolares (covalentes): no caso da ligação apolar, a molécula não pode ser dissociada em íons; existe uma interpenetração estável das camadas eletrônicas periféricas dos dois átomos, o que permite que cada um "sature" sua camada por compartilhamento de elétrons. Uma ligação covalente significa que dois átomos compartilham dois elétrons (um par eletrônico).[5]

É verdade que a interpretação de Lewis não permite compreender todos os elementos de Mendeleev: Lewis submete apenas 32 elementos à sua "regra do octeto", segundo a qual uma camada está saturada quando contém 8 elétrons, e a questão da variabilidade das valências permanece em aberto. Mas, quando, em 1923, a Sociedade Faraday organizou uma "Discussão geral sobre a teoria eletrônica da valência", o seu presidente, Robert Robinson, expressou o sentimento geral dos participantes:

> Hoje, parece que estamos vivendo um período transitório do conhecimento, comparável ao que foi alcançado nos anos 40 e 50 do século passado, e os químicos em duas ou três gerações contemplarão retrospectivamente a confusão atual com os mesmos sentimentos que temos quando contemplamos aquela época.[6]

De fato, tudo avança muito rapidamente. O estudo matemático dos orbitais de Bohr pelo físico alemão Arnold Sommerfield (1868-1951) introduziu, desde 1916, a possibilidade de órbitas elípticas e a consequente necessidade de caracterizar cada órbita por dois números quânticos. Em 1925, o estudo da estrutura fina dos espectros dos metais alcalinos leva E. Stoner a introduzir um terceiro número quântico: a aritmética de camadas sucessivas vai se tornando cada vez mais complexa. Em 1925, a análise do espectro de átomos colocados num campo magnético forte (efeito Paschen-Back) permite a Wolfgang Pauli (1900-1958) propor um quarto número quântico e apresentar o que se tornará seu "princípio de exclusão": dois elétrons dentro de um átomo não podem ser caracterizados por um mesmo conjunto idêntico de números quânticos. Com quatro números quânticos, n, l, m e s, a totalidade dos elementos da tabela de Mendeleev pode ser descrita em termos de orbitais. A diversidade das configurações eletrônicas constitui a oficina ou o ateliê onde serão forjadas ligações cada vez mais precisas entre reatividade e modelo atômico.

Em particular, é esclarecida a noção de "força" de um reagente, ou seja, sua capacidade de "deslocar" outro, que era o objetivo das tabelas de afinidade do século XVIII, bem como a grande distinção entre ácido e base: é a configuração eletrônica que controla e, mais particularmente, a atração entre os elétrons e o núcleo. A "força" de um ácido, que Ostwald e Arrhenius haviam correlacionado com o grau de dissociação na década de 1880, pode agora ser interpretada, e a periodicidade da reatividade dos elementos na tabela de Mendeleev se torna compreensível. Quanto mais à direita se encontra um elemento, mais eletronegativo será, ou seja, maior atração exercerá sobre os elétrons. E, quanto maior for a diferença de eletronegatividade entre dois elementos unidos por uma ligação química, mais suscetível o composto será à ionização, ou seja, a se dissociar em dois íons carregados.

Para caracterizar a polarização de uma ligação química, ainda hoje os químicos usam a escala de eletronegatividade construída experimentalmente pelo americano Linus Pauling e publicada em 1932 no *The nature of the chemical bond*.[7] Os químicos constroem muitas outras tabelas, sempre experimentais, mas agora inteligíveis teoricamente. Assim, com a tabela de "potenciais redox", dispõe-se de um verdadeiro equivalente das tabelas de afinidade. O potencial redox corresponde a uma medida da diferença de potencial elétrico nas células eletroquímicas, em que as reações de oxidação (perda de elétrons) e redução (ganho de elétrons) ocorrem em compartimentos separados. O potencial redox mede o ganho ou a perda de energia correspondente à alteração na configuração eletrônica de um átomo, à perda ou ao ganho de um ou mais elétrons. A direção de uma reação pode ser prevista a partir da diferença de energia dos dois pares redox envolvidos na reação. Newton é facilmente ultrapassado: o zinco metálico mergulhado numa solução de sal de cobre (contendo íons Cu^{2+}) se dissolverá (formando íons Zn^{2+}), enquanto o cobre será depositado, porque o potencial redox dos íons de cobre é maior que o potencial redox dos íons de zinco. Além da interpretação teórica, as tabelas modernas se distinguem das antigas porque não determinam apenas uma ordem relativa, por comparação de reações, mas sim uma escala quantitativa, produzida graças à intervenção de um "terceiro", a diferença de potencial redox. Assim foi realizado o sonho de Guyton de Morveau.

No espaço de 12 anos, uma nova criatura nasceu: um átomo capaz de unir físicos e químicos, permitindo-lhes compreender da mesma maneira os dados que a partir de agora lhes são comuns. Não somente o preenchimento progressivo das camadas eletrônicas explica a tabela de Mendeleev, que por sua vez guia a representação dos orbitais, como também o átomo resultante do modelo de Bohr se encaixa naturalmente na linguagem da teoria cinética, que, depois de Jean Perrin, é comum aos físicos e aos químicos. De fato, em 1916, Einstein articulou os "acontecimentos quânticos" que constituem os saltos eletrônicos e a lei da radiação do corpo negro de Planck, chegando assim à descrição cinética das probabilidades de transição eletrônica. O átomo de Bohr torna possível articular os "átomos" de Jean Perrin com os elementos de Mendeleev.

Notas

[1] "Que reste-t-il de la relativité, des isotopes, des quanta, quand on les dépouille des oripeaux dont on les a affublés? Ce qui reste du chocolat Perron quand on enlève les affiches dont les murs de Paris ont été couverts. C'est un chocolat comme les autres que l'on peut manger sans inconvénient; ce sont des hypothèses comme les autres que l'on peut prendre pour guide dans ses recherches, mais ce ne sont pas des découvertes" (Le Chatelier, 1925, p. 195).

[2] Perrin, 1913.

[3] Ver Nye, 1972.

[4] Perrin, 1913, p. 124: "Chacune des molécules de l'air que nous respirons se meut avec la vitesse d'une balle de fusil, parcourt en ligne droite entre deux chocs à peu près 1 dix millième de millimètre, est déviée de sa course 5 milliards de fois par seconde, et pourrait, en s'arrêtant, élever de sa hauteur une poussière encore visible au microscope. Il y en a 30 milliards de milliards dans un centimètre cube d'air, pris dans les conditions normales. Il en faut ranger 3 millions en file rectiligne pour faire 1 millimètre. Il en faut 20 milliards pour faire un milliardième de milligramme".

[5] Kohler, 1975, pp. 233-239; Vidal, 1989; Palmer, 1965.

[6] "At present it would seem as if we are in a transition stage of knowledge comparable with that which obtained in the forties and fifties of last century, and the chemists of two or three generations hence will look back upon the present confusion with the same feelings as we experience in regarding that time" (*apud* Palmer, 1965, p. 141).

[7] Pauling, 1960.

31

Ciência deduzida, ciência reduzida

A articulação entre a química dos elementos, a cinética de Perrin e a física do átomo, realizada pelo modelo de Bohr, permanece até hoje, mas mudou de *status*. Enquanto no início desempenhava um papel abertamente construtivo, sendo reconhecida como parte integrante da imagem dos átomos, atualmente depende da dimensão técnica, pouco popularizada e pouco comentada, do trabalho dos físicos e químicos. Tudo se passa como se o julgamento de Fontenelle fosse novamente atual. A física é a ciência, clara e distinta, dos princípios. A química lhe está subordinada, é derivada de aproximações e, portanto, não pode, por definição, intervir na concepção dos princípios. A única diferença é que os químicos já não são as únicas vítimas dessa hierarquização, que atinge todos os usuários de descrições cinéticas, ou seja, todos aqueles para quem o evento probabilístico é independente da observação. Desde então, é através de aproximações que a teoria cinética se articula com a mecânica quântica.[1] O mundo irregular dos átomos de Jean Perrin foi substituído por uma "realidade quântica" inobservável, mas regular, porque está sujeita a uma lei.

Um mundo sem acontecimentos

Em 1921, o físico Max Born (1882-1970) escreveu para Einstein que "os *quanta* são realmente uma terrível confusão". A utilização exitosa do átomo de Bohr na interpretação da tabela de Mendeleev para a explicação da valência, o sonho dos químicos, era, para os físicos, um pesadelo. Já os dois postulados de Bohr (estabilidade das órbitas e salto quântico) podiam parecer hipóteses *ad hoc*, mas, com a exploração dos átomos com múltiplas órbitas, as hipóteses *ad hoc* se multiplicaram: era como se a física tivesse também, assim como a química, de aprender com os átomos a maneira de compreendê-los, em vez de deduzi-los a partir de princípios fundamentais! É claro que o "princípio de correspondência" introduzido por Bohr serve de apoio, mas continua insuficiente para restringir as suposições.[2] Ora, suposições proliferam à medida que os dados experimentais se acumulam e divergem cada vez mais da eletrodinâmica clássica. Em 1923, Bohr, Pauli, Heisenberg, Born e muitos outros concordam que é necessária uma inovação radical. Mesmo modificadas pelos postulados de Bohr, a mecânica e a eletrodinâmica clássicas deixam muito a desejar. Uma nova teoria que rompa os laços que o modelo de Bohr mantém com essas duas se faz necessária.

A nova teoria quântica, proposta em 1927, é essencialmente a nossa teoria atual do átomo. Ela certamente criou uma nova coerência fértil entre princípios e dados, mas também destruiu qualquer aparente simetria entre físicos e químicos. A assimetria se inscreve no próprio formalismo quântico, uma vez que esse formalismo cria uma assimetria entre a descrição do átomo estacionário (ou melhor, do átomo de hidrogênio idealizado estacionário), baseada na equação de Schrödinger, e a descrição dos eventos que podem afetá-lo. Tais eventos não podem ser deduzidos da equação de Schrödinger e parecem envolver a intervenção de um fator extrínseco ao sistema quântico propriamente dito. Isso geralmente se traduz na associação entre a "redução da função da onda de Schrödinger", da qual as probabilidades dos eventos podem ser deduzidas, e o dispositivo de medida capaz de registrar esses eventos. Como se desde então fosse proibido dizer que um átomo emite um fóton se não houvesse um dispositivo para registrar o impacto desse fóton.[3]

Tal como na época de Ostwald, alguns físicos especulam há meio século sobre o desaparecimento de uma matéria cujas propriedades observáveis parecem resultar apenas da nossa observação. A possibilidade de tais especulações mostra que, quando se trata de "pensar os princípios", o testemunho dos químicos é considerado nulo e sem valor, indigno de obrigar os físicos a refletir. De fato, para os químicos, qualquer que seja o modo como se calculam a partir da equação de Schrödinger as probabilidades dos acontecimentos, estes não resultam da observação, sem o que nenhuma reação química, nenhuma evolução descrita em termos cinéticos, em suma, nada do que interessa ao químico teria uma existência independente da observação! Esse fato "pode" ser subentendido por um físico, o seu estatuto assim permite, enquanto o químico só pode reagir baixando a cabeça silenciosamente.

Dedução ou coadaptação?

Nesse ponto da história, embaralham-se várias dimensões heterogêneas, sendo difícil confrontá-las como "científicas" e "ideológicas", porque a ideologia não constitui apenas um comentário *a posteriori*, mas na verdade confere a sua significação aos desafios da história dita científica. Tal como a teoria de Bohr, a nova mecânica quântica estabeleceu vínculos sólidos com a química dos elementos e das valências. A função de onda de Schrödinger permite representar de modo preciso uma versão ideal do átomo de hidrogênio e pode, por meio de aproximações adequadas, contribuir para a construção da representação dos átomos dos outros elementos e para a interpretação da variabilidade das valências. Em 1927, os alemães Walter Heitler (1904-1981) e Fritz London (1900-1954) mostraram que a molécula de hidrogênio poderia ser representada por uma superposição de duas funções de onda. Como os dois elétrons pertencem igualmente aos dois átomos, o princípio de exclusão de Pauli se aplica à molécula como um todo. Dessa forma, se estabelece uma conexão inesperada entre a teoria da ligação química e o princípio da exclusão: é excluída a configuração com *spins* (quarto número quântico) paralelos, que corresponderia a uma repulsão entre os átomos. Ora, a criação dessa conexão vai simbolizar a redução da química à mecânica quântica. London escreve em 1927:

> Se não houvesse *spin* eletrônico, o princípio de Pauli permitiria [atribuir à equação de Schrödinger] apenas a solução antissimétrica, que corresponde a uma repulsão entre os átomos, e a ligação homopolar [entre dois átomos iguais] não existiria. Do ponto de vista do princípio de Pauli, o fato que estabelece a química homopolar parece depender inteiramente da existência do *spin* eletrônico.[4]

Através do princípio de Pauli, e do ponto de vista que permite, a física conquistou, pois, uma posição de princípio. Sem o *spin*, não haveria química. Nessa declaração dramática, reconhece-se o traço irônico típico que assinala uma operação de redução: é de um elemento aparentemente secundário da ciência redutora, relativo à solução de uma equação, que depende a possibilidade da ciência reduzida.

Mas nem todos os físicos aderem a esse reducionismo. Assim, em 1931, Heisenberg escreve:

> A teoria da valência devida a Heitler, London e outros tem a grande vantagem de conduzir exatamente ao conceito de valência que é usado pelos químicos. No entanto, parece-me que a teoria quântica não teria descoberto, nem teria sido capaz de deduzir, os resultados químicos a respeito da valência, se esses já não fossem conhecidos de antemão.[5]

Heisenberg acredita que a situação traduz antes um aprendizado conjunto, mas ainda subestima a contribuição dos químicos, porque não são apenas os dados relativos às valências que precisavam ser conhecidos. Os dados da termodinâmica química sobre o calor emitido ou absorvido durante as reações também devem ser usados para testar os modelos orbitais. De fato, mesmo no caso simples da molécula de hidrogênio, o modelo de Heitler e London não leva ao valor experimental da energia de dissociação dessa molécula, mas sim a um valor muito menor, como se esse modelo supervalorizasse a repulsão entre os dois elétrons. Portanto, foi necessário adicionar outros termos à equação, que correspondem à representação do caso "iônico", em que os dois elétrons pertenceriam à mesma órbita atômica. Em meados da década de 1930, Linus Pauling batizou de "ressonância" essa mistura de representações diferentes.

A "química quântica dos elementos" não foi, portanto, deduzida da mecânica quântica, mas antes reconstruída a partir de elementos díspares, alguns provenientes da mecânica quântica, outros de dados teorizados pela química. Mas essa "mescla" foi por muito tempo caracterizada de maneira hierárquica. Assim, até a década de 1950, a teoria de Heitler e London foi considerada por muitos químicos como mais rigorosa, oferecendo uma ligação mais direta com a mecânica quântica do que a representação rival, devida ao físico inglês John Edward Lennard-Jones. Essa última, baseada na hipótese de orbitais moleculares, em vez de obtê-la por superposição de orbitais atômicos, é, contudo, a única representação aplicável a moléculas complexas, como o benzeno.

Quando ficou claro para todos os químicos que o grau de aproximação exigido pelas duas teorias era bastante semelhante e que a prevalência da teoria de Heitler e London não fazia sentido, a controvérsia entre os químicos terminou silenciosamente. Os especialistas agora sabiam que a construção de uma representação de orbitais requer acima de tudo intuição e habilidade. É preciso conhecer a arte de adaptar os dados experimentais a uma versão pertinente da representação quântica.

Portanto, pode-se dizer que as leis da química dos elementos, oficialmente reduzidas à mecânica quântica, mantêm, contudo, uma atmosfera do passado, na medida em que não foram "descobertas", mas sim negociadas numa relação de coaprendizagem com os fatos. Contudo, a situação é percebida de maneira diferente. Por sua referência à mecânica quântica, essas leis aparecem como *aproximações* em relação a um conhecimento ideal, inacessível devido aos limites de nossas possibilidades de cálculo. O modelo exemplar de uma ciência positiva, resistindo ao sonho newtoniano, foi substituído pela imagem de uma ciência que luta com objetos obscuros e difíceis, embora pouco fundamentais.

Não é de estranhar que, no momento em que os químicos desistiram de caracterizar uma molécula a não ser através de uma mistura de diferentes representações idealizadas, os especialistas soviéticos em química estrutural foram atacados por ideólogos stalinistas como seguidores de uma ciência corrompida pela filosofia "burguesa, idealista, agnóstica em relação à realidade, machista"![6] Estando os químicos satisfeitos com uma teoria que reduz a descrição da ligação química a um instrumento matemático, a uma ficção inventada pelo físico ou químico para sua própria conveniência, não desistiriam também de determinar o que é realmente uma molécula, contentando-se com representações que funcionam, mas que são artificiais?[7]

Os ideólogos stalinistas tiveram aqui de original o fato de se dirigirem aos químicos como se fossem, ao modo de Kekulé e Butlerov, mestres de suas representações. No entanto, em contraste com os debates em que se discutia desde aquela época, e ainda hoje em dia se discute, a possibilidade de reduzir a descrição do mundo vivo às leis da físico-química, ou a descrição dos "estados mentais" às leis do cérebro, um ponto parece ter sido estabelecido: a química foi *efetivamente reduzida* à física. A emergência, ou o surgimento, das propriedades químicas da molécula a partir do átomo quântico dos físicos representa o primeiro passo bem-sucedido de uma conquista que, de nível em nível, deveria afirmar por todo o lado o poder das leis físicas. O fato de a construção do átomo quântico, a radiatividade e a cinética terem sido "negociadas" e não deduzidas a partir de leis surgidas apenas da física é considerado um pormenor.

Correlativamente, após as primeiras décadas do século XX, já não mais se encontrará uma história da química escrita por um químico. Não há mais necessidade de avançar uma tese sobre a identidade da química, nem resgatar as lições de que seria portadora. A química, enquanto tal, já tem apenas historiadores profissionais. À maneira de Primo Levi, a química é antes vista como um tecido de situações interessantes, integrando o espírito particular do químico e as bizarrias da matéria.

Notas

1 Cartwright, 1983.

2 De acordo com o princípio da correspondência, a descrição quântica deve tender para as leis da física clássica no limite dos números quânticos elevados, ou seja, quando o *quantum* de energia se torna pequeno comparado à energia dos estados orbitais; estes podem então ser considerados como formando um *continuum* (ver Jammer, 1966).

3 Essa situação, que se mantém há mais de 60 anos,* não é necessariamente definitiva. É assim que Ilya Prigogine defende uma generalização da mecânica quântica aos sistemas "caóticos", nos quais a equação de Schrödinger teria apenas um *status* de caso limite singular, sendo as equações cinéticas – probabilísticas e realistas – a base da estrutura matemática geral.
* Em 1992. (N. da T.)

4 "Gäbe es keinen Elektronendrall, so würde das Pauli-Prinzip nur die antisymmetrische Lösung mit Abstossung zulassen, und es gäbe keine homöopolare Bindung. Die Tatsache der homöopolaren Chemie scheint im Zusammenhang mit dem Pauli-Prinzip ausschliesslich auf dem Vorhandensein des Dralls zu beruhen" (*apud* Palmer, 1965, p. 160).* A ligação homopolar é a ligação covalente que une dois átomos idênticos (polos iguais), formando a molécula. Enquanto a existência de corpos simples diatômicos parecia uma hipótese *ad hoc* para os críticos de Avogadro, a ligação que une os dois átomos da molécula de hidrogênio tornou-se desde então o protótipo da ligação covalente.
* A fonte desse trecho é o artigo de F. London "Zur Quantentheorie der homöopolaren Valenzzahlen". *Zeitschrift für Physik*, vol. 46, 1928, pp. 455-477. (N. da T.)

5 "The theory of valency which was given by Heitler and London and by others has the great advantage of leading exactly to the concept of valency which is used by the chemists. But it seems questionable to me whether the quantum theory would have found or would have been able to derive the chemical results about valency, if they had not been known before" (*apud* Palmer, 1965, p. 125).

6 Ver Graham, 1974.

7 A cruzada por uma química materialista foi acompanhada por uma reescrita da história da química estrutural, na qual o químico russo Alexander Butlerov, até então (injustamente) ignorado pelos historiadores da química, adquiriu subitamente uma glória igual à de Kekulé. Para os soviéticos, o idealismo "machista" remonta a Kekulé, enquanto a verdadeira tradição materialista remonta a Butlerov. De fato, tanto Butlerov quanto Kekulé consideram que a fórmula química deve apenas representar os fatos de maneira conveniente (ver *Idem*, pp. 304-305).

32

Uma ciência sem território?

A imagem de uma ciência faz parte das condições de sua produção, pois intervém nas ambições e expectativas daqueles que nela se engajam. Aqueles que, no século XX, escolheram a química como carreira sabem que sua ciência cai aos olhos de seus prestigiados colegas sob o golpe do julgamento, agora profético, de Fontenelle: a ciência em que um caminho foi descoberto, além dos fenômenos, para um mundo governado por leis inteligíveis, somente pode se referir à física; a ciência em que as consequências das leis inteligíveis da física perdem sua limpidez, em que começa a obscura culinária das aproximações e negociações com os dados empíricos, é a química. Pior ainda, eles sabem que para muitos físicos a distinção entre as duas ciências não é mais do que uma questão de convenção, prática, mas também de interesse. Os argumentos que a química do século XIX invocava para atingir o prestígio de uma "ciência positiva", a solidariedade dinâmica entre a exploração experimental e a construção do objeto e a utilidade social e econômica, voltaram-se ambos contra ela, nos termos do julgamento de Fontenelle. A química aparece como uma espécie de física aplicada, cujo desafio não é o progresso do conhecimento, mas sim a utilidade técnica e industrial. As novas moléculas, hipercomplexas, construídas pelos químicos contemporâneos, não são sempre apresentadas ao público como promessas de novos processos técnico-industriais, e não como simplesmente interessantes por si mesmas?

A química por todo lado e em lugar nenhum

É provável que ainda se escreverão "grandes histórias" cujos heróis serão as moléculas químicas, histórias de enzimas, do ácido desoxirribonucleico

(DNA) e do código genético, por exemplo. Mas esses heróis serão descritos por especialistas que, primeiro, não se consideram químicos e, em segundo lugar, que estão interessados em suas moléculas do ponto de vista das funções que desempenham muito mais do que pelas propriedades químicas que ilustram.

Em certo sentido, o funcionamento dos seres vivos foi reduzido à química porque as ações do químico – purificar as moléculas, reconstituir uma operação vital pela mistura dos constituintes purificados – acompanham a cada passo o desenvolvimento da biologia molecular. No entanto, em sua história da descoberta da estrutura helicoidal do DNA, o americano James Watson conta que foi um pouco por acaso que um químico, vizinho de seu gabinete, forneceu-lhe uma peça importante do quebra-cabeça: disse-lhe que não deveria confiar na representação usual das "bases" constituintes da cadeia cuja estrutura tentava decifrar. E o bioquímico Erwin Chargaff, que, nos anos 1948-1949, trouxe à luz a estranha regularidade da proporção entre as quatro bases (adenina, guanina, citosina e timina) que caracteriza todas as moléculas de DNA, foi capaz de avaliar a incompetência em matéria de química de James Watson e Francis Crick em busca da estrutura dessa molécula enigmática. "Ficou claro para mim que estava lidando com uma novidade: enorme ambição e agressividade, aliadas a uma quase total ignorância e um desprezo pela química – a menos quimérica das ciências exatas."[1] Mas, para Chargaff, além do triunfo de dois ignorantes em matéria de química, foi sobretudo a "pobreza" da solução para o mistério da regularidade que ele tinha descoberto que constituiu o seu trauma: "O que eu não estava querendo admitir é que a natureza é cega e lê braille".[2] Um raciocínio de tipo tecnológico acabava de substituir a química como a chave para processos vitais. Entre a molécula química e a macromolécula biológica não se encontrava nenhum princípio geral novo, a não ser a prodigiosa diversidade das "maquinações" enzimáticas, cuja origem remonta aos tempos da evolução biológica. Consequentemente, o químico, a partir daí, presta "serviços", fornece os dados, e as restrições, mas já não está mais no controle da situação.

Outro vetor contribui tanto para o rápido desenvolvimento dos conhecimentos químicos quanto para o desmembramento de seu campo: a instrumentação. Está longe o tempo em que os químicos avaliavam o sentido e a capacidade dos instrumentos que lhes podiam possibilitar o estudo das estruturas cristalinas, dos calores específicos, dos dados eletroquímicos ou das regularidades termodinâmicas. Hoje em dia, o laboratório do químico está povoado de instrumentos baseados em teorias físicas, especialmente instrumentos de análise baseados na interação entre luz e matéria.

Em 1965, foi calculada a primeira estrutura de uma enzima cristalizada, a lisozima, a partir de várias dezenas de milhares de medidas de difração de raios X, técnica e método de cálculo inventados e implementados por físicos. Desde então, as grandezas termodinâmicas, concentrações, temperatura, pressão, que caracterizaram o meio reacional enquanto tal, são cada vez mais substituídas por informações que caracterizam os constituintes e os eventos individuais. Assim, a tecnologia das radiações (o *laser* permite uma radiação monocromática, o *síncrotron* permite emissões breves e intensas etc.) e a análise eletrônica dos sinais multiplicam hoje em dia os acessos às estruturas moleculares estáveis e aos complexos de transição produzidos durante as diferentes etapas de uma reação. O químico agora pode "enxergar" o que seus antepassados pensavam que seria para sempre uma questão de especulação. A possibilidade de reconstruir, na escala atômica, o relevo das microssuperfícies cristalinas permite-lhe encarar a análise das reações químicas de superfície e, talvez, das reações catalíticas que parecem associar a reatividade das moléculas com a estrutura das superfícies. Também pode acompanhar quase em "tempo real" as etapas de uma reação química.

Mas será que realmente se trata de química? Nos últimos anos, foi possível "filmar" uma reação catalisada por uma enzima, a fosforilase. Quando Louise Johnson, professora de biofísica molecular, relata os trabalhos que permitiram a reação ser filmada, descreve primeiro a combinação da técnica de raios X *síncrotron* com o método de difração cristalográfica de Von Laue e depois escreve: "Mas tivemos que esperar um pouco mais para conseguir o primeiro verdadeiro filme sobre a enzima. Para estudar uma reação catalisada enzimaticamente em ação, foi necessário recorrer à ajuda dos químicos".[3] Foram os químicos que inventaram os meios de "marcar" a molécula do substrato com um grupo fotolábil (que pode ser decomposto pela luz) para que o início da reação e o das medições de raios X pudessem ser sincronizados. Foi essa a modesta intervenção atribuída aos químicos na realização de um sonho dos próprios químicos: conseguir "enxergar" uma reação química.

Assim, muitos químicos admitem hoje que já não "sonham" mais. O que agora impulsiona sua pesquisa é a disponibilidade em seu laboratório de um equipamento experimental tão sofisticado e caro, cuja utilização decida o programa da equipe.

Novas questões

E se nem tudo tivesse sido dito? Desde o início dos anos 1970, um novo elemento complica a lógica da narrativa suscitada pela história da química. Poderiam os fenômenos químicos reencontrar um território bem definido, condição para o estabelecimento de relações de poder estáveis com as disciplinas vizinhas, ou pelo menos tornar-se – ou voltar a disputar, pois já o fizera na época em que a química era chamada "ciência do mistão" – um "terreno"? Terreno no sentido de local que produz questões e interesses originais. Uma tal perspectiva implicaria que, contrariamente ao julgamento de Fontenelle, a química não fosse identificada com a "confusão" em que se encontram os princípios, mas, pelo contrário, pudesse afirmar que a operação de redução a esses famosos princípios deixa escapar um problema, o da "atividade química".

Nesse caso, a diferença entre "união mistiva" e agregado, uma questão do tempo de Venel, não pode voltar a ser colocada, pois foi por aí que passou a operação de redução. Pelo contrário, um evento inesperado marcou esses últimos 20 anos: a questão do "nível macroscópico", definido pela dupla abordagem, termodinâmica e cinética, revelou-se um campo de pesquisa sobre cuja fertilidade nenhum modelo microscópico permitiria levantar suspeita. A diferença entre a reação química individual e o comportamento de uma *população* de moléculas sujeitas a essa reação constitui o tema de uma nova abordagem físico-química da matéria. Como é que os eventos de colisão que ocorrem em encontros aleatórios no ambiente confuso de bilhões de bilhões de moléculas em movimento podem gerar um comportamento geral coerente? Essa questão é ilustrada pelos "relógios químicos", cuja mudança periódica de cor reflete uma variação global coletiva da composição química.

Como todos os fatos inesperados, também esse evento tem origens discretas. A história, tal como gosta de relatar o físico-químico belga Ilya Prigogine, fundador da termodinâmica de sistemas distantes do equilíbrio, remete para aquele que fora o seu mestre, Théophile de Donder (1872-1957). Especialista autodidata em física matemática, correspondente de Einstein sobre questões de relatividade geral, Donder foi contratado em 1911 para ensinar termodinâmica a engenheiros na Universidade Livre de Bruxelas. Dedicou-se então a definir o *status* dessa ciência, sobre a qual nada sabia, e chegou à conclusão de que o problema que a torna única é a irreversibilidade. Ora, quais são os fenômenos intrinsecamente irreversíveis da natureza, senão as reações químicas? Numa época em que a termodinâmica parecia ser um assunto resolvido, Donder reabria silenciosamente a questão, examinando-a "ao inverso".[4] Em vez de voltar à abordagem clássica, centrada no estado de equilíbrio, no qual as velocidades de reação se anulam, ele colocou o problema da reação química enquanto geradora de entropia. Donder define então a contribuição de cada reação para a produção de entropia como o produto de sua afinidade termodinâmica pela sua velocidade.[5] A produção de entropia torna possível integrar a velocidade das reações químicas na abordagem termodinâmica, ou seja, incorporar no formalismo a dimensão temporal da atividade química. Embora essa formulação não traga nada de novidade para a definição de equilíbrio químico – estado em que velocidades e afinidades são simultaneamente nulas –, a perspectiva geral, pelo contrário, desloca-se, como já fora o caso no modelo cinético: o equilíbrio deixa de ser um estado privilegiado, passando a ser apenas o estado para onde se encaminham os processos irreversíveis.

Como "sair do equilíbrio" e descrever um sistema aberto cuja relação com o meio exterior impede que atinja um estado de equilíbrio? Para Ilya Prigogine, aluno de Donder, a resposta a essa pergunta era a condição essencial para uma possível compreensão termodinâmica dos "sistemas" que, como os seres vivos, não podem ser entendidos nem em termos de equilíbrio (no sentido termodinâmico), nem em termos de uma evolução em direção ao equilíbrio (evolução que, para os seres vivos, significa a morte e suas consequências). Em outras palavras, a questão era saber se a distinção entre processos de degradação e processos geradores de ordem, sugerida por Stahl, e que não pudera ser verificada no nível estrutural (cristaloides e coloides), não poderia receber um sentido termodinâmico.[6]

Em 1945, Prigogine estabeleceu o "teorema da produção de entropia mínima", aplicável para o domínio *próximo do equilíbrio*, em que são válidas as relações de acoplamento entre "forças" termodinâmicas (para a química, a afinidade) e velocidades, estabelecidas em 1931 pelo químico de origem norueguesa Lars Onsager (1903-1976). Nesse domínio, a produção de entropia desempenha um papel de *potencial*: o seu mínimo, sendo dado pela condição de restrição que mantém o afastamento do equilíbrio, garante a estabilidade do correspondente estado estacionário. Porém, serão ainda necessários mais de 20 anos para que seja reconhecida e definida a situação que prevalece longe do equilíbrio, em que o segundo princípio não permite mais definir o potencial e em que, consequentemente, não se pode mais evitar a questão do modo de entrelaçamento efetivo no tempo e no espaço das diferentes reações acopladas, dentro de um sistema. Uma nova abordagem deve ser criada, envolvendo as noções de limiar de instabilidade, de bifurcação, de flutuação ampliada, ou seja, invertendo as categorias que prevalecem lá onde o segundo princípio permite definir um potencial. Enquanto um potencial garante que qualquer flutuação que perturbe o estado definido pelo seu extremo regressará, longe do equilíbrio, é necessário, pelo contrário, identificar os sistemas que, a partir de um determinado limite, de um determinado afastamento do equilíbrio, tornam-se *instáveis* em relação a uma flutuação.

Estruturas dissipativas

Em 1969, Prigogine anunciou finalmente que, quando certos sistemas – caracterizados por um acoplamento não linear entre processos geradores de entropia – operam longe do equilíbrio, são capazes de "auto-organização", ou seja, da produção espontânea de diferenciações espaciais e de ritmos temporais. Prigogine chamou esses comportamentos coletivos coerentes de "estruturas dissipativas". Estrutura porque se trata de uma atividade espaço-temporal coerente, e dissipativa porque tem como condição a manutenção de processos "dissipativos", ou seja, produtores de entropia.

Em que o evento é inesperado? No campo da hidrodinâmica, a existência de estruturas abertas e estáveis, do tipo turbilhão, já era bem conhecida, e a descoberta da possibilidade teórica de estruturas dissipativas deu-lhes, acima de tudo, o seu significado termodinâmico. Além disso, o estudo de processos acoplados de maneira não linear fez, retrospectivamente, parte de um desenvolvimento previsível, porque finalmente foi possível, graças a cálculos computacionais. O inesperado está no papel aqui desempenhado pela noção termodinâmica de processo irreversível e na posição-chave da química na criação de um elo entre produção de entropia e produção de coerência. Em suma, está na associação das duas ciências, a termodinâmica e a química, ciências de ponta no século XIX e agora consideradas como assunto estabelecido, na criação de uma nova problemática das potencialidades da matéria e do que é produzido por sua atividade.

De fato, na química, a possibilidade de estruturas dissipativas foi uma surpresa. O caso mais conhecido de reação química que permite o surgimento de uma tal estrutura, a reação de Belousov-Zhabotinsky, recebeu o nome daqueles que tinham procurado em vão chamar a atenção para suas estranhas propriedades (variação periódica das concentrações, na ordem de minutos). Daí em diante, o "relógio químico" gerado por essa reação é um símbolo, afirmando a irreversibilidade como produtora de uma coerência que remete não para moléculas individuais, assim como os princípios quânticos podem indicar, mas sim para a população de moléculas, com diferentes velocidades relativas dos diversos processos acoplados. Essa coerência global resulta no surgimento de novos parâmetros descritivos, de ordem de grandeza macroscópica, contados em minutos ou centímetros, caracterizando o coletivo molecular e não os eventos e as interações microscópicos. A coerência também pode resultar num comportamento "caótico" imprevisível. Caos e ordem espaçotemporal não se opõem entre si, mas ambos se opõem à desordem incoerente que prevalece no equilíbrio.

A físico-química longe do equilíbrio acentua o comportamento global de uma população com interações locais. Essa questão mostrou-se relevante tanto na física como na química, e mesmo no estudo das sociedades de seres vivos quando, como no caso dos insetos sociais, o comportamento dos indivíduos pode ser definido de maneira estável em relação aos comportamentos globais por eles gerados. Mas essa nova abordagem designa a química como um campo privilegiado de exploração por duas razões: primeiro, devido à grande variedade de casos, do ponto de vista tanto dos acoplamentos não lineares quanto das escalas temporais associadas a cada reação; segundo, porque os processos químicos são criadores de estruturas moleculares que podem em seguida subsistir independentemente desses processos – diferentemente dos turbilhões ou vórtices hidrodinâmicos, por exemplo. Em outras palavras, a química pode produzir estruturas estáveis que constituem então uma forma de memória das suas condições de formação. Ela poderia, assim, situar-se como um relé, um retransmissor, entre histórias de diferentes tipos: a história físico-química da formação de estruturas materiais e a história que pode ser construída com base numa propriedade dessas estruturas.[7] É assim o elo privilegiado entre a química e a pluralidade dos tempos, já existente no centro das preocupações alquímicas, que faz da química um terreno fértil para as questões que deixa escapar a "redução aos princípios".

Estaremos nós, aqui, na presença de um recurso para uma "nova imagem da química", ciência desde agora sem território, mas terreno de experimentação para a articulação de territórios? Em contraste com a abordagem que "remonta aos princípios", a química seria a ciência que afirmaria o interesse de um novo tipo de "mistão", mescla de processos, de escalas de descrição, de regularidades e de circunstâncias? Eis uma questão já não mais para o historiador, mas sim colocada para aqueles que fazem a história da química.

Notas

[1] Chargaff, 1980, p. 169.

[2] *Idem*, p. 98.

[3] Johnson, 1991, pp. 30-33.

[4] Essa situação atípica, assim como a possibilidade de seu próprio trabalho, tem sido com frequência ligada por Prigogine ao caráter relativamente excêntrico de Bruxelas em relação às principais questões que organizam a competição científica internacional.

[5] Certas reações podem corresponder a um "consumo" de entropia; basta que o balanço entrópico do conjunto das reações acopladas seja positivo.

[6] A noção de "neguentropia", um sistema que "consome" a entropia fornecida pelo ambiente, é uma solução puramente formal para o problema. A questão termodinâmica não é apenas escapar da proibição do segundo princípio, mas usá-lo como um princípio da evolução e saber que tipos de comportamento um sistema realmente adotará quando estiver longe do equilíbrio. Hoje em dia, o mesmo tipo de diferença separa a "ordem pelo ruído" de Henri Atlan e a "ordem por flutuações" de Ilya Prigogine.

[7] O químico alemão Manfred Eigen e seus colaboradores estão estudando modelos de "histórias químicas", para entender a produção dominante de uma estrutura molecular em relação a outras. O ponto de partida é o fato de que alguns polímeros, em razão de sua própria estrutura, são capazes de catalisar cópias de si mesmos. Se atribuirmos a cada membro de uma população desses polímeros os parâmetros caracterizando a velocidade e a exatidão de sua cópia, podemos seguir uma "competição seletiva" entre polímeros. Um modelo mais complicado, que entrecruza dois tipos de polímeros com papéis distintos, resulta na dominação estável no meio de uma forma de protocódigo genético: uma associação específica (hiperciclo) de polímeros, que é estável em comparação com os "mutantes" que produzem continuamente cópias infiéis (ver Eigen & Schuster, 1979).

Epílogo

A abordagem implementada neste livro tentou responder ao desafio que constitui uma "história da química". Uma história global e panorâmica, que não fosse derramada nem como um desfile de uma sequência de doutrinas, nem como o acúmulo de anedotas que dão origem à história dos indivíduos. A química é aqui apresentada como o verdadeiro sujeito de uma história, através do incessante comprometimento dos homens pelos conhecimentos que produzem e pelas significações que lhes atribuem.

Em primeiro lugar, vimos em cena uma ciência polimorfa e policultural, sem fronteira assinalável no mundo nem na cultura; em seguida, uma ciência ocupando um espaço próprio, um nicho na filosofia natural, após as artes químicas terem sido racionalizadas; depois, uma prestigiada ciência, modelo de positivismo, que forma a base de vários setores industriais prósperos; finalmente, uma ciência de serviço, subjugada à física, a serviço da biologia bem como das indústrias.

A química e sua imagem

Hoje em dia são muitas as tentativas dos químicos para recriar uma imagem aos olhos do público. Conferências, concursos e campanhas publicitárias multiplicam-se com o objetivo de promover o papel, o interesse e a importância da química. A injustiça sentida pelos químicos por serem ignorados enquanto sua ciência é fecunda e útil fica, entretanto, associada a uma certa perplexidade: qual imagem da química se deve apresentar? A questão é difícil, porque a imagem que uma ciência geralmente apresenta de si mesma está intimamente associada à imagem do progresso. Ora, aquilo a que chamamos de "desmembramento" do território da química também tem sido associado ao progresso. Foi o território de uma ciência finalmente moderna, criadora de leis gerais, de protocolos e de padrões de medição, que foi desmembrado. Para que tenha chegado a um estado de direito, para que à profissão de loucos tenha sucedido a profissão respeitável, a química rompeu sua aliança tradicional com a matéria heterogênea, mescla de futuros imprevisíveis e recheada de possíveis. E esse "progresso", que identificou a química com o triunfo do poder de dizer, de agir e de prever, também a tornou vulnerável tanto em relação a quem poderia explicar esse poder como a quem o poderia utilizar. Se hoje em dia existe uma imagem dominante da química, essa imagem é a de uma ilustração exemplar do poder explicativo das leis físicas. A tentação de identificar a matéria com o que propõem as leis físicas é tão antiga quanto essas leis, mas fazia rirem Diderot e seus colegas, que encontravam na química os instrumentos de uma réplica contundente. A história da química fez coincidir progresso e redução, embora a "visão do mundo físico" já não faça mais ninguém rir nos dias de hoje, quer se trate de especulações em que aquilo a que chamamos de matéria está dependente da interpretação a ser dada ao formalismo quântico ou de "visões materialistas" do cérebro que rimam inteligibilidade última com redução às leis da física.

Com um território anexado a montante pela física, a química parece, além disso, mobilizada a jusante por uma vontade dupla de "colocar-se a serviço de", nas indústrias humanas e na evolução biológica. Como um meio para os fins perseguidos pelas indústrias humanas, os processos da química agora têm um valor determinado por múltiplos fatores, rendimentos, custos, patentes, mercados, que o químico não controla. Em 1965, o químico americano Roger B. Woodward (1917-1979) ainda podia dedicar seu discurso de recebimento do Prêmio Nobel à grande saga da síntese da cefalosporina C, que acabara de realizar. E ainda se podia apresentá-lo nestes termos líricos: "A natureza é incontestavelmente o grande mestre da criação [...]. Woodward é um excelente vice-mestre".[1] As sínteses da quinina, do colesterol, da cortisona, da estricnina, da reserpina, da clorofila etc. eram então consideradas como habilidades em que o conhecimento dos reagentes, a astúcia, a engenhosidade e a imaginação permitiam à arte do sintetizador rivalizar com a natureza.

Hoje em dia, em certas frentes, o químico iguala o seu "mestre", já que pode construir moléculas sem paralelo na natureza e capazes de atividades seletivas, tais como enzimas biológicas, como aquelas "moléculas ocas", cuja cavidade pode capturar e reter íons de um tipo determinado, e que valeram a Charles J. Pedersen, Donald J. Cram e Jean-Marie Lehn o prêmio Nobel de Química em 1987. No entanto, a arte do químico sintético já não define mais uma identidade estável: a síntese de moléculas complexas é agora mais frequentemente feita por uma rota auxiliada pelo computador, que armazena a cartografia de todos os caminhos sintéticos descobertos até hoje.[2] A indústria farmacêutica hoje em dia sintetiza 25 mil variantes da mesma molécula. Desde o início da química sintética, cerca de dez milhões de moléculas diferentes já foram "inventadas", número que cresce a um ritmo superior a mil por dia. A produção de uma nova molécula já é apenas um ruído de fundo para outras histórias, cuja identidade não remete primeiramente para a química enquanto ciência, mas para a indústria, com seus interesses e suas exigências. Para cada substância explorada pela indústria farmacêutica, cerca de dez mil foram testadas e declaradas sem valor intrínseco ou comercial. Em outras palavras, a química sintética produz a "oferta", mas apenas a demanda é dona da significação.

O tema da "descoberta por acaso" na pesquisa farmacêutica ilustra essa disponibilidade da química em relação a interesses para cuja definição pouco contribui, mas também simboliza a frustração com a natureza empírica dessa pesquisa: não se pode (ainda?) encomendar aos químicos que sintetizem moléculas cuja estrutura seja deduzida pela biologia fundamental a partir de sua função terapêutica desejada.[3] Na década de 1950, um laboratório da indústria francesa Rhône-Poulenc sintetizou moléculas com propriedades anti-histamínicas. Uma entre elas, testada em pacientes do hospital psiquiátrico Sainte-Anne, em Paris, produziu efeitos espetaculares: foi o primeiro "neuroléptico", e a sua descoberta vai abrir uma nova abordagem para o estudo do cérebro, com a identificação de neurotransmissores e de sítios receptores correspondentes. Mas a atividade dos químicos que fizeram essas moléculas, que isolaram, identificaram, determinaram a estrutura das novas substâncias neurotransmissoras faz parte da rotina. A grande história, aquela a quem se atribui a "revolução" da ciência do cérebro, foi desempenhada pelos biólogos que identificaram *a posteriori* a relação entre a estrutura molecular e a atividade biológica e de quem se espera um dia que determinem, *a priori*, as propriedades terapêuticas das moléculas.

Nas ciências da vida, a química é, em geral, tratada como um "meio", mas dessa vez é a evolução biológica que determina o reino dos fins. De acordo com teses clássicas da biologia molecular, popularizadas na França por Jacques Monod em seu livro *O acaso e a necessidade*,[4] a seleção natural tem um poder que reduz a atividade química a participar da produção dos seres vivos apenas na medida em que é utilizada e funciona através de mecanismos (químicos) de catálise e regulação que contrariam a evolução para o equilíbrio, concebido como o único fisicamente previsível. Não se trata de descobrir novas leis químicas a partir do estudo dos seres vivos, mas apenas desvendar uma sofisticada "tecnologia" química. Em todo caso, isso é o que a biologia molecular pressupõe quando descreve como as enzimas catalisam reações que, de outra forma, ocorreriam em velocidades imperceptíveis, ou como regulam as velocidades dessas diferentes reações. O segredo da vida, decifrado pelos biólogos moleculares, manifesta menos as potencialidades das transformações químicas da matéria do que a "inteligência" quase técnica que subordinou essas transformações a uma lógica de sobrevivência e reprodução.[5]

A química, onipresente mas impossível de ser encontrada, operando em todo canto, mas também sempre subordinada a questões, problemas, interesses ou técnicas que não lhe pertencem em particular, também é, contudo, vítima das transformações contemporâneas da noção de "progresso industrial". Filha da alquimia, "uma mãe desavergonhada", tinha conseguido construir sozinha uma imagem séria, moral e responsável, invocando sua utilidade social e seu interesse econômico. Ora, todas essas proezas industriais, agrícolas ou médicas que pareciam garantir um valor positivo à química agora se voltam contra ela e a tornam eminentemente vulnerável. A "química dos professores" ostenta orgulhosamente um brasão com duas faces: "ciência pura", a serviço do conhecimento desinteressado, e "ciência aplicada", a serviço da humanidade. Mas hoje em dia tudo se passa como se a "pureza" fosse uma prerrogativa da física. Estimada como "útil à vida" mais do que ao "espírito", segundo a expressão de Bachelard, a química torna-se o alvo das controvérsias políticas e sociais a propósito dos valores da indústria e do progresso. Desastres como o de Bhopal (3.500 mortos, centenas de milhares de irreversivelmente incapacitados), chuva ácida, gases CFC destruindo a camada de ozônio, fertilizantes de nitrato e pesticidas envenenando os lençóis freáticos, resíduos industriais perigosos, tudo isso é "químico".

Diante dessa situação, o que pode trazer a história? Ao descrever os perfis sucessivos da química ao longo dos séculos, esperamos ter mostrado que sua imagem atual como ciência de serviço não é a marca de um progresso que se identificaria com um destino, mas o produto de uma história. Porém, projetando para o futuro a situação presente, esperamos colocar em jogo os graus de liberdade criados pela diferença entre história e progresso, a fim de discutir a possibilidade de outros modos de engajamento entre os químicos e o conhecimento que produzem. A imagem renovada da química como uma terra de aventuras não diz respeito apenas aos químicos. De fato, dela também depende a nossa imagem da matéria, repleta de possibilidades ou submissões.

Entre território e terreno

No final do último capítulo, introduzimos uma distinção entre as noções de "território" e "terreno". Ao território corresponde um poder de definir, de delimitar, que está inevitavelmente acompanhado de uma possibilidade de desmembramento. Para isso, basta que o próprio poder seja redefinido por outro poder. O terreno, por outro lado, pode ser definido como "matéria de histórias"; é um teatro de eventos e de operações às quais podem corresponder condições necessárias, mas nunca suficientes. O terreno não pode fornecer as premissas de um tipo dedutivo de abordagem. No terreno não prevalece a purificação, e as entidades respectivas não podem ser definidas pelas operações e manipulações a que são submetidas. Os instrumentos podem detectar, determinar, precisar, quantificar, mas não criam uma ontologia operacional. No terreno, o cientista deve aprender, ao longo do tempo, quais são, localmente, os problemas relevantes.

O laboratório do químico tradicional, "profissão de louco", constituía em si mesmo um "terreno", pois, em regra geral, não tinha os meios para submeter os produtos utilizados à purificação, que asseguraria a escolha entre as circunstâncias e o processo controlado, reproduzível. Desde o capítulo 4, chamamos atenção para a primeira façanha do químico que tinha a ambição de submeter uma transformação química à demonstração, a *reductio ad pristinum statum*. No final da segunda parte, a química propagada por Lavoisier era circunscrita a um território, o laboratório: a balança e as condições de desfecho que ela implica asseguravam o poder da questão sobre a multiplicidade de circunstâncias. Asseguravam, ou tentavam assegurar, pois o ceticismo dos contemporâneos de Lavoisier foi suficiente para nos lembrar de que, tanto aqui como acolá, as distinções mais pormenorizadas surgem dos meios mais problemáticos. De fato, já no século XIX, os limites do desfecho apareceram, e a química, um modelo das ciências positivas, foi forçada a recriar novas formas de multiplicidade, a dos elementos, dos compostos orgânicos, dos isômeros, dos isótopos, das catálises.

A química evoluiu constantemente entre território e terreno. Entre o quadro preditivo de teorias que fornecem modelos *a priori* e a abertura ao imprevisto, à multiplicidade de casos. Entre o espaço fechado do laboratório, onde entram apenas seres purificados, considerados *a priori* como submetidos ao poder das teorias em cujo nome serão questionados, e o terreno, onde o cientista não tem, em geral, o poder de separar *a priori* o essencial das meras circunstâncias, nem de se desembaraçar daquilo que as teorias definem como incontrolável ou parasítico. Hoje em dia, o terreno prolifera mais do que nunca no coração do laboratório, mesmo que seja marcado por protocolos e padrões de medição. Alguns exemplos podem ilustrar os diferentes aspectos dessas manifestações.

Vamos começar com a exploração de sistemas físico-químicos distantes do equilíbrio, já que foi nesse contexto que introduzimos a noção de "terreno". Esse exemplo mostra como o "terreno" químico pode questionar o tipo de poder, o da evolução seletiva, ao qual o submete a biologia molecular. De acordo com a físico-química dos sistemas que operam longe do equilíbrio, a atividade química pode produzir por si só regimes coerentes e qualitativamente diferenciados, dotados de propriedades de estabilidade e instabilidade. Dois estilos de história estão em contraste aqui para definir a relação entre matéria e vida: uma história que apresenta uma sucessão de vigorosos atos criativos e improváveis, ou um processo de exacerbação, de "modalização" e de canalização, dirigindo-se a uma matéria em si mesma capaz de múltiplas formas de coerência.

De qualquer maneira, certos modelos contemporâneos de funcionamento metabólico já fazem parte dessa última perspectiva, colocando o problema da distinção entre características de funcionamento metabólico "puramente químicas", simples consequência das regulações e catálises enzimáticas que são outros tantos acoplamentos não lineares, e aquelas que foram obtidas por seleção biológica. Sabe-se, por exemplo, que a degradação da glicose nas células se produz segundo um regime que oscila no tempo. Na perspectiva tradicional existente no início da biologia molecular, essa periodicidade, uma vez que existe, só pode ser um resultado da seleção e, portanto, deve apresentar um sentido funcional preciso, mesmo que este ainda não tenha sido descoberto. De acordo com a abordagem termodinâmica, a oscilação resulta do acoplamento entre as reações glicolíticas e poderia muito bem não ter nenhum papel biológico particular.[6]

Como é que o fato de qualquer reação metabólica oscilante não ter necessariamente um significado funcional pode definir um novo perfil da química? Considerando que o químico, nesse ponto, não está apenas posicionado pelo poder, nesse caso, o da evolução seletiva: ele encontra-se também do lado da matéria que se deixa definir por esse poder, mas não se reduz a essa definição. A necessidade de aprender, que é a própria experiência do terreno, e a impossibilidade de julgar *a priori* adquirem aqui um significado positivo, em vez de limitar nosso conhecimento.

Como vimos no capítulo precedente, a "teoria da ressonância", a representação de uma molécula pela construção de uma teoria quântico-fenomenológica, conduz também ao tema da "necessidade de aprender". Mas aprender não é apenas negociar informações e restrições de diferentes disciplinas. Cada vez mais reflete o próprio interesse do "caso" em relação ao poder de definição da regra. De fato, os "casos" proliferaram na química. Todas as grandes "leis" estabelecidas pela química no século XIX, traduzidas em termos físicos no século XX, apresentam exceções desde então. Assim, agora se chamam "daltonetos" os compostos que obedecem à mais antiga e estável das leis químicas, a lei das proporções definidas. Mas também se conhecem os "bertoletos", que, como queria Berthollet, têm uma composição não estequiométrica. A notação típica dos bertoletos os identifica pelo pequeno *desvio* que os separa dos daltonetos: por exemplo, $Zn_{1+x}O$, com x muito menor que 1. Os bertoletos fazem parte da vasta categoria dos *defeitos* das estruturas cristalinas, compostos definidos por seus desvios em relação ao cristal ideal correspondente.

Ideal, defeito, impureza e desvio são termos que sinalizam a hierarquia usual, sendo o ideal o protótipo a partir do qual se pode entender os seres reais e seus inevitáveis defeitos. Mas agora são antes de tudo os "defeitos" que são interessantes, pelas propriedades específicas que conferem ao cristal. O cristal explode num mosaico de casos individuais aos quais correspondem diferentes técnicas de crescimento cristalino, destinadas a favorecer ou evitar certos "defeitos". O cristal individual já não é mais uma versão imperfeita do protótipo ideal, mas um ser cujas propriedades refletem a história singular de seu crescimento. Em outras palavras, a multiplicidade, e muitas vezes o interesse industrial das propriedades ligadas a esses "desvios" em relação a uma "regra", desestabilizam a diferenciação entre o "caso normal", ilustração da regra, e os "defeitos", e a substituem por um conjunto não hierárquico de casos, cada um associado às circunstâncias que o favorecem.

Cada elemento químico também se tornou um mundo em si mesmo. O exemplo mais espetacular é o das "terras raras". Em 1939, todos os elementos agrupados sob essa denominação haviam sido identificados, e suas propriedades habituais determinadas. Submetidos a técnicas de purificação cada vez mais aperfeiçoadas, cuidadosamente dispostos no quadriculado da tabela periódica, esses elementos, contudo, escaparam ao ideal de purificação quando os químicos perceberam que suas propriedades eram ultrassensíveis à presença de impurezas. No entanto, são essas impurezas que conferem às terras raras comportamentos interessantes para a indústria: desde a ação catalítica no craqueamento do petróleo[7] até a fabricação de telas de televisão com menor reflexão da luz, passando pela fabricação de ligas metalúrgicas especiais, as terras raras oferecem múltiplas vantagens que as tornam produtos industriais de primeira importância. Essa nova relevância, como podemos imaginar, perturbou o trabalho do químico de terras raras. Não apenas alguns tiveram que se preocupar com processos e linhas de produção, como também a química de terras raras se tornou um campo de referência em pesquisa acadêmica, exigindo que seus especialistas tivessem um alto grau de especialização em química quântica e simulação computacional.

O próprio computador ajudou, de maneira determinante, a nivelar a diferença entre o ideal geral e o caso real. A simulação computacional é uma inovação que afeta o campo científico como um todo, mas que está longe de produzir os mesmos efeitos em todas as áreas, coisa que os especialistas resumem com este expressivo ditado: "Se entra lixo, sai lixo". Em outras palavras, as ciências que não possuem os meios para construir uma representação confiável da situação a ser simulada receberão da simulação apenas o que lhe deram, uma incontrolável ficção com uma aparência científica. A aplicação dessa técnica na química esclarece o singular *status* epistemológico dessa ciência. Por um lado, a simulação cria um nível intermediário de descrição entre o nível microscópico, correspondente ao átomo ou à molécula, e o nível macroscópico, no qual se encontram a maioria dos dados experimentais. Esse nível "meso", em que entra em cena uma população de moléculas em múltiplas relações, corresponde ao "ponto de vista" que, desde o século XVIII, opunha os químicos aos físicos: é de fato a diversidade das relações, em contraste com a regularidade das leis gerais que implicam uma matéria homogênea, que faz dos modelos de dinâmica molecular um campo de exploração, e não de verificação do poder das leis.

Por outro lado, na medida em que se trata de construir uma encenação de princípios que dê sentido aos fatos experimentais, a simulação computacional ilustra a ambivalência dos fenômenos químicos entre o reino das leis da mecânica quântica e as circunstâncias que impedem que a explicação seja transformada em manifestação de conformidade, e consequentemente dedutível. "Antigamente," escreveu Paul Caro,

> [...] havia de um lado a teoria e, de outro, a experiência; agora, entre a teoria e a experiência, insinuou-se um terceiro componente, que é a simulação. [...] Começamos a ver o surgimento da ideia de que só podemos dar crédito aos dados experimentais quando os simulamos [...]. Na química estamos nos movendo em dire-

ção a uma ação cada vez mais abstrata: a associação da instrumentação, do cálculo, da imagem e da manipulação de imagens.[8]

Mas, se a ação na química se torna mais abstrata, tende também a escapar dos efeitos da subordinação às leis. De fato, a simulação computacional não respeita a diferenciação entre as leis e os casos ideais que a elas obedecem, por um lado, e as aproximações que asseguram e verificam seu campo de aplicação, por outro lado. A simulação é um cenário em que as restrições legais, as circunstâncias particulares e as complicações resultantes de suas competições são colocadas em pé de igualdade, traduzidas em uma única linguagem, específica para a situação. Exige, pois, a arte de negociar uma multiplicidade de elementos do conhecimento, de os articular com cuidado, aprendendo a não negligenciar um detalhe que possa fazer a diferença.

Assim, até mesmo nas pesquisas de ponta, a química continua sendo uma arte do mistão, como teria dito Fontenelle. Mas essa comparação torna possível mostrar o contraste: o "embaraço" em que se encontram os princípios, longe de ser um obstáculo, passa a ser a própria matéria tanto de práticas experimentais e industriais quanto de simulações. A diferença é capital. Para lidar com a complexidade dos mistões, os químicos de hoje dispõem de ferramentas que pegam emprestadas de outras disciplinas, como a informática, a cristalografia ou mesmo a biologia, quando colocam organismos vivos para trabalhar, como máquinas, produzindo as moléculas que lhes interessam. Em suma, mesmo que a química se defina como ciência de serviço, também se aproveita dos serviços das outras.

Entre leis e circunstâncias, entre território e terreno, a química sempre oferece um espaço para grandes aventuras. Em 23 de março de 1989, dois renomados eletroquímicos, Stanley Pons e Martin Fleischmann, anunciaram que, com um dispositivo simples, eletrodos de paládio imersos em água pesada, tinham realizado uma "fusão a frio". Assim começa uma história que empolga a comunidade científica, ocupando as colunas dos jornais, especializados ou para o público em geral. É certo que a aventura terminou mal, mas, apesar de suas conclusões negativas, a controvérsia em torno dessa experiência deu origem a um argumento altamente significativo para o nosso propósito.[9] De fato, era denunciada, pelos partidários da fusão a frio, a confiança que os físicos nutrem em relação às suas leis. A fusão a frio teria sido o produto da arte do químico, de sua paciência e da sua atenção às circunstâncias. De repente, o químico tornava-se, como no tempo de Venel, aquele que sabe que a reprodutibilidade de um fenômeno não é uma propriedade natural, que se poderia exigir de qualquer fenômeno cientificamente respeitável, mas pode ser talvez o produto de um longo trabalho de familiarização e aprendizagem. Confrontado com a certeza dos "arquitetos" da matéria, tornou-se novamente aquele "exercício poeirento", descrito por Diderot no seu texto *De l'interprétation de la nature*, que "mais cedo ou mais tarde traz, dos terrenos que atravessa às cegas, o pedaço fatal para essa arquitetura construída à custa do raciocínio".[10]

Nos últimos anos, os químicos embarcaram noutra aventura, que mostra até que ponto os "subterrâneos" iluminados por nossas teorias estão ainda repletos de cantos obscuros que oferecem oportunidades de descobertas. O herói dessa nova aventura é o bom e velho carbono, fiel companheiro que os químicos julgavam conhecer de cor desde o século XIX e que acaba de lhes revelar que ainda tinha uma existência secreta! Os "fulerenos" – do nome do arquiteto americano Buckminster Fuller, que projetou as cúpulas em forma de geodos – são moléculas formadas pelo arranjo estável de 60 átomos de carbono formando um esferóide parecido com uma bola de futebol. Essa molécula C_{60} foi descoberta em dezembro de 1985, durante uma série de experimentos no espaço com moléculas de carbono. Desde então, não parou de revelar surpresas. Primeiro, apresenta uma extraordinária simetria, com ligações simples e duplas dispostas em 20 hexágonos e 12 pentágonos. Além disso, exibe uma incrível versatilidade química e não é menos notável em suas propriedades físicas, como supercondutividade e resistência a impactos. Além de tudo, não há somente uma única molécula desse tipo, mas sim uma classe de moléculas, o que parece abrir um novo e amplo caminho para pesquisas. Desde 1987, os fulerenos são "o acontecimento" e alimentam pelo menos um artigo por semana. A excitação despertada por sua descoberta no mundo dos químicos é comparável àquela que acolheu o rádio. E, tal como o rádio, essas moléculas têm o poder de interessar tanto aos teóricos como aos práticos, e de reunir físicos e químicos que trabalham em equipes em comum entusiasmo. Os fulerenos tiveram até o maravilhoso poder de introduzir novos costumes na comunidade científica. Juntamente com os prêmios Nobel e outras distinções concedidas aos pesquisadores, existe desde então um prêmio anual para seus objetos de investigação. Eleita a "molécula do ano de 1991", a C_{60} parece indicar que a individualidade cada vez mais difícil de detectar no trabalho coletivo e anônimo das equipes de pesquisadores se deve sobretudo à matéria que estudam.

Ninguém pode prever hoje qual será o futuro dos fulerenos. Tanto podem marcar, como já o fez o hexágono do benzeno, o ponto de partida de um novo campo de pesquisa ou de uma revolução tecnológica, como tornar-se uma simples engenhoca, uma "bola" para divertir os cientistas. Mas, de qualquer modo, essas moléculas definem uma nova relação entre sujeito e objeto de pesquisa, na medida em que se apresentam não como objetos passivos submetidos à investigação, mas sim como verdadeiros parceiros, singulares e individualizados, dos pesquisadores.

Hoje em dia, a atividade da química complica a imagem do progresso, do qual, no século XIX, fora a melhor ilustração. Certamente, os sonhos prometeicos mais ambiciosos se realizam todos os dias. Ao penetrar o mundo supramolecular, brincando com as interações entre moléculas, o químico tornou-se um "arquiteto da matéria". Fala-se mesmo, a respeito de ligas com memória de forma ou de lentes fotocromáticas, de "materiais inteligentes", como se o químico insuflasse espírito à matéria. Mas a realização do velho sonho de tornar o laboratório do químico o rival triunfante do "laboratório da natureza" desdobra-se a partir de agora em outros sonhos, outros interesses, que transformam o sentido dessa natureza em relação à qual o químico nunca deixou de conceber sua atividade. O fato de a grande empresa alemã Hoechst instalar uma filial em Bombaim para estudar as origens da atividade hipotensiva de uma planta usada na medicina indiana é um sinal de que, com seus meios e técnicas sofisticadas, a indústria farmacêutica moderna tem ainda muitas coisas a aprender explorando o terreno. Além da ruptura entre a farmacologia científica e a "pré-científica", a pesquisa contemporânea situa-se ainda na continuação da velha química-farmacêutica empírica, numa história mais velha que nossa história e comum a todos os povos da Terra. O químico farmacêutico pode certamente perseguir o sonho de uma concepção *a priori* de moléculas sintetizadas pelo seu interesse farmacológico, 60% a 70% dos remédios atualmente conhecidos são de origem natural. A química de síntese se define, então, não mais como rival da natureza, mas como exploradora de um labirinto de histórias entrelaçadas, cujas razões remetem para a invenção de ligações entre lógicas heterogêneas e não para o cálculo otimizado de meios a serviço de um fim.[11] É no terreno que o químico pega as moléculas ativas, que depois isola, purifica, copia e modifica como desejar. Mas é também "no terreno" que deve operar a substância química ativa, ou seja, o medicamento. É designado pelos homens para agir não no espaço asséptico de um laboratório, mas num labirinto com uma topologia variável no tempo, o corpo vivo, no qual se misturam causalidades parciais e circunstanciais, escapando a qualquer inteligibilidade *a priori*.

Poderemos, aqui, aventurar a ideia de que é nessa solidariedade entre o pesquisador e o "terreno" que reside a identidade da química, identidade que, como todas as outras, seria ao mesmo tempo produzida pelo presente e suscetível de reativar a leitura do passado, nesse caso, para tornar interessante o que no passado foi considerado como um obstáculo ao progresso? Essa solidariedade nos parece capaz de esclarecer um caráter constante da química ao longo de sua história: a ambivalência das relações entre o químico e a natureza. Mestre ou discípulo da natureza? Possuidor ou possuído por ela? O químico oscila indefinidamente, sem poder se fixar numa única posição. Desde suas origens distantes, as práticas químicas ilustram ao mesmo tempo o poder humano sobre os processos materiais e a necessidade de passar pelos processos, de negociar com eles, de apreender o que eles exigem e envolvem. É verdade que os alquimistas tentavam realizar impossíveis sonhos de transmutação, de perfeição ou de juventude eterna. Mas a referência alquímica oferece outros recursos. O laboratório alquímico tinha o tempo como um problema, no caso a aceleração dos processos que, nas entranhas da terra, conduziam os metais à perfeição. Em seguida, a química substitui essa imagem finalizada, mas temporal, da natureza pela imagem de uma natureza industriosa, senão industrial, em que as transformações ocorrem por balanços equilibrados, como no laboratório. Os grandes "ciclos", do nitrogênio, do oxigênio e do carbono, identificam a sucessão de transformações, cada uma consumindo o que foi produzido a montante e produzindo o que é consumido a jusante, tal como numa linha de montagem industrial em movimento perpétuo, enrolada em si mesma. Mas o que é um balanceamento químico se ele não integra as múltiplas temporalidades das diferentes cinéticas que estão acopladas na transformação global? O que são as propriedades de uma substância, se não nos interessamos pela diferença entre aquelas que podem ser deduzidas e aquelas que devem ser aprendidas? E como aprendê-las senão experimentando nas circunstâncias em que são solidárias ou decifrando a configuração temporal dos processos de que depende sua atualização?

Atribuir à química uma identidade mista, entre terreno e território, entre o empírico e o racional, entre uma natureza povoada de singularidades e o reino das leis gerais, não é adotar uma atitude retrógrada, ignorante dos poderes criados pela química moderna. Longe de expressar a nostalgia de um passado já há muito tempo ultrapassado, essa tese é antes apresentada como uma espécie de ideia reguladora para o futuro da química. É verdade que se pode objetar que o trabalho do historiador não reside no campo das ideias, das identidades ideais, que o seu papel não é fazer resplandecer a utopia de um futuro brilhante, de um "bem está o que bem acaba".

Não se trata, de fato, de "prever" o futuro, mas de experimentar sobre o presente uma sensibilidade aguçada pela análise do passado. Se essa experimentação assume a aparência de utopia, é porque a presente situação de ciência de serviço muitas vezes adquire as características de um *factum*. Vivendo o fim das ilusões por muito tempo alimentadas sobre seus direitos sobre um território, os químicos sentem-se às vezes num impasse e suportam a situação atual, em vez de vivê-la como um novo estilo de engajamento. O papel do historiador não será justamente o de separar o fato contemporâneo da imagem de destino? Colocar em perspectiva, num horizonte longínquo, decifrar as potencialidades inscritas no presente, identificar os múltiplos futuros possíveis, em resumo, enfatizar o caráter aberto da história, eis um risco que pode definir o modo de envolvimento próprio ao historiador de uma ciência.

Notas

[1] Wojtkowiak, 1988, p. 230.

[2] A *New Scientist* de 22 fevereiro de 1992 anuncia, na página 19, a primeira concepção gerada por computador, que propunha, entre 72 reações para sintetizar o butadieno, 2 reações que os químicos jamais haviam imaginado (1 das quais com rendimento de 95%).

[3] Ver Pignarre, 1990.

[4] Monod, 2006 [1970].

[5] Ver a esse respeito: hino à "cibernética molecular" em *O acaso e a necessidade*, de Jacques Monod (*Idem*).

[6] Ver Goldbeter, 1990.

[7] É por causa de traços de óxidos de terras raras no tabaco que um punhado de açúcar coberto de cinzas de cigarro queima.

[8] Caro, 1991, pp. 209-217.

[9] Ver especialmente Bockris, 1991, pp. 50-53.

[10] Seção 21: "Le manœuvre poudreux apporte tôt ou tard des souterreins où il creuse en aveugle, le morceau fatal à cette architecture élevée à force de tête".

[11] Ver Ourisson, 1991, pp. 141-149: onde o biólogo e o farmacologista decifram nos metabólitos secundários sintetizados pelas plantas uma multitude de funções, venenos, bactericidas, aromas, corantes etc., o químico de síntese lê a relativa unidade dos grandes caminhos biossintéticos: a partir de alguns precursores comuns e depois de algumas etapas sintéticas comuns, a multiplicidade é gerada pela divergência de caminhos de síntese. Essa organização biossintética "universal" não só introduziu uma ordem "quimiotaxonômica" que vem desdobrar a classificação biológica das espécies, mas também permite evidenciar o panorama químico das oportunidades e das restrições a partir do qual se desenrolou a seleção darwiniana.

Equivalentes aproximados atuais de termos antigos

Ácido do sal marinho (século XVIII): ácido clorídrico.
Ácido muriático (na nomenclatura de 1787): ácido clorídrico.
Aqua fortis ou espírito de nitro: ácido nítrico.
Aqua regia: mistura dos ácidos clorídrico e nítrico.
Ar deflogisticado: oxigênio.
Ar fixo: dióxido de carbono.
Ar fosforizado: nitrogênio.
Ar inflamável: hidrogênio.
Cádmio ou calamina: óxido de zinco.
Cal metálica: óxido de metal.
Espírito de sal: ácido clorídrico.
Espírito de vitríolo: ácido sulfúrico.
Feuerluft (século XVIII): oxigênio.
Magnesia alba: carbonato de magnésio.
Óleo de vitríolo: ácido sulfúrico concentrado.
Pomba de Diana: prata purificada.
Sal de tártaro: carbonato de potássio.
Sal Mirabile ou sal de Glauber: sulfato de sódio.
Soda: carbonato de sódio.
Verdorbene Luft (século XVIII): nitrogênio.

Bibliografia

Ferramentas de pesquisa bibliográfica

BROWNE, E. J.; BYNUM, W. F. & PORTER, R. *Dictionary of the history of science*. London, MacMillan, 1981.

COLE, W. A. *Chemical literature, 1700-1860: a bibliography with annotations, detailed descriptions, comparisons, and locations*. London/New York, Mansell, 1988.

GETTINGS, F. *Dictionary of occult, hermetic and alchemical sigils*. Boston/London, Routledge, 1981.

GILLISPIE, C. C. (org.). *Dictionary of scientific biography*. New York, Scribners and Sons, 1970-1980.

PARTINGTON, J. R. *A history of chemistry*. 4 vol. London, MacMillan, 1961-1964.

RUSSELL, C. *Recent developments in the history of chemistry*. London, The Royal Society of Chemistry, 1985.

RUSSELL, C. A. & ROBERTS, G. K. *Chemical history: reviews of the recent literature*. Milton Keynes, The Open University, 2005.

WEHEFRITZ, V. "Bibliography of the history of chemistry". *Iatul Quaterly: a journal of Library Management and Technology*, vol. 1, 1987, pp. 162-167.

WEHEFRITZ, V. & KOVÁTS, Z. *Bibliographie zur Geschichte der Chemie und der chemischen Technologie:17. bis 19. Jahrhundert*. 3 vol. München, K. G. Saur, 1994.

Obras citadas

AFTALION, F. *Histoire de la chimie*. Paris, Masson, 1988.

ALTHUSSER, L. *Réponse à John Lewis*. Paris, Maspero, 1972.

ANASTASI, A. *Nicolas Leblanc, sa vie, ses travaux, et l'histoire de la soude artificielle*. Paris, Hachette, 1884.

ANDERSON, W. C. *Between the library and the laboratory: the language of chemistry in eighteenth-century France*. Baltimore, Johns Hopkins University Press, 1984.

AVOGADRO, A. "Essai d'une manière de déterminer les masses relatives des molécules élémentaires des corps et les proportions selon lesquelles elles entrent dans ces combinaisons". *Journal de physique, de chimie et d'histoire naturelle*, vol. 73, 1811, pp. 58-79.

BACHELARD, G. *A filosofia do não; O novo espírito científico; A poética do espaço*. São Paulo, Abril Cultural, 1974 [1934] (Coleção Os pensadores, vol. XXXVIII).

____. *O pluralismo coerente da química moderna*. Trad. E. Abreu. Rio de Janeiro, Contraponto, 2009 [1930].

BALARD, A. J. *Rapport sur les industries chimiques à l'Exposition Universelle de 1862*. Paris, Hachette, 1862.

BALZAC, H. de. *À procura do absoluto*. Trad. M. Menezes. Rio de Janeiro, A. Moura, s.d.

BARANGER, P. "L'âge chimique". *In*: LEPRINCE-RINGUET, L. (org.). *Les Grandes Découvertes du XXème siècle*. Paris, Larousse, 1956, pp. 173-204.

BAUDRIMONT, A. E. *Introduction à l'étude de la chimie par la théorie atomique*. Paris, Colas, 1833.

BEER, J. *The emergence of the German dye industry*. Urbana, University of Illinois Press, 1959.

BEN DAVID, J. *The scientist's role in society: a comparative study*. Chicago, University Press, 1984.

BENSAUDE-VINCENT, B. "L'éther, élement chimique: un essai malheureux de Mendéléev?". *British Journal for the History of Science*, vol. 15, 1982, pp. 183-188.

____. "Karlsruhe, septembre 1860: l'atome en congrès". *Relations internationales*, vol. 62, 1990, pp. 149-169.

____. "Lavoisier: uma revolução científica". *In*: SERRES, M. (org.). *Elementos para uma história das ciências*, vol. 2: *Do fim da Idade Média a Lavoisier*. Lisboa, Terramar, 1996, pp. 197-221.

____. "Mendeleiev: história de uma descoberta". *In*: SERRES, M. (org.). *Elementos para uma história das ciências*, vol. 3: *Da nova geologia ao computador*. Lisboa, Terramar, 1996, pp. 77-102.

BERETTA, M. "T. O. Bergman and the definition of chemistry". *Lychnos: Lardoms-historiska samfundets arsbok/Annual of the Swedish History of Science Society*, 1988, pp. 37-67.

BERNARD, C. *Introduction à l'étude de la médecine expérimentale*. Paris, Baillère, 1865.

BERTHELOT M. *Chimie organique fondée sur la synthèse*. 2 vol. Paris, Mallet Bachelier, 1860.

____. *La synthèse chimique*. Paris, Félix Alcan, 1876.

____. *Les origines de l'alchimie*. Paris, Steinheil, 1885.

____. *Collection des anciens alchimistes grecs*, tomo 1. Paris, Steinheil, 1887.

____. *Introduction à l'étude de la chimie des anciens et du moyen âge*. Paris, Steinheil, 1889.

____. *La révolution chimique: Lavoisier*. Paris, Félix Alcan, 1890.

BERTHOLLET, C.-L. *Descripção do branqueamento dos tecidos, e fiados de linho, e algodão, pelo acido muriatico oxigeneado* [*sic*]. Trad. J. M. da C. Veloso. Lisboa, Arco do Cego, 1801.

BERZELIUS, J. J. *Essai sur la théorie des proportions chimiques et sur l'influence chimique de l'électricité*. Paris, Mequignon-Marvis, 1819.

____. *Traité de chimie*. Trad. A. J. L. Jourdan. Paris, Firmin Didot, 1829.

____. *Traité de chimie, entièrement refondue d'après la 4e édition allemande*. Trad. B. Valerius. Bruxelles, Wahlen, 1838.

BEYEWETZ, A. & SISLEY, P. *La Chimie des matières colorantes artificielles*. Paris, Masson, 1896.

BLACKLEY, D. C. *Synthetic rubbers: their chemistry and technology*. London/New York, Applied Science Publishers, 1983.

BLONDEL, C. *Histoire de l'électricité*. Paris, Pocket, 1994.

BOAS, M. *Robert Boyle and seventeenth-century chemistry*. Cambridge, University Press, 1958.

BOCKRIS, J. "Cold Fusion II: the story continues". *New Scientist*, 19/1/1991, pp. 50-53.

BOSCOVICUS, R. J. *Opera pertinentia ad opticam et astronomiam*. 5 vol. Venezia, Remondini, 1785.

BOUSSINGAULT, J.-B. & DUMAS, J.-B. *Essai de statique chimique des êtres organisés*. Paris, Fortin/Masson, 1842.

BOYLE, R. *The sceptical chymist: or, chymico-physical doubts & paradoxes*. London, Cadwell, 1661.

BRAUDEL, F. *O Mediterrâneo e o mundo mediterrâneo na época de Filipe II*. Trad. G. C. C. de Souza. São Paulo, Edusp, 2016 [1977].

BROCK, W. B. *From protyle to proton: William Prout and the nature of matter*. Bristol, Adam Hilger, 1985.

BROOKE, J. H. "Wöhler's urea, and its vital force? – A verdict from the chemists". *Ambix*, vol. 15, 1968, pp. 84-114.

____. "Organic chemistry and the unification of chemistry – A reappraisal". *British Journal for the History of Science*, vol. 5, 1971, pp. 363-392.

____. "Avogadro's hypothesis and its fate: a case-study in the failure of case-studies". *History of Science*, vol. 19, 1981, pp. 235-273.

BROUZENG, P. *Duhem. Science et providence*. Paris, Belin, 1987.

BUD, R. *The uses of life: a history of biotechnology*. Cambridge, University Press, 1994.

BUD, R. F. & ROBERTS, G. K. *Science versus practice: Chemistry in Victorian Britain*. Manchester, University Press, 1984.

BUTTERFIELD, H. *As origens da ciência moderna*. Trad. T. Martinho. Lisboa, Edições 70, 1991.

CARDWELL, D. S. L. *John Dalton and the progress of science*. Manchester, University Press, 1968.

____. *From Watt to Clausius: the rise of thermodynamics in the early industrial age*. London, Heineman, 1971.

CARO, P. "La recherche en chimie: évolution et perspectives". *In*: *Culture technique*, vol. 23: *La Chimie, ses industries et ses hommes*. Paris, Éditions de l'École des Hautes Études en Sciences Sociales, 1991, pp. 209-217.

CARTWRIGHT, N. *How the laws of physics lie*. Oxford, Clarendon Press, 1983.

CARUSI, P. "L'Alchimia". *In*: DI MEO, A. (org.). *Storia della chimica: dalla ceramica del neolitico all'età della plastica*. Venezia, Marsilio Editori, 1990, pp. 33-71.

CAYEZ, P. *Rhône-Poulenc 1895-1975*. Paris, Armand Colin/Masson, 1988.

CHAPTAL, M. J. *Chimie apliquée aux arts*. Paris, Crapelet, 1807.

CHARGAFF, E. *Heraclitean fire*. New York, Warner Books, 1980.

CHEVREUL, M. E. *Recherches chimiques sur les corps gras d'origine animale*. Paris, Levrault, 1823.

____. *Considérations générales sur l'analyse organique et ses applications*. Paris, Levrault, 1824.

CHRISTIE, J. R. R. & GOLINSKI, J. V. "The spreading of the word: new directions in the historiography of chemistry 1600-1800". *History of Science*, vol. 20, 1982, pp. 235-266.

CHRISTOPHE, R. *Guide des sources concernant la formation des ouvriers des métiers et industries chimiques 1750-1870*. Paris, Cité des sciences et de l'industrie, 1989.

COHENDET, P.; LEDOUX, J. M. & ZUSCOVITCH, E. *Les matériaux nouveaux. Dynamique économique et stratégie européenne*. Paris, Économica, 1987.

COLNORT-BODET, S. *Du pneuma aux grades et à l'universel ou la maturation de la notion de quantité chez les thérapeutes et les techniciens*. Paris, Université Paris-IV, 1986 (Tese de doutorado).

COMPAIN, J.-C. "Les travaux de Le Bel et van't Hoff de 1874 et notre enseignement". *Bulletin de l'Union des Physiciens*, vol. 86, 1992, pp. 285-311.

COMTE, A. *Cours de philosophie positive*. 2 vol. [6 vol., 1830-1842]. Paris, Hermann, 1975.

CROSLAND, M. P. *Historical studies in the language of chemistry*. New York, Dover, 1962.

____. *The Society of Arcueil. A view of the French science at the time of Napoleon I*. London, Heineman, 1971.

____. "The development of a professional career in science in France". *Minerva*, vol. 13, n. 1, 1975a, pp. 38-57.

____ (org.). *The emergence of science in Western Europe*. London, MacMillan, 1975b.

____. *Gay-Lussac, scientist and bourgeois*. Cambridge, University Press, 1978.

DAGOGNET, F. *Méthodes et doctrines dans l'œuvre de Pasteur*. Paris, Presses Universitaires de France, 1967.

____. *Tableaux et langages de la chimie*. Paris, Vrin, 1969.

DALTON, J. *A new system of chemical philosophy*, vol. 1. Manchester/London, Bickerstaff/Strand, 1808.

DAUMAS, M. *L'Acte chimique. Essai sur l'histoire de la philosophie chimique*. Bruxelles, Éditions du Sablon, 1946.

DAVY, H. *The collected works*, vol. 8. London, Smith, Elder & Co., 1840.

DEBUS, A. G. *The French Paracelsians: the chemical challenge to medical and scientific tradition in Early Modern France*. Cambridge, University Press, 1992.

DIDEROT, D. *Pensées sur l'interprétation de la nature*. [Paris], s.n., 1753.

DIJKSTERHUIS, E. J. *The mechanization of the world picture*. Princeton, University Press, 1950.

DOBBS, B. J. T. *The foundations of Newton's alchemy: or, "The hunting of the greene lyon"*. Cambridge/New York, Cambridge University Press, 1975.

____. "Newton's alchemy and his theory of matter". *Isis*, vol. 73, 1982, pp. 511-528.

DONNELLY, J. "Industrial recruitment of chemistry students from English universities: a revaluation of its early importance". *British Journal for the History of Science*, vol. 24, 1991, pp. 3-20.

DONOVAN, A. *Philosophical chemistry in the Scottish Enlightenment*. Edinburgh, University Press, 1975.

____. "The chemical revolution: essays in reinterpretation". *Osiris*, vol. 2, n. 4, 1988, pp. 4-12.

D'OR, L. "Notice biographique sur Ernest Solvay". *Florilège des sciences en Belgique*. Bruxelles, Académie Royale de Belgique, 1968, pp. 385-406.

DROUOT, M.; ROHMER, A. & STOSKOPF, N. *La Fabrique des produits chimiques Thann et Mulhouse: histoire d'une entreprise de 1808 à nos jours*. Strasbourg, La Nuée Bleue, 1991.

DUHEM, P. *Introduction à la mécanique chimique*. Paris, Carré, 1893.

____. *Le mixte et la combinaison chimique: essai sur l'évolution d'une idée*. Paris, Naud, 1902.

DUMAS, J.-B. *Leçons sur la philosophie chimique professées au Collège de France par M. Dumas; recueillies par M. Bineau*. Paris, Ébrard, [1837].

____. "Académie des Sciences". *Comptes rendus hebdomadaires des séances de l'Académie des Sciences*, vol. 6. Paris, Gauthier-Villars, 1838.

____. *Leçons sur la philosophie chimique professées au Collège de France*. Bruxelles, Société Belge de Librairie, 1839.

____. "Mémoires sur les équivalents des corps simples". *Annales de chimie et de physique*, vol. 3, n. 55, 1859, pp. 129-210.

[EHESS]. "Les ingénieurs". *Culture technique*, vol. 12. Paris, Éditions de l'École des Hautes Études en Sciences Sociales, 1984.

____. "La chimie, ses industries et ses hommes". *Culture technique*, vol. 23. Paris, Éditions de l'École des Hautes Études en Sciences Sociales, 1991.

EIGEN, M. & SCHUSTER, P. *The Hypercycle*. Berlin, Springer-Verlag, 1979.

EISENSTEIN, E. *The printing press as an agent of change: communications and cultural transformations in early-modern Europe*. 1 vol. Cambridge, University Press, 1980.

EKLUND, J. *The incompleat chymist, being an essay on the eighteenth-century chemist in his laboratory, with a dictionary of obsolete chemical terms of the period*. Washington D.C., Smithsonian Institution Press, 1975.

ELKANA, Y. *The discovery of the conservation of energy*. London, Hutchinson, 1974.

EMPTOZ, G. "Des produits chimiques très recherchés: les acides gras pour la fabrication des bougies stéariques". *Culture technique*, vol. 23. Paris, Éditions de l'École des Hautes Études en Sciences Sociales, 1991, pp. 32-45.

ENGELS, F. *La dialectique de la nature*. Trad. É. Bottigelli. Paris, Éditions sociales, 1968 [1925].

FABRE, J.-H. *Souvenirs entomologiques*, tomo X. Paris, Delagrave, 1925.

FALCONER, I. "Corpuscules, electrons and cathode rays Rays: J.J. Thomson and the 'discovery of the electron'". *British Journal for the History of Science*, vol. 20, 1987, pp. 241-276.

FINLAY, M. R. "The rehabilitation of an agricultural chemist: Justus von Liebig and the seventh edition". *Ambix*, vol. 38, n. 3, 1991, pp. 155-166.

____. "Quackery and cookery: Justus von Liebig's extract of meat and the theory of nutrition in the Victorian age". *Bulletin of the History of Medicine*, vol. 66, n. 3, 1992, pp. 404-418.

FISCHER, W. "The role of science and technology in the economic development of Germany". *In*: BERANEK, W. & RANIS, G. (org.). *Science, technology and economic development*. New York, Praeger, 1978, pp. 73-113.

FISHER, N. "Avogadro, the chemists, and historians of chemistry". *History of Science*, vol. 20, 1982, pp. 77-102; parte II, pp. 212-231.

FONTENELLE, B. *Mémoires de l'Académie Royale des Sciences depuis 1666 jusqu'à 1699*, vol. 1, 1733, pp. 79-81.

____. *Œuvres*, vol. 1. Org. Jean-Baptiste Champagnac. Paris, Salmon, 1825.

FOURCY, A. *Histoire de l'École polytechnique*. Paris, 1828.

FOX, R. "Scientific enterprise and the patronage of research in France, 1800-1870". *Minerva*, vol. 11, n. 4, 1973, pp. 442-473.

____. "Presidential address: science, industry, and the social order in Mulhouse, 1798-1871". *British Journal for the History of Science*, vol. 17, 1984, pp. 127-165.

FRENCH, S. J. *Torch and crucible. The life and death of Antoine Lavoisier*. Princeton, University Press, 1941.

FREUND, I. *The study of chemical composition*: *an account of its method and historical development, with illustrative quotations*. Cambridge, University Press, 1904.

FRICKE, M. "The rejection of Avogadro's hypothesis". *In*: HOWSON, C. (org.). *Method and appraisal in the physical sciences*. Cambridge, University Press, 1976, pp. 277-308.

FRUTON, J. S. *Contrasts in scientific style. Research groups in the chemical and biochemical sciences*. Philadelphia, American Philosophical Society, 1990.

GAUDIN, M. A. *L'architecture du monde des atomes, dévoilant la structure des composés chimiques et leur cristallogénie*. Paris, Gauthier-Villars, 1873.

GEISON, G. L. & SECORD, J. A. "Pasteur and the process of discovery. The case of optical isomerism". *Isis*, vol. 79, 1988, pp. 6-36.

GERHARDT, C. *Traité de chimie organique*. 4 vol. Paris, Firmin Didot, 1853-1856.

GILLISPIE, C. C. "The Discovery of the Leblanc Process". *Isis*, vol. 48, 1957, pp. 152-170.

GOLDBETER, A. *Rythmes et chaos dans les systèmes biochimiques et cellulaires*. Paris, Masson, 1990.

GOLINSKI, W. *Science as public culture: chemistry and the enlightenment in Britain, 1760-1820*. Cambridge, University Press, 1992.

GRAHAM, L. R. *Science and philosophy in the Soviet Union*. New York, Vintage, 1974.

GRANDMOUGIN, R. *L'Enseignement de la chimie industrielle en France*. Paris, Dunod, 1917.

GRIMAUX, É. *Lavoisier: 1743-1794 d'après sa correspondance, ses manuscrits, ses papiers de famille et d'autres documents inédits*. Paris, Alcan, 1888.

GUÉDON, J.-C. "Le lieu de la chimie dans l'Encyclopédie". *XIII Congrès d'histoire des sciences*, vol. 7, 1971, pp. 80-86.

____. "From unit operations to unit processes". *In*: PARASCANDOLA, J. & WHORTON, J. W. (org.). *Chemistry and modern society: historical essays in honour of Aaron Ihde*. Washington, American Chemical Society, 1983.

GUERLAC, H. *Lavoisier – The crucial year: the background and origin of his first experiments on combustion in 1772*. Ithaca/New York: Cornell University Press, 1961.

____. *Antoine-Laurent Lavoisier: chemist and revolutionary*. New York, Scribners, 1975.

GUYTON DE MORVEAU, L. B. *Dictionnaire de chimie de l'encyclopédie méthodique*, tomo I. Paris, Panckoucke, 1786.

HABER, L. F. *The chemical industry during the nineteenth century*. Oxford, Clarendon, 1958.

HAFNER, K. "August Kekulé – The architect of chemistry. Commemorating the 150th anniversary of his birth". *Angewandte Chemie*, vol. 18, n. 9, 1979, pp. 641-706.

HALES, S. *Vegetable staticks*. London, Innys & Woodward, 1727.

HALL, A. R. & HALL, M. B. *Unpublished scientific papers of Isaac Newton: a selection from the Portsmouth Collection in the University Library*. Cambridge, University Library, 1962.

HALLEUX, R. "Recettes d'artisan, recettes d'alchimiste". *In*: JANSEN-SIEBENED, R. (org.). *Artes Mechanicae en Europe médiévale*, vol. 34. Bruxelles, Archives et Bibliothèques de Belgique, 1989.

HANNAWAY, O. *The chemists and the word: the didactic origins of chemistry*. Baltimore, Johns Hopkins University Press, 1975.

HENKEL, J. F. *Flora Saturnisans*. Trad. M. Charas. Paris, Hérissant, 1760.

HŒFER, F. *Histoire de la chimie*. 2 vol. Paris, Firmin Didot, 1842-1843.

HOFFMANN, R. "Apologie de la synthèse". *Alliage*, vol. 9, 1991, pp. 65-76.

HOLMES, F. L. "From elective affinities to chemical equilibria: Berthollet's law of mass action". *Chymia*, vol. 8, 1962, pp. 105-145.

____. *Lavoisier and the chemistry of life: an exploration of scientific creativity*. Madison, University of Wisconsin Press, 1985.

____. *Eighteenth-century chemistry as an investigative enterprise*. Berkeley, University of California Press, 1989.

HUFBAUER, K. *The formation of the German chemical community (1720-1795)*. Berkeley/Los Angeles/London, University of California Press, 1982.

JACQUES, J. "La thèse de doctorat d'Auguste Laurent et la théorie des combinaisons organiques (1836)". *Bulletin de la Société chimique de France*, 1954, pp. 31-39.

____. *Berthelot 1827-1907: autopsie d'un mythe*. Paris, Belin, 1987.

____. *La molécule et son double*. Paris, Hachette/CSI, 1992.

JAMMER, M. *The conceptual development of quantum mechanics*. New York, McGraw-Hill, 1966.

JOHNSON, L. "The first enzyme picture show: biophysicists are exploiting the intense X-rays from synchrotrons to take a sequence of snapshots that show enzymes in action". *New Scientist*, 14/12/1991, pp. 30-33.

JOUY, E. de. *L'Hermite en province ou Observations sur les mœurs et les usages français au commencement du XIX siècle*, tomo III. 3 ed. Paris, 1822.

JUDSON, H. F. *The eighth day of creation. The makers of the revolution in biology*. New York, Simon and Schuster, 1979.

KAPOOR, S. C. "Berthollet, Proust, and proportions". *Chymia*, vol. 10, 1965, pp. 53-110.

KEKULÉ, A. *Lehrbuch der organischen Chemie, oder, der Chemie der Kohlenstoffverbindungen*, vol. 1. Erlangen, F. Enke, 1861.

KEKULÉ, A. "Sur l'atomicité des éléments". *Comptes rendus de l'Académie des sciences*, vol. 58, 1864, pp. 510-514.

____. "Sur la constitution des substances aromatiques". *Bulletin de la Société Chimique de France*, vol. 3, 1865, pp. 98-110.

____. "Untersuchungen uber aromatische Verbindungen". *Annalen der Chemie und Pharmacie*, vol. 137, 1866a, pp. 129-196.

____. *Lerhbuch der Organischen Chemie*, vol. 1-2. Erlangen, 1866b.

____. *Lerhbuch der Organischen Chemie*, vol. 3. Stuttgart, 1882.

KIRWAN, R. "Notes on the preceding work". *In*: SCHEELE, C. W. *Chemical observations and experiments on air and fire*. London, 1780, pp. 232-233.

KLOSTERMAN, L. J. "A research school of chemistry in the nineteenth Century: Jean Baptiste Dumas and his Research students". *Annals of Science*, vol. 42, 1985, pp. 1-40; parte II, pp. 41-80.

KNIGHT, D. M. *Atoms and elements*. 2. ed. London, Hutchinson, 1970.

____. *Ideas in chemistry: a history of the science*. London, The Athlone Press, 1992.

KOHLER, R. E. "G. N. Lewis's views on the bond theory: 1900-16". *British Journal for the History of Science*, vol. 8, n. 30, 1975, pp. 233-239.

KOPP, H. *Geschichte der Chemie*. Braunschweig, Vieweg und Sohn, 1843-1847.

KUHN, T. S. "Robert Boyle and structural chemistry in the seventeenth century". *Isis*, vol. 43, 1952, pp. 12-36.

____. *A tensão essencial: estudos selecionados sobre tradição e mudança científica*. Trad. M. A. Penna-Forte. São Paulo, Unesp, 2011 [1977], pp. 241-255.

LADENBURG, A. *Lectures on the history of the development of chemistry since the time of Lavoisier*. Trad. L. Dobbin. Edinburgh, Alembic Club, 1899.

LANGINS, J. *La République avait besoin de savants*. Paris, Belin, 1987.

LATOUR, B. *La Science en action*. Paris, La Découverte, 1989.

LAURENT, A. "Théorie des combinaisons organiques". *Annales de chimie*, vol. 61, 1836, pp. 125-146.

LAVOISIER, A. *Traité élémentaire de chimie*, tomo 1. Paris, Cuchet, 1789.

____. "Mémoire sur la nature du principe qui se combine avec les métaux pendant leur calcination". *Œuvres*, vol. II. Imprimerie Impériale, 1862a, p. 122.

____. "Considérations générales sur la nature des acides et sur les principes dont ils sont composés". *Œuvres*, vol. II. Paris, Imprimerie Impériale, 1862b [1777], p. 248.

LE BEL, A. "Sur les relations qui existent entre les formules atomiques des corps organiques et le pouvoir rotatoire de leurs dissolutions". *Bulletin de la Société chimique de Paris*, nov. 1874 [reeditado por Van't Hoff (1887)].

LE BRAS, J. *Le caoutchouc*. Paris, Presses Universitaires de France, 1969 (Coleção Que sais-je?, vol. 136).

LE CHATELIER, H. *Science et industrie*. Paris, Flammarion, 1925.

LEPRIEUR, F. *Les Conditions de la constitution d'une discipline scientifique: la chimie organique en France (1830-1880)*. Paris, Universidade de Paris, 1977 (Tese de doutorado).

LEPRIEUR, F. & PAPON, P. "Synthetic dyestuff: the relations between academic chemistry and the chemical industry in the nineteenth-century France". *Minerva*, vol. 17, 1979, pp. 197-224.

LEROUX-CALAS, M. "La recherche au service de la production d'aluminium". *In*: MOREL, P. (org.). *Histoire technique de la production de l'aluminium. Les apports français au développement d'une industrie*. Grenoble, Presses Universitaires, 1991, pp. 87-107.

LEVI, P. *A tabela periódica*. Trad. L. S. Henriques. Rio de Janeiro, Relume Dumará, 1994 [1975].

LIEBIG, J. *Chimie organique appliquée à la physiologie animale et à la pathologie*. Trad. C. Gerhardt. Paris, Fortin-Masson, 1842.

____. *Chimie appliquée à la physiologie végétale et à la agriculture*. 2. ed. Trad. C. Gerhardt. Paris, Fortin-Masson, 1844.

____. *Lettres sur la chimie*. Trad. C. Gerhardt. Paris, Charpentier, 1847.

____. *Lord Bacon*. Trad. P. A. Tchihatchef. Paris, L. Guérin, 1866 [1863].

LINDEN, S. J. *The alchemy reader*. Cambridge, University Press, 2003.

LINDSAY, J. *The origins of alchemy in Graeco-Roman Egypt*. New York, Barnes & Noble, [1970].

[MACQUER, P. J.]. "Observation chimique". *Histoire de l'Académie royale des sciences*, 1743, pp. 49-51.

MACQUER, P. J. *Dictionnaire de chymie: chymie*, tomo I. Paris, Didot, 1778.

MASSAIN, R. *Chimie et chimistes*. Paris, Éditions Magnard, 1952.

MAUSKOPF, S. H. "Crystals and compounds: molecular structure and composition in nineteenth-century French science". *Transactions of the American Philosophical Society*, vol. 66, n. 3, 1976, pp. 5-82.

MEHRA, J. *The Solvay Conferences on Physics*. Dordrecht/Boston, Reidel, 1975.

MEINEL, C. "Theory or practice? The eighteenth-century debate on the scientific *status* of chemistry". *Ambix*, vol. 30, n. 3, 1983, pp. 121-132.

____. "Early seventeenth-century atomism: theory, epistemology, and the insufficiency of experiment". *Isis*, vol. 79, n. 1, 1988, pp. 68-103.

MENDELEEV, D. *Principes de chimie*. 2 vol. Trad. M. E. Achkinasi. Paris, Librairie scientifique, industrielle, agricole, 1869-1871.

____. "La loi périodique des éléments chimiques". Trad. C. Baye. *Le Moniteur scientifique*, vol. 21, 1879, pp. 691-737.

____. *An attempt towards a chemical conception of ether*. Trad. G. Kamensky. London/New York/Bombay, Longmans, 1904.

METZGER, H. *La genèse de la science des cristaux*. Paris, Blanchard, 1969a [1918].

____. *Les doctrines chimiques en France du début du XVIIe à la fin du XVIIIe siècle*. Paris, Blanchard, 1969b [1923].

____. *Newton, Stahl, Boerhaave et la doctrine chimique*. Paris, Blanchard, 1974 [1930].

MEYER, L. *Modern theories of chemistry*. Trad. P. P. Bedson e W. C. Williams. London, Longmans, Green & Co., 1888.

MEYERSON, É. *De l'explication dans les sciences*. 2 vol. Paris, Félix Alcan, 1921.

MEYER-THUROW, G. "The industrialization of invention. A case study from the German chemical industry". *Isis*, vol. 73, 1982, pp. 363-381.

MONOD, J. *O acaso e a necessidade: ensaio sobre a filosofia natural da biologia moderna*. 6. ed. Trad. B. Palma e P. P. de S. Madureira. Petrópolis, Vozes, 2006 [1970].

MOORE, F. J. *A history of chemistry*. 3. ed. New York/London, McGraw-Hill, 1939.

MORAZÉ, C. *Les origines sacrées des sciences modernes*. Paris, Fayard, 1986.

MOREL, P. (org.). *Histoire technique de la production d'aluminium*. Grenoble, Presses Universitaires, 1991.

MORRELL, J. B. "The chemist breeders: the research schools of Liebig and Thomas Thomson". *Ambix*, vol. 19, n. 1, 1972, pp. 1-46.

MORRELL, J. B. & THACKRAY, A. *Gentlemen of Science*. Oxford, Clarendon Press, 1981.

MORSEL, H. "Introduction". *In*: MOREL, P. (org.). *Histoire technique de la production d'aluminium*. Grenoble, Presses Universitaires, 1991, pp. 1-20.

MUNDAY, P. "Liebig's metamorphosis: from organic chemistry to the chemistry of agriculture". *Ambix*, vol. 38, 1991, pp. 136-154.

NAMUR, G. (org.). *Les Années plastiques*. Paris, Alternatives/Cité des sciences et de l'industrie, 1986.

NEEDHAM, J. *Clerks and craftsmen in China and the West*. Cambridge, University Press, 1970.

NEWTON, I. *Opticks*. London, Innys, 1718.

____. *Princípios matemáticos; Óptica; O peso e o equilíbrio dos fluidos*. 2. ed. Trad. P. R. Mariconda. São Paulo, Abril Cultural, 1983 (Coleção Os pensadores).

NYE, M.-J. *Molecular reality. A perspective of the scientific world of Jean Perrin*. London, MacDonald, 1972.

____. "The nineteenth-century atomic debates and the dilemma of an indifferent hypothesis". *Studies in History and Philosophy of Science Part A*, vol. 7, n. 3, 1976, pp. 245-268.

____. *The question of the atom: from the Karlsruhe Congress to the Solvay Conference, 1860-1911*. Los Angeles, Tomash, 1983.

____. *Science in the provinces: scientific communities and provincial lead*. Berkeley, University of California Press, 1986.

OSTWALD, W. *L'Évolution d'une science: la chimie*. Trad. M. Dufour. Paris, Flammarion, 1909 [1906].

OURISSON, G. "Ordre ou désordre?". *In*: [EHESS]. *Culture technique*, vol. 23: *La Chimie, ses industries et ses hommes*. Paris, Éditions de l'École des Hautes Études en Sciences Sociales, 1991, pp. 141-149.

PALMER, W. G. *A history of the concept of valency to 1930*. Cambridge, University Press, 1965.

PASTEUR, L. "Recherches sur la dissymétrie moléculaire des produits organiques naturels". *Leçons de chimie professées en 1860 par MM. Pasteur, Cahours*. Paris, Hachette, 1861 [republicado *In*: PASTEUR, L.; V'ANT HOFF, H. & WERNER, A. *Sur la dissymétrie moléculaire*. Paris, Christian Bourgois, 1986].

____. "Les laboratoires. Le budget de la science". *Revue des cours scientifiques*, vol. V, 1868, pp. 137-139 [republicado *In*: *Œuvres*, tomo 7. Paris, Masson, 1939, pp. 199-204].

PAULING, L. *The Nature of the Chemical Bond and the Structure of Molecules and Crystals*. Cornell, University Press, 1960.

PERRIN, J. *Les atomes*. Paris, Félix Alcan, 1913.

PIGNARRE, P. *Ces drôles de médicaments*. Paris, Édition des Laboratoires Delagrange, 1990.

PORTER, T. M. "The promotion of mining and the advancement of science: the chemical revolution of mineralogy". *Annals of Science*, vol. 38, n. 5, 1981, pp. 543-570.

PRIESTLEY, J. *Observations and experiments on different kinds of air*. 6 vol. London, 1774-1786.

RAPPAPORT, R. "Rouelle and Stahl: the phlogistic revolution in France". *Chymia*, vol. 7, 1961, pp. 73-101.

REDONDI, P. *Galileo: Heretic*. Trad. R. Rosenthal. Princeton, University Press, 1987.

REUBEN, B. G. & BURSTALL, M. L. *The chemical economy: a guide to the technology and economics of the chemical industry*. London, Longman, 1973.

REY, A. *La théorie de la physique chez les physiciens contemporains*. Paris, Alcan, 1923.

ROCKE, A. *Chemical atomism in the nineteenth century. From Dalton to Cannizzaro*. Columbus, Ohio State University Press, 1984.

ROSSITER, M. W. *The emergence of agricultural science. Justus Liebig and the Americans, 1840-1880*. New Haven, Yale University Press, 1975.

ROTH, E. "Highlights in the history of analytical chemistry in France". *Euroanalysis VI*, Les Ulis, Éditions de la Physique, 1988, pp. 1-27.

RUSSELL, C. A. *The history of valency*. Leicester, University Press, 1971.

____. "The changing role of synthesis in organic chemistry". *Ambix*, vol. 34, n. 3, 1987, pp. 169-180.

____. "Presidential Address: 'Rude and disgraceful beginnings': a view of the history of chemistry from the nineteenth-century". *British Journal for the History of Science*, vol. 21, 1988, pp. 273-294.

RUSSELL, C. A.; COLEY, N. G. & ROBERTS, G. K. *The origins and rise of the Royal Institute of Chemistry*. Milton Keynes, The Open University Press/The Royal Institute of Chemistry, 1977.

SADOUN-GOUPIL, M. *Le chimiste C. L. Berthollet 1748-1822, sa vie, son œuvre*. Paris, Vrin, 1977.

SHAPIN, S. "Une pompe de circonstance. La technologie littéraire de Boyle". *In*: CALLON, M. & LATOUR, B. (org.). *La science telle qu'elle se fait*. Paris, La Découverte, 1991, pp. 37-86.

SHAPIN, S. & SCHAFFER, S. *Leviathan and the air-pump: Hobbes, Boyle, and the experimental life*. Princeton, University Press, 1985.

SHEA, W. R. (org.). *Revolutions in science. Their meaning and relevance*. Canton, Science History Publications, 1988.

SHEPPARD, H. J. "Alchemy: origin or origins?". *Ambix*, vol. 17, n. 2, 1970, pp. 69-84.

SHINN, T. "The French faculty system, 1808-1914: institutional change and research potential in mathematics and the physical sciences". *Historical Studies in the Physical Sciences*, vol. 10, 1979, pp. 271-332.

SMITH, G. *The origins and early development of the heavy chemical industry in France*. Oxford, Clarendon Press, 1979.

SODDY, F. *The interpretation of radium and the structure of the atom*. New York, Putnam, 1922.

STENGERS, I. "A afinidade ambígua: o sonho newtoniano da química do século XVIII". *In*: SERRES, M. (org.). *Elementos para uma história das ciências*, vol. 2: *Do fim da Idade Média a Lavoisier*. Lisboa, Terramar, 1996, pp. 121-148.

SUTTON, M. A. "Spectroscopy and the chemists: a neglected opportunity?". *Ambix*, vol. 23, 1976, pp. 16-26.

SZABADVÁRY, F. *History of analytical chemistry*. Trad. G. Svehla. London, Pergamon, 1966.

____. "Early laboratory instruction". *Journal of Chemical Education*, vol. 56, 1979, p. 794.

THACKRAY, A. W. "The emergence of Dalton's chemical atomic theory: 1801-08". *British Journal for the History of Science*, vol. 3, n. 1, 1966, pp. 1-23.

____. *Atoms and powers: an essay on Newtonian matter-theory and the development of chemistry*. Cambridge, Harvard University Press, 1970.

THACKRAY, A. W. *et al. Chemistry in America 1876-1976: historical indicators*. Dordrecht, Reidel, 1985.

THÉNARD, L. *Traité de chimie élémentaire théorique et pratique*. 4 vol. Paris, Librairie Crochard, 1813-1816.

THOMSON, T. *Système de chimie*. 9 vol. Trad. M. J. Riffault. Paris, Mad. Vve. Bernard, 1809.

____. *The history of chemistry*. 2 vol. em 1. New York, Arno Press, 1975 [1830-1831].

THORPE, E. *Essays in historical chemistry*. London, MacMillan, 1902.

____. *History of chemistry*. 2 vol. London, Watts, 1909-1910.

TRENN, T. J. "Rutherford's radio-activity and alpha ray research: the case of a misdated letter". *Ambix*, vol. 26, n. 2, 1979, pp. 134-136.

TURNER, R. S. "Justus Liebig *versus* Prussian chemistry: reflections on early institute-building in Germany". *Historical Studies in Physical Sciences*, vol. 13, n. 1, 1982, pp. 129-162.

VAN SPRONSEN, J. W. *The periodic system of chemical elements: a history of the first hundred years*. Amsterdam, Elsevier, 1969.

VAN'T HOFF, J. H. *La Chimie dans l'espace: dix années dans l'histoire d'une théorie*. Rotterdam, Bazendijk, 1887.

VEILLERETTE, F. *Philippe Lebon ou "l'homme aux mains de lumière"*. Paris, N. Mourot, 1987.

VÈNE, J. *Les plastiques*. Paris, Presses Universitaires de France, 1976.

VENEL, G. "Chymie". *In*: DIDEROT, D. & D'ALEMBERT, J. *Encyclopédie, ou dictionnaire raisonné des sciences, des arts et des métiers*, tomo 3. Paris, Briasson/David/Lebreton/Durand, 1753.

VICQ D'AZYR, F. "Éloge de M. Macquer". *Suite des éloges lus dans les séances publiques de la Société Royale de Médecine*, vol. 5. Paris, Imprimerie de Monsieur, 1786, pp. 45-70.

VIDAL, B. *Histoire de la liaison chimique: le concept et son histoire*. Paris, Vrin, 1989.

VOLTA, A. "On the electricity excited by the mere contact of conducting substances of different kinds". *Philosophical Transactions*, 1800, p. 403.

WARREN, K. *Chemical foundations: the alkali industry in Britain to 1926*. Oxford, Clarendon Press, 1980.

WEISZ, G. "The French universities and education for the new professions, 1885-1914. An episode in the French university reform". *Minerva*, vol. 17, 1979, pp. 98-128.

WEISZ, G. & FOX, R. (org.). *The organization of science and technology in France 1808-1914*. Cambridge, University Press, 1980 (MSH: Colloques).

WESTFALL, R. "Newton and the Hermetic Tradition". *In*: DEBUS, A. G. (org.). *Science, Medicine and Society in the Renaissance: Essays to Honor W. Pagel*. London, Heineman, 1972.

____. "The role of alchemy in Newton's career". *In*: BONELLI, M. L. R. & SHEA, W. R. (org.). *Reason, experiment and mysticism*. London, MacMillan, 1975.

____. *Never at Rest: a biography of Isaac Newton*. Cambridge, University Press, 1981.

WEYER, J. "The image of alchemy in nineteenth and twentieth century histories of chemistry". *Ambix*, vol. 23, n. 2, 1976, pp. 65-79.

WOJTKOWIAK, B. *Histoire de la chimie de l'antiquité à 1950*. Paris, Technique & Documentation-Lavoisier, 1988.

WOTIZ, J. H. & RUDOFSKY, S. "The unknown Kekulé". *In*: TRAYNHAM, J. G. (org.). *Essays on the History of Organic Chemistry*. Baton Rouge/London, Louisiana State University Press, 1987, pp. 21-34.

WURTZ, A. *Histoire des doctrines chimiques*. Paris, Hachette, 1869.

____. *Dictionnaire de chimie*, tomo 1: *première partie A-B*. Paris, Hachette, 1873.

____. *La théorie atomique*. 2. ed. Paris, Alcan, 1879.

Índice onomástico

Título	História da química
Autoras	Bernadette Bensaude-Vincent Isabelle Stengers
Tradução	Fernando José Luna
Coordenador editorial	Ricardo Lima
Secretário gráfico	Ednilson Tristão
Preparação dos originais	Laís Souza Toledo Pereira
Revisão	Vinícius Emanuel Russi Vieira
Editoração eletrônica	Selene Camargo
Design de capa	Estúdio Bogari
Formato	16 x 23 cm
Papel	Avena 80 g/m^2 – miolo Cartão supremo 250 g/m^2 – capa
Tipologia	Minion Pro / Garamond Premier Pro
Número de páginas	360

ESTA OBRA FOI IMPRESSA NA GRÁFICA CS
PARA A EDITORA DA UNICAMP EM AGOSTO DE 2023.